基于R应用的统计学丛书

时间序列分析

——基于R

第2版

Time Series Analysis with R

王 燕 编著

中国人民大学出版社
·北京·

前　言

　　时间序列分析是统计学科的一个重要分支, 它主要研究随着时间的变化, 事物发生、发展的过程, 寻找事物发展变化的规律, 并预测未来的走势. 在日常生产生活中, 时间序列比比皆是, 目前时间序列分析方法广泛地应用于经济、金融、天文、气象、海洋、物理、化学、医学、质量控制等诸多领域, 成为众多行业经常使用的统计方法.

　　目前国内有关时间序列分析的著作和教材有很多, 但主要是基于 SAS 软件或 EViews 软件编写的. 近几年 R 语言开始崛起, 它是一个可以进行交互式数据分析的强大平台. R 语言的如下三个特征让它在学界和业界都受到了很大的重视.

　　首先, R 语言是自由的开源软件. 在 R 语言之前, 正版的统计软件通常要收取高额的版权使用费, 这使得很多高校师生无法获得正版的统计软件, 而 R 语言没有版权使用费这个障碍, 人们可以光明正大、放心大胆地使用.

　　其次, R 语言不仅是一款统计软件, 还是一个可以进行交互式数据分析和探索的强大平台, 金融、经济、医疗、数据挖掘等诸多领域都基于 R 研发它们的分析方法. 在这个平台上, 时间序列分析方法可以非常便捷地嵌入其他领域的研究中, 成为各行业实务分析的基础方法.

　　最重要的一点是, 由于 R 语言的开放性和资源共享性, 它可以汇集全球 R 用户的智慧和创造力, 以惊人的速度发展. 在 R 平台上, 新方法的更新速度是以周为单位计算的, 这是传统统计软件所无法比拟的. R 具有自由广阔的发展前景, 可以预期, 它很有可能会打破传统的统计软件的功能边界, 与时俱进, 不断拓宽应用领域, 不断创造出更多的功能和解法. 因此, 我们需要学习并共同发展 R 语言.

　　基于 R 语言的这些特征, 在 2015 年推出了教材《时间序列分析——基于 R》. 感谢所有使用过这本教材并给予反馈意见的朋友. 综合读者的使用体会, 在本次修订时做了如下调整.

　　1. 把原来的第 3 章平稳时间序列分析分拆为两章. 现在的第 3 章讲 ARMA 模型的性质, 第 4 章讲平稳序列的拟合与预测. 这样处理便于教师在授课时突出每章的重点, 避免了原来的第 3 章内容过多, 理论知识和实务操作在同一章, 部分学生会有轻理论、重操作的倾向.

2. 把非平稳序列的分析方法做了重新组合. 按照序列是否带有周期特征, 将其分为两类: 第 5 章介绍不带周期特征的非平稳序列的分析, 主要介绍 ARIMA 模型; 第 6 章介绍带周期特征的非平稳序列的分析. 第 6 章介绍了两大类方法: 一类是确定性因素分析方法, 包括 X11 模型和指数平滑模型; 一类是带周期特征的 ARIMA 方法, 包括 ARIMA 季节加法模型和 ARIMA 季节乘法模型. 这样的内容安排有助于读者根据序列的表面特征, 迅速地寻找适当的分析方法.

3. 第 7 章对多元时间序列做了初步介绍. 这部分知识是本科与硕士课程的衔接内容. 这次修订在原来的基础上增加了干预模型和 Granger 因果检验的内容. 增加的内容没有加大知识的难度, 但增强了知识的实用性.

4. 删除了条件异方差模型的内容. 条件异方差模型主要应用在具有集群效应的异方差场合, 而集群效应多出现在金融领域, 本科教育主要是打基础, 不深入某一领域做专项分析, 因此将这部分知识在教材中删除. 同时, 考虑到部分师生可能有兴趣做异方差分析, 故将条件异方差这部分知识做了扩写, 单独成章, 作为选学内容, 放在出版社的网站上 (www.crup.com.cn), 供读者免费下载学习.

最后, 感谢所有使用这本教材的朋友们. 尽管笔者本着认真的态度编写, 但是水平有限, 书中谬误之处在所难免, 欢迎大家批评指正.

王 燕

目　录

第 1 章　时间序列分析简介　· ·　**1**

1.1　引言　· · · · · · · · · · · · · · ·　1

1.2　时间序列的定义　· · · · · · · · · · · ·　1

1.3　时间序列分析方法　· · · · · · · · · · · ·　2

　1.3.1　描述性时序分析　· · · · · · · · · · ·　2

　1.3.2　统计时序分析　· · · · · · · · · · · ·　4

1.4　R 简介　· · · · · · · · · · · · · · ·　6

　1.4.1　R 的特点　· · · · · · · · · · · · ·　6

　1.4.2　R 和 RStudio 的安装　· · · · · · · · ·　7

　1.4.3　R 语言基本规则　· · · · · · · · · · ·　12

　1.4.4　生成时间序列数据　· · · · · · · · · ·　14

　1.4.5　时间序列数据的处理　· · · · · · · · ·　18

　1.4.6　绘制时序图　· · · · · · · · · · · ·　19

　1.4.7　时间序列数据的导出　· · · · · · · · ·　26

1.5　习题　· · · · · · · · · · · · · · ·　28

第 2 章　时间序列的预处理　· ·　**29**

2.1　平稳序列的定义　· · · · · · · · · · · ·　29

　2.1.1　特征统计量　· · · · · · · · · · · ·　29

　2.1.2　平稳时间序列的定义　· · · · · · · · ·　31

　2.1.3　平稳时间序列的统计性质　· · · · · · · ·　32

　2.1.4　平稳时间序列的意义　· · · · · · · · ·　33

2.2 平稳性检验 · 35
   2.2.1 时序图检验 · 35
   2.2.2 自相关图检验 · · · · · · · · · · · · · · · · · · 37
2.3 纯随机性检验 · 39
   2.3.1 纯随机序列的定义 · · · · · · · · · · · · · · · 39
   2.3.2 纯随机序列的性质 · · · · · · · · · · · · · · · 40
   2.3.3 纯随机性检验 · · · · · · · · · · · · · · · · · · 41
2.4 习题 · 46

第 3 章　ARMA 模型的性质 · · · · · · · · · · · · · · · **51**
3.1 Wold 分解定理 · 51
3.2 AR 模型 · 52
   3.2.1 AR 模型的定义 · · · · · · · · · · · · · · · · · · 52
   3.2.2 AR 模型的平稳性判别 · · · · · · · · · · · · · 53
   3.2.3 平稳 AR 模型的统计性质 · · · · · · · · · · · 60
   3.2.4 自相关系数 · 63
   3.2.5 偏自相关系数 · · · · · · · · · · · · · · · · · · 66
3.3 MA 模型 · 71
   3.3.1 MA 模型的定义 · · · · · · · · · · · · · · · · · · 71
   3.3.2 MA 模型的统计性质 · · · · · · · · · · · · · · 71
   3.3.3 MA 模型的可逆性 · · · · · · · · · · · · · · · 72
   3.3.4 MA 模型的偏自相关系数 · · · · · · · · · · 76
3.4 ARMA 模型 · 78
   3.4.1 ARMA 模型的定义 · · · · · · · · · · · · · · · 78
   3.4.2 ARMA 模型的平稳性与可逆性 · · · · · · · 79
   3.4.3 ARMA 模型的统计性质 · · · · · · · · · · · · 80
3.5 习题 · 82

第 4 章　平稳序列的拟合与预测 · · · · · · · · · · · **86**
4.1 建模步骤 · 86
4.2 单位根检验 · 87
   4.2.1 DF 检验 · 87
   4.2.2 ADF 检验 · 92
4.3 模型识别 · 95
4.4 参数估计 · 101
   4.4.1 矩估计 · 102
   4.4.2 极大似然估计 · · · · · · · · · · · · · · · · · · 104
   4.4.3 最小二乘估计 · · · · · · · · · · · · · · · · · · 105

4.5 模型检验 108
    4.5.1 模型的显著性检验 108
    4.5.2 参数的显著性检验 110
4.6 模型优化 115
    4.6.1 问题的提出 115
    4.6.2 AIC 准则 119
    4.6.3 BIC 准则 120
4.7 序列预测 122
    4.7.1 线性预测函数 123
    4.7.2 预测方差最小原则 124
    4.7.3 线性最小方差预测的性质 125
    4.7.4 修正预测 131
4.8 习题 133

第 5 章　无季节效应的非平稳序列分析 **138**
5.1 Cramer 分解定理 138
5.2 差分平稳 139
    5.2.1 差分运算的实质 139
    5.2.2 差分方式的选择 140
    5.2.3 过差分 144
5.3 ARIMA 模型 145
    5.3.1 ARIMA 模型的结构 145
    5.3.2 ARIMA 模型的性质 146
    5.3.3 ARIMA 模型建模 148
    5.3.4 ARIMA 模型预测 154
5.4 疏系数模型 158
5.5 习题 164

第 6 章　有季节效应的非平稳序列分析 **170**
6.1 因素分解理论 170
6.2 因素分解模型 172
    6.2.1 因素分解模型的选择 172
    6.2.2 趋势效应的提取 173
    6.2.3 季节效应的提取 179
    6.2.4 X11 季节调节模型 184
6.3 指数平滑预测模型 189
    6.3.1 简单指数平滑 190
    6.3.2 Holt 两参数指数平滑 194
    6.3.3 Holt-Winters 三参数指数平滑 196

6.4　ARIMA 加法模型 · 203

6.5　ARIMA 乘法模型 · 208

6.6　习题 · 213

第 7 章　多元时间序列分析 · 217

7.1　ARIMAX 模型 · 217

7.2　干预分析 · 224

7.3　伪回归 · 230

7.4　协整模型 · 232

　　7.4.1　单整与协整 · 232

　　7.4.2　协整模型 · 234

　　7.4.3　误差修正模型 · 241

7.5　Granger 因果检验 · 243

　　7.5.1　Granger 因果关系定义 · · · · · · · · · · · · · · · · · · · 244

　　7.5.2　Granger 因果检验 · 245

　　7.5.3　Granger 因果检验的问题 · · · · · · · · · · · · · · · · · 250

7.6　习题 · 251

附录 1 · 266

附录 2 · 286

附录 3 · 289

参考文献 · 291

第 1 章 Chapter 1 时间序列分析简介

1.1 引 言

最早的时间序列分析可以追溯到 7 000 年前的古埃及. 当时, 为了发展农业生产, 古埃及人一直在密切关注尼罗河泛滥的规律. 把尼罗河涨落的情况逐天记录下来, 就构成了所谓的时间序列. 通过对这个时间序列长期的观察, 他们发现尼罗河的涨落非常有规律. 天狼星和太阳同时升起的那一天之后, 再过 200 天左右, 尼罗河就开始泛滥, 泛滥期将持续七八十天, 洪水过后, 土地肥沃, 随意播种就会有丰厚的收成. 由于掌握了尼罗河泛滥的规律, 古埃及的农业迅速发展, 解放出大批的劳动力去从事非农业生产, 从而创建了古埃及灿烂的史前文明.

像古埃及人一样, 按照时间的顺序把随机事件变化发展的过程记录下来就构成了一个时间序列. 对时间序列进行观察、研究, 寻找它变化发展的规律, 预测它将来的走势, 就是时间序列分析.

1.2 时间序列的定义

在统计研究中, 常用按时间顺序排列的一组随机变量

$$X_1, X_2, \cdots, X_t, \cdots \tag{1.1}$$

来表示一个随机事件的时间序列, 简记为 $\{X_t, t \in T\}$ 或 $\{X_t\}$.

用

$$x_1, x_2, \cdots, x_n \tag{1.2}$$

或 $\{x_t, t = 1, 2, \cdots, n\}$ 表示该随机序列的 n 个有序观察值, 称为序列长度为 n 的观察值序列, 有时也称式 (1.2) 为式 (1.1) 的一个实现.

在日常生产生活中, 观察值序列比比皆是. 比如把全国 2005—2014 年普通高等学校每年的招生人数按照时间顺序记录下来, 就构成了一个序列长度为 10 的全国普通高等学校招生人数时间序列 (单位: 万人):

504.5, 546.1, 565.9, 607.7, 639.5, 661.8, 681.5, 688.8, 699.8, 721.4

我们进行时序研究的目的是揭示随机时序 $\{X_t\}$ 的性质, 要实现这个目标就要分析它的观察值序列 $\{x_t\}$ 的性质, 由观察值序列的性质来推断随机时序 $\{X_t\}$ 的性质.

1.3　时间序列分析方法

1.3.1　描述性时序分析

早期的时序分析通常都是通过直观的数据比较或绘图观测, 寻找序列中蕴涵的发展规律, 这种分析方法就称为描述性时序分析. 古埃及人就是依靠这种分析方法发现了尼罗河泛滥的规律. 在天文、物理、海洋学等自然科学领域, 这种简单的描述性时序分析方法常常能使人们发现意想不到的规律.

比如根据《史记·货殖列传》记载, 早在春秋战国时期, 范蠡和计然就提出我国农业生产具有 "六岁穰, 六岁旱, 十二岁一大饥" 的自然规律.《越绝书·计倪内经》描述得更加详细: "太阴三岁处金则穰, 三岁处水则毁, 三岁处木则康, 三岁处火则旱 …… 天下六岁一穰, 六岁一康, 凡十二岁一饥".

用现代汉语来表述就是: 木星绕天空运行, 运行三年, 如果处于金位, 则该年为大丰收年; 如果处于水位, 则该年为大灾年; 再运行三年, 如果处于木位, 则该年为小丰收年; 如果处于火位, 则该年为小灾年, 所以天下平均六年一大丰收, 六年一小丰收, 十二年一大饥荒. 这是 2 500 多年前我国对农业生产 3 年—小波动、12 年左右一个大周期的记录, 是一个典型的描述性时序分析.

描述性时序分析方法是人们在认识自然、改造自然的过程中发现的实用方法. 对于很多自然现象, 只要观察时间足够长, 就能运用描述性时序分析发现自然规律. 根据自然规律做出恰当的政策安排, 有利于社会的发展和进步.

比如范蠡根据 "六岁穰, 六岁旱, 十二岁一大饥" 的自然规律提出: "夫粜, 二十病农, 九十病末. 末病则财不出, 农病则草不辟矣. 上不过八十, 下不减三十, 则农末俱利, 平粜齐物, 关市不乏, 治国之道也. " 这段话的意思是: 如果丰收年粮食贱卖, 会挫伤农民种粮的积极性; 如果大灾年粮价高涨, 会危及老百姓的生存. 所以要实行 "平粜" 法. 政府应该在粮食丰收时以高于最低价的价格购买粮食进行储备, 以保护农民的利益; 在粮食短缺时, 将储备的粮食投放市场, 以稳定粮价, 确保百姓的生存. 这是对农民和百姓都有利的政策, 是一个国家的治国之道.

在范蠡故去两千年之后, 欧洲经济学家在研究欧洲各地粮食产量时发现了类似规律. 比如 19 世纪末 20 世纪初英格兰和威尔士的小麦平均亩产量序列就具有这种规律 (数据见表 A1–1), 如图 1–1 所示.

小麦的产量直接影响到小麦的价格, 丰收时价格便宜, 价格指数就偏低; 歉收时价格上涨, 价格指数就偏高. 在时间序列领域, 有一个非常著名的序列叫贝弗里奇 (Beveridge) 小麦价格指数序列, 它由 1500—1869 年的小麦价格构成 (数据见表 A1–2). 1971 年 Granger 和 Hughes 分析该序列, 发现该序列有一个 13 年左右的周期. 部分 Bev-

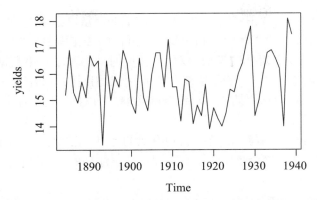

图 1-1　1884—1939 年英格兰与威尔士每亩小麦产量时序图

eridge 小麦价格指数序列的走势如图 1-2 所示.

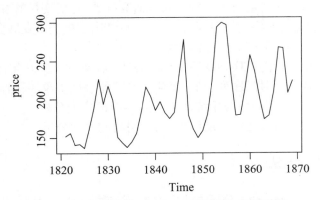

图 1-2　部分 Beveridge 小麦价格指数时序图

　　西方学者致力于研究为什么粮食产量会有这样的周期波动. 19 世纪中后期, 德国药剂师、业余天文学家 S.H.Schwabe 经过几十年不间断的观察、记录, 发现太阳黑子的活动具有 11~12 年的周期 (数据见表 A1–3), 如图 1-3 所示. 太阳黑子的运动周期和农业生产的周期长度非常接近, 这引起了英国天文学家、天王星的发现者 F.W.Herschel

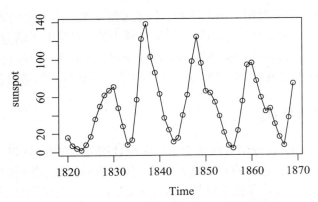

图 1-3　1820—1869 年太阳黑子年度数据时序图

的关注. 最后他发现, 当太阳黑子变少时, 地球上的雨量也会减少. 所以在没有良好人工灌溉技术的时代, 农业生产会有和太阳黑子近似的变化周期.

人们没有采用任何复杂的模型, 仅仅是按照时间的顺序收集数据, 描述和呈现序列的波动, 就了解到小麦产量的周期波动特征, 根据相同的周期特征, 分析出产生该周期波动的气候原因以及该周期波动对价格的影响. 所以描述性时序分析是非常有用的时间序列分析工具.

描述性时序分析具有操作简单、直观有效的特点. 它通常是进行时间序列分析的第一步, 通过收集数据, 绘制时序图, 直观地反映出序列的波动特征.

1.3.2 统计时序分析

随着研究领域的不断拓广, 人们发现单纯的描述性时序分析有很大的局限性. 在金融、保险、法律、人口、心理学等社会科学研究领域, 随机变量的发展通常会呈现非常强的随机性, 想通过对序列简单观察和描述, 总结出随机变量发展变化的规律, 并准确预测出它们将来的走势, 通常是非常困难的.

为了更准确地估计随机序列发展变化的规律, 从 20 世纪 20 年代开始, 学术界利用数理统计学原理分析时间序列. 研究的重心从总结表面现象转移到分析序列值内在的相关关系, 由此开辟了一门应用统计学科——时间序列分析.

纵观时间序列分析方法的发展历史, 可以将时间序列分析方法分为以下两大类.

一、 频域分析方法

频域 (frequency domain) 分析方法也称为 "频谱分析" 或 "谱分析" (spectral analysis) 方法.

早期的频域分析方法假设任何一种无趋势的时间序列都可以分解成若干不同频率的周期波动, 它是从频率的角度揭示时间序列的规律, 借助了傅立叶变换 (Fourier transform), 用正弦、余弦项之和来逼近某个函数. 20 世纪 60 年代, Burg 在分析地震信号时提出最大熵谱估计理论, 该理论克服了传统谱分析所固有的分辨率不高和频率漏泄等缺点, 使谱分析进入一个新阶段, 称为现代谱分析阶段.

目前谱分析方法主要用于电力工程、信息工程、物理学、天文学、海洋学和气象科学等领域, 它是一种非常有用的纵向数据分析方法. 但是由于谱分析过程一般都比较复杂, 研究人员通常要有很强的数学基础才能熟练使用它, 同时它的分析结果也比较抽象, 不易进行直观解释, 所以谱分析方法的使用具有很大的局限性.

二、 时域分析方法

时域 (time domain) 分析方法主要是从序列自相关的角度揭示时间序列的发展规律. 相对于谱分析方法, 它具有理论基础扎实、操作步骤规范、分析结果易于解释等优点. 它广泛用于自然科学和社会科学的各个领域, 成为时间序列分析的主流方法. 本书主要介绍时域分析方法.

　　时域分析方法的基本思想是事件的发展通常具有一定的惯性，这种惯性用统计的语言来描述就是序列值之间存在一定的相关关系，而且这种相关关系具有某种统计规律. 我们分析的重点就是寻找这种规律，并拟合出适当的数学模型来描述这种规律，进而利用这个拟合模型来预测序列未来的走势.

　　时域分析方法具有相对固定的分析套路，通常遵循如下分析步骤：

　　第一步：考察观察值序列的特征.

　　第二步：根据序列的特征选择适当的拟合模型.

　　第三步：根据序列的观察数据确定模型的口径.

　　第四步：检验模型，优化模型.

　　第五步：利用拟合好的模型来推断序列其他的统计性质或预测序列将来的发展.

　　时域分析方法最早可以追溯到 1927 年，英国统计学家 G. U. Yule (1871—1951) 提出自回归 (autoregressive, AR) 模型. 1931 年，英国数学家、天文学家 G. T. Walker 爵士在分析印度大气规律时使用了移动平均 (moving average, MA) 模型. 1938 年，Herman Wold 在进行平稳序列分解时首次使用了自回归移动平均 (autoregressive moving average, ARMA) 模型. 这些模型奠定了时间序列时域分析方法的基础.

　　1970 年，美国统计学家 G. E. P. Box 和英国统计学家 G. M. Jenkins 联合出版了 *Time Series Analysis: Forecasting and Control* 一书. 在书中，Box 和 Jenkins 在总结前人研究的基础上，系统地阐述了对求和自回归移动平均 (autoregressive integrated moving average, ARIMA) 模型的识别、估计、检验及预测的原理和方法. 这些知识现在称为经典时间序列分析方法，是时域分析方法的核心内容. 为了纪念 Box 和 Jenkins 对时间序列发展的特殊贡献，现在人们常把 ARIMA 模型称为 Box-Jenkins 模型.

　　Box-Jenkins 模型实际上是主要用于单变量、同方差场合的线性模型. 随着人们对各领域时间序列研究的深入，发现该经典模型在理论和应用上还存在许多局限性，因此，统计学家纷纷转向多变量场合、异方差场合和非线性场合的时间序列分析方法的研究，并取得了突破性的进展.

　　在异方差场合，美国统计学家、计量经济学家 Robert F. Engle 在 1982 年提出了自回归条件异方差 (ARCH) 模型，用以研究英国通货膨胀率的建模问题. 为了进一步放宽 ARCH 模型的约束条件，Bollerslov 在 1985 年提出了广义自回归条件异方差 (GARCH) 模型. 随后 Nelson 等人又提出了指数广义自回归条件异方差 (EGARCH) 模型、方差无穷广义自回归条件异方差 (IGARCH) 模型和依均值广义自回归条件异方差 (GARCH-M) 模型等限制条件更为宽松的异方差模型. 这些异方差模型是对经典的 ARIMA 模型的很好补充. 它们比传统的方差齐性模型更准确地刻画了金融市场风险的变化过程，因此 ARCH 模型及其衍生出的一系列拓展模型在计量经济学领域有广泛的应用. Engle 也因此获得 2003 年诺贝尔经济学奖.

　　在多变量场合，Box 和 Jenkins 在 *Time Series Analysis: Forecasting and Control* 一书中研究过平稳多变量序列的建模，Box 和 Tiao 在 1970 年前后讨论过带干预变量的时间序列分析. 这些研究实际上是把对随机事件的横向研究和纵向研究有机地融合在一起，提高了对随机事件分析和预测的精度. 1987 年，英国统计学家、计量经济学家 C. Granger 提出了协整 (cointegration) 理论，进一步为多变量时间序列建模松绑. 有了协整的概念之后, 在多变量时间序列建模过程中 "变量是平稳的" 不再是必需条件, 只要求变量的某种线性组合平稳. 协整概念的提出极大地促进了多变量时间序列分析方法的发展, Granger 因此与 Engle 一起获得了 2003 年诺贝尔经济学奖. 在多变量时间序列分析领域还有一种方法也获得了诺贝尔经济学奖. 1980 年 Sims 提出向量自回归 (VAR) 模型. 这种模型采用多方程联立的形式, 不以经济学理论为基础, 而是使用相关关系估计内生变量的动态变动关系. 2011 年, Sims 因向量自回归模型获诺贝尔经济学奖.

在非线性场合, 新的模型层出不穷. Granger 和 Andersen 在 1978 年提出了双线性模型, Howell Tong 于 1978 年提出了门限自回归模型, Priestley 于 1980 年提出了状态相依模型, Hamilton 于 1989 年提出了马尔可夫转移模型, Lewis 和 Stevens 于 1991 年提出了多元适应回归样条方法, Carlin 等人于 1992 年提出了非线性状态空间建模的方法, Chen 和 Tsay 于 1993 年提出了非线性可加自回归模型. 现在基于机器学习, 有更多的非线性方法被创造出来. 非线性是一个异常广阔的研究空间, 在非线性的模型构造、参数估计、模型检验等各方面都有大量的研究工作需要完成.

1.4 R 简介

1.4.1 R 的特点

R 是 S 语言的一种实现. S 语言是由 AT&T 贝尔实验室开发的一种用来进行数据探索、统计分析、作图的解释型语言. 1995 年新西兰奥克兰大学的 RossIhaka 和 Robert Gentleman 在 S 语言的基础上开发了一个新系统, 由于这两位科学家的名字的首字母都是 R, 所以该系统软件被取名为 "R".

R 从开发伊始就定位为开源软件, 它所有的代码和帮助文件都免费向全球用户开放. 目前 R 语言的维护和开发由 R 核心开发小组 (R Development Core Team) 负责, 核心团队秉承兴趣与共享的原则, 义务且高效地为全球 R 用户服务.

R 是一个交互式的平台系统. 一个标配的 R 语言 (Base R) 里面安装了几十个基础程序包 (package). 在 R 语言中程序包也简称为 R 包. 这些随 R 语言预装的基础程序包给用户提供最基本的数据存储和处理功能. 很多特殊的专业功能由全球用户自行开发和共享的 R 包提供. 目前 R 可以提供上万个程序包供全球用户自由使用, 而且每天都有新的程序包被源源不断地创造出来. 我们可以通过 R 包列表 (https://cran.r-project.org/web/packages/available_packages_by_name.html), 了解目前可获得的 R 包名称和它们的主要功能.

目前, R 语言已经有很多个专门用于时间序列分析的程序包. 借助这些程序包, 我们能够完成序列读入、绘图、识别、建模、预测等一系列分析工作. R 语言编程简洁、绘图功能强大、分析结果准确, 是进行时间序列分析与预测的常用软件之一.

1.4.2　R 和 RStudio 的安装

一、R 软件的下载安装

登录 CRAN (Comprehensive R Archive Network) 的官网 (http://cran.r-project.org), 根据自己电脑的操作系统 (Windows, Linux 或者 MacOSX), 选择适当的 R 版本免费下载, 根据提示安装 R 软件. 安装结束后, 双击 R 软件快捷方式图标就可以进入 R 操作系统了.

二、RStudio 的下载安装

R 语言是一个很好的分析和绘图软件, 但是它的用户界面并不友好. 它的主界面称为 RGui 界面 (见图 1-4), 每次只能执行一条指令, 这给大型程序的编辑和修改造成不便, 而且在这个界面主要都是通过输入指令完成各项任务, 有些常规的重复任务, 比如数据的读入, 存储, R 包的安装和调用等, 每次都要输入指令完成, 比较烦琐, 不够方便.

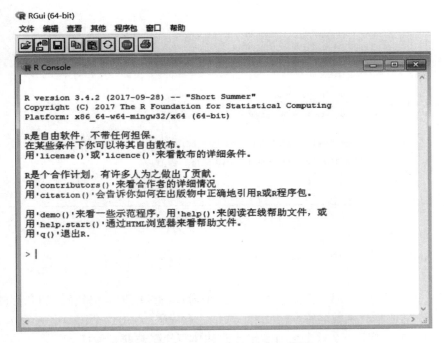

图 1-4　R 语言的 RGui 界面

为了能更方便地使用 R 语言, 人们开发了很多基于 R 的集成开发环境 (IDE). 所谓 IDE, 简而言之就是软件的辅助工作平台, 可使软件的使用更加便捷. 其中 RStudio 是目前应用最广的 R 语言 IDE.

RStudio 支持 R 代码集成编辑、语法高亮显示、支持直接执行 R 代码, 如下常规工作都已实现按键操作: R 包安装与调用、外部数据导入、绘图显示与存储、历史记录保存、程序调试以及工作区管理等. 在安装 R 软件之后, 下载 RStudio. 在 RStudio 平台使用 R 语言, 将会使我们的使用体验变得非常美妙.

　　RStudio 有开源的免费版本和商用收费版本, 用户可以根据自己的需要选择下载, 下载网址 https://www.rstudio.com/products/rstudio/download/. 下载之后, 根据提示安装 RStudio 软件. 安装结束后双击 RStudio 快捷方式图标就可以进入 RStudio 操作界面.

　　RStudio 操作界面如图 1-5 所示.

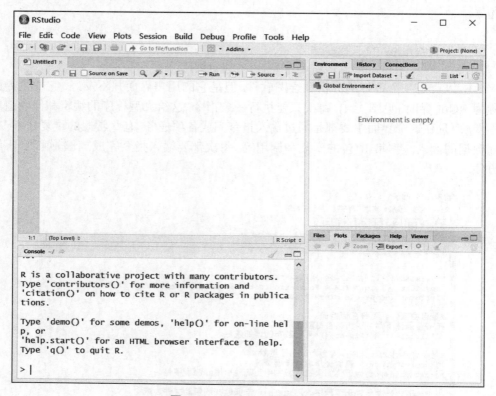

图 1-5　RStudio 操作界面

　　RStudio 操作界面由四个窗口构成.

　　1. 程序编辑窗口

　　图 1-5 左上窗口为程序编辑窗口, 在这个窗口可以批量编辑代码, 随意移动鼠标修改代码, 它还具有函数名称联想功能. 选中任意代码, 点击这个窗口上方的 Run 键, 就可以执行指定代码. 在这个窗口编辑代码和执行代码都非常便捷.

　　2. RGui 界面

　　图 1-5 左下窗口为 R 语言经典的 RGui 界面. 所有的代码执行情况, 输出的结果, 错误的提示都将出现在这个窗口. 这个窗口也可以进行代码的编辑和执行, 但是每次只能进行一条指令的编辑, 按回车即执行该条指令.

　　3. 数据窗口

　　图 1-5 右上窗口为 R 语言的数据窗口. 与数据的读入, 当前使用环境下产生的所

有数据及数据结构, 历史数据及代码等相关信息的展示都在这个窗口.

4. 综合窗口

图 1–5 右下窗口为 R 语言的综合窗口. 这个窗口包括多个功能. 主要的功能包括文件的调用与保存、R 包的安装与调用、图像的显示与保存、获取网络帮助等.

下面通过一个简单的例子, 演示这四个窗口的不同功能.

【例 1–1】　赋值 $x = \sqrt{3}$, $y = 2^{0.3}$, 计算 $x+y$ 的值, 并在二维坐标轴中标注点 (x, y) 的位置.

在 RStudio 程序编辑窗口编写如下代码 (见图 1–6)

图 1-6　编辑窗口编辑 R 代码

选中所有代码, 点击编辑窗口上方的 Run 键. 于是在左下的 RGui 界面会出现程序运行内容和运行结果 (见图 1–7)

图 1-7　RGui 界面输出结果

图 1–7 中每一条指令和输出结果说明以下内容.

(1) 第一条和第二条指令说明系统首先运行了 $x = \sqrt{3}$, $y = 2^{0.3}$ 这两条赋值指令. 从 RStudio 右上的数据窗口可以看到运行这两条赋值指令之后, 系统产生了两个数值变量, 这两个数值变量各有一个观察值 (见图 1–8).

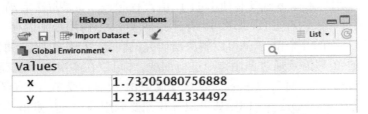

图 1–8　数据窗口显示本次运行产生的所有数据及结构

(2) 系统执行第三条指令, 输出 $x+y$ 的值为 2.963 195, 其中 [1] 表示得到 1 个输出结果.

(3) 系统执行第四条指令, 绘制 (x,y) 的散点图, 散点图呈现在右下综合窗口的 plot 子窗口中 (见图 1–9).

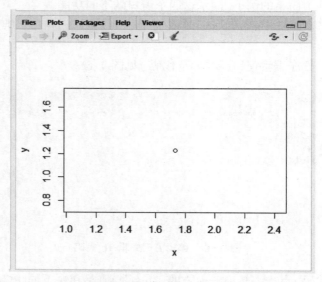

图 1–9 图像窗口显示本次运行产生的所有图像

三、 R 包的安装与调用

R 语言提供多种下载安装与调用程序包的方法, 我们在此介绍最常用的两种.

方法一: 使用按键方式安装和调用 R 包.

1. 下载安装 R 包

下面以下载安装时间序列分析程序包 "tseries" 为例, 介绍通过 RStudio 综合窗口的 Packages 选项, 通过按键的方式下载安装 R 包 (见图 1–10).

点击 RStudio 综合窗口的 Packages 选项, 再点击下一行的 Install 按钮, 弹出左边的 Install Packages 对话框, 在中间对话框输入要下载的 R 包名称 "tseries", 最后点击右下角的 Install 按钮. 在计算机联网状态下, 系统会自动搜索、下载、安装这个 R 包到本地电脑默认文件夹中.

2. 加载调用 R 包

原则上讲, 用户可以下载安装所有的 R 语言程序包. 如果每次启动 R 语言所有下载的程序包都调入内存备用, 那么 R 语言将非常庞大, 占用很多内存. 实务中我们通常只需调用有限的几个 R 包就可以解决所研究的问题. R 语言规定, 每次进入 R 语言之后, 下载的 R 包需要通过调用指令进行加载, 才可以在本次 R 语言运行中使用.

通过 RStudio 综合窗口的 Packages 选项调用 R 包非常简单. 所有已经下载安装的 R 包都呈现在 Packages 窗口里, 移动鼠标找到要调用的 R 包, 点击这个 R 包名称前面的方框, 方框中出现 $\sqrt{}$, 就等于通知系统调用这个 R 包了 (见图 1–11).

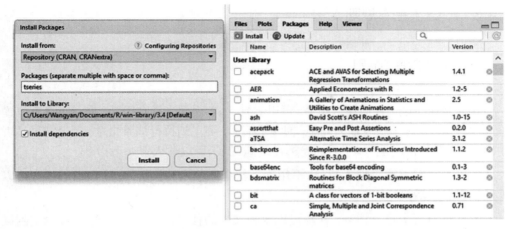

图 1-10　R 包下载安装

Files	Plots	Packages	Help	Viewer		
☐ Install	☐ Update					⟳
	Name	Description		Version		
	timeDate	Rmetrics - Chronological and Calendar Objects		3012.100	⊗	
☐	timeSeries	Rmetrics - Financial Time Series Objects		3022.101.2	⊗	
☐	tis	Time Indexes and Time Indexed Series		1.32	⊗	
☐	truncnorm	Truncated normal distribution		1.0-7	⊗	
☐	TSA	Time Series Analysis		1.01	⊗	
☐	tsDyn	Nonlinear Time Series Models with Regime Switching		0.9-44	⊗	
☑	tseries	Time Series Analysis and Computational Finance		0.10-42	⊗	
☐	tseriesChaos	Analysis of nonlinear time series		0.1-13	⊗	
☐	TTR	Technical Trading Rules		0.23-2	⊗	
☐	urca	Unit Root and Cointegration Tests for Time Series Data		1.3-0	⊗	
☐	uroot	Unit Root Tests for Seasonal Time Series		2.0-9	⊗	

图 1-11　调用 R 包

方法二: 使用指令方式安装和调用 R 包.

1. 下载安装 R 包

使用 install.packages 函数下载安装 R 包. 在计算机联网状态下, 直接在编辑窗口或 RGui 界面输入并执行如下指令, 系统会自动搜索、下载、安装 tseries 程序包.

```
install.packages("tseries")
```

2. 加载调用 R 包

使用 library 函数加载调用 R 包. 在编辑窗口或 RGui 界面编辑并执行如下指令, 就加载调用了 tseries 程序包.

```
library(tseries)
```

1.4.3　R 语言基本规则

一、输入指令的规则

如果是在 RGui 界面输入指令, 可以看到 ">" 后面光标在闪烁, 提示在这个位置可以输入指令. 一条指令输入完毕, 回车之后, 系统立刻执行该条指令, 无论结果是否输出, 下一行起首还是 ">", 后面光标在闪烁, 提示可以输入下一条指令.

如果是在编辑窗口输入指令, 不用逐条指令地输入和执行, 这个窗口的指令可以批量编辑和灵活执行.

R 允许对指令进行注释. 注释可以放在文档的任何地方, 以井号 (#) 开始, 到该行末结束. 如果一条指令在行末仍没有结束, R 将会自动换行, 以加号 (+) 作为提示符, 提示继续书写注释.

假如指令写得不对, 而且系统能识别出你的错误, 那么指令被执行之后, 系统会在 RGui 界面提示明确的错误信息. 比如, 我们想求 1+2+3 的值, 正确的求和函数应该是 sum(1,2,3), 但我们如果把指令写为 sun(1,2,3), 并要求执行这条指令, 那么 RGui 界面输出的信息会提醒我们没有找到 "sun" 这个函数.

```
➢ 输入错误函数
sun(1,2,3)
➢ 系统错误提示
Error in sun(1, 2, 3) :  could not find function "sun"
```

假如指令写得不对, 而且系统不能识别出你的错误, 那么它会认为你的指令没有输完, 于是在 RGui 界面下一行起始符号呈现 "+", 这表示系统依然在等你输入后续指令, 系统会自动将两部分指令合并在一起给出结果. 比如, 我们如果把指令写为 sum(1,2,3, 并要求执行这条指令, 那么 RGui 界面输出的信号符会一直在 "+" 后面闪烁, 等待我们完成正确的指令编辑. 当我们在 "+" 后面输入 ")" 并回车, 系统就会输出求和结果.

```
➢ 输入错误指令
sum(1,2,3
➢ RGui 界面出现"+" 等待补齐指令, 在"+" 后补右括号
+)
➢ 系统输出求和结果
[1]6
```

假如系统无法识别我们的错误, 我们自己也没办法在 "+" 后面完善这条指令时, 可以使用电脑上的 ESC 功能键放弃执行这条指令.

通常一行只编辑一条指令. 如果一行内要编辑多条指令, 可以用分号来分隔不同的指令, 就可以将多条指令一次性执行了.

```
x=1; y=2; x+y        # 把 1 赋值给 x, 把 2 赋值给 y, 再计算 x+y 的值
[1]3                 # 输出计算结果
```

二、 赋值指令的写法

在很多软件中, 通常都是以等号 ("=") 作为赋值符号, R 语言也认可等号赋值的写法. 但是在 R 语言中, 标准写法是使用带方向的箭头号 "<−" 或者 "−>" 表示赋值. 假如我们要完成如下赋值指令:

$$x = 3$$

$$y = 2x + 1$$

$$z = y^2$$

我们可以在 R 语言中编辑如下指令完成赋值:

```
x<-3
2*x+1->y
z<-y^2
```

在完成上面三条赋值语句后, 我们会发现 RGui 界面没有任何结果输出. 这是 R 语言和其他统计专业软件的一个不同之处. 很多统计专业软件采用的是最大输出结果模式. 运行一个分析程序之后, 系统会给出非常完整的输出结果. 但是 R 语言采用的是最小输出结果模式. R 语言会将各种分析与运算结果存入适当的对象中, 所有对象存于软件后台, 它不会主动在对话窗口输出赋值对象的结果, 你需要调用对象名进行结果查询.

比如, 我们想知道上例中 x, y, z 的赋值结果, 查询指令和输出结果如下:

```
x
[1]3
y
[1]7
z
[1]49
```

三、 区分大小写

有些软件不区分大小写, 在编写程序时字母的大小写不影响程序的识别, SAS 软件就具有这种属性. 但 R 语言对大小写非常敏感, 在使用 R 语言时要非常注意字母的大小写录入准确.

四、常用运算符号和函数表达式

每种软件都有自己特定的运算符号和函数表达式, R 语言常用的运算符和函数表达式如表 1–1 和表 1–2 所示.

表 1-1　R 语言常用运算符

运算符	描述	运算符	描述
+	加	>	大于
-	减	>=	大于等于
*	乘	==	严格等于
/	除	!=	不等于
^	幂次运算	!x	非 x
<	小于	x|y	x 或 y
<=	小于等于	x&y	x 和 y

表 1-2　常用函数

函数	描述	函数	描述
abs(x)	绝对值	sum(x)	求和
sqrt(x)	平方根	range(x)	值域
sin(x)	正弦	diff(x)	差分运算
cos(x)	余弦	diff(x,n)	n步差分
tan(x)	正切	lag(x)	延迟计算
log(x)	自然对数	min(x)	最小值
exp(x)	指数	max(x)	最大值
mean(x)	均值	set.seed(n)	产生以 n 为基数的随机数种子
median(x)	中位数	runif(n)	产生 n 个 (0,1) 区间的均匀分布随机数
var(x)	方差	rnorm(n)	产生 n 个标准分布随机数
sd(x)	标准差	pnorm(x)	计算标准正态分布的分位点
quantile(x,probs)	分位数	qnorm(x)	标准正态分布 q 分位数

1.4.4　生成时间序列数据

一、直接录入

如果数据不多, 我们可以采用直接录入的方式生成时间序列数据.

1. 行输入

我们以表 1-3 中的数据为例, 以行输入的方式读入 R 语言, 形成一个时间序列数据对象.

表 1-3

时间	价格	时间	价格
2015 年 1 月	101	2015 年 4 月	35
2015 年 2 月	82	2015 年 5 月	31
2015 年 3 月	66	2015 年 6 月	7

```
➤ 使用 c 函数输入序列值
price<-c(101,82,66,35,31,7)
price<-ts(price,start=c(2015,1),frequency = 12)
price
➤ 输出结果
        Jan  Feb  Mar  Apr  May  Jun
 2015   101   82   66   35   31    7
```

语句说明:

第一句指令是调用 c 函数, 以行输入的方式将 6 个时序数据依次赋值给了 price 这个变量, price 以向量的方式存储了这 6 个数据.

第二句指令是调用 ts 函数, 指定 price 为时间序列变量, 而且序列名仍然取为 price. start 选项指定序列的起始读入时间, 本例中指定序列从 2015 年 1 月开始读入. frequency 选项指定序列每年读入的数据频率, 本例中指定序列读入频率为每年 12 个, 也就是说该序列为月度数据. 以此类推, 读入季度数据, 即 frequency=4; 读入星期数据, 即 frequency=52; 系统默认的是读入年度数据, 即 frequency=1.

第三句指令是查看时间序列 price 的情况. 这条指令执行之后, 在 RGui 界面会立刻出现时间序列 price 的具体信息. 其中行标识是年份, 列标识是月份, 对应的 6 个月度的序列值非常清晰地呈现出来.

2. 列输入

如果我们以列输入的方式读入一列时间序列数据, 相关指令和输出结果如下:

```
➤ 使用 scan 函数, 在 RGui 界面以列数据的方式读入数据
price<-scan()
1:   101
2:   82
3:   66
4:   35
5:   31
6:   7
7:
```

➤ 读完 6 个数据后, 在第 7 个数据行回车结束数据录入, 系统显示读入 6 个数据
Read 6 items
➤ 指定 price 为时序变量, 并输出 price 的信息
price<-ts(price,start=c(2015,1),frequency=12)
Price
➤ 输出结果

	Jan	Feb	Mar	Apr	May	Jun
2015	101	82	66	35	31	7

语句说明:

第一句指令是调用 scan 函数, 在 RGui 界面以列输入的方式将 6 个时序数据以列的方式读入. 如果是手工编辑, 每输入一个数据回车一次. 如果是从其他数据文件通过复制加粘贴的方式录入列数据, 则直接粘贴即可. 最后一个数据输完, 在下一个空白数据行回车, 结束赋值过程.

二、外部数据文件转换

当序列数据量很大时, 采用直接输入或者粘贴的方法都不太方便, 最好是能从其他数据文件直接读进来.

通过 RStudio 数据窗口的 Import Dataset 选项, 可以很方便地把外部数据文件读入 R. 不妨假定, 我们将表 1–3 中的数据存为一个 Excel 文件, 文件名取为 test.xlsx, 文件存在 C 盘 Data 文件夹里, 通过如下步骤, 可以将这些数据转换为 R 数据文件.

第一步, 点击 RStudio 数据窗口的 Import Dataset 选项.

第二步, 选择输入文件格式 (见图 1–12), 本例中输入文件为 Excel 文件格式, 因此点击 From Excel 选项.

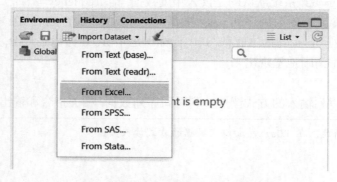

图 1–12　输入数据文件格式选择窗口

第三步, 指定数据文件路径.

如果是第一次导入该格式的外部数据文件, 首先系统会要求我们下载并调用一个数据文件转换 R 包, 选择确定. 等系统下载并调用数据格式转换 R 包之后, 会跳出一个对话窗口, 让用户指定外部数据的路径, 按右上角的 Browse 键, 选择数据文件所

在位置, 找到数据文件所在位置之后点击 open 键, 外部数据的预览就出现在主屏幕上
(见图 1–13).

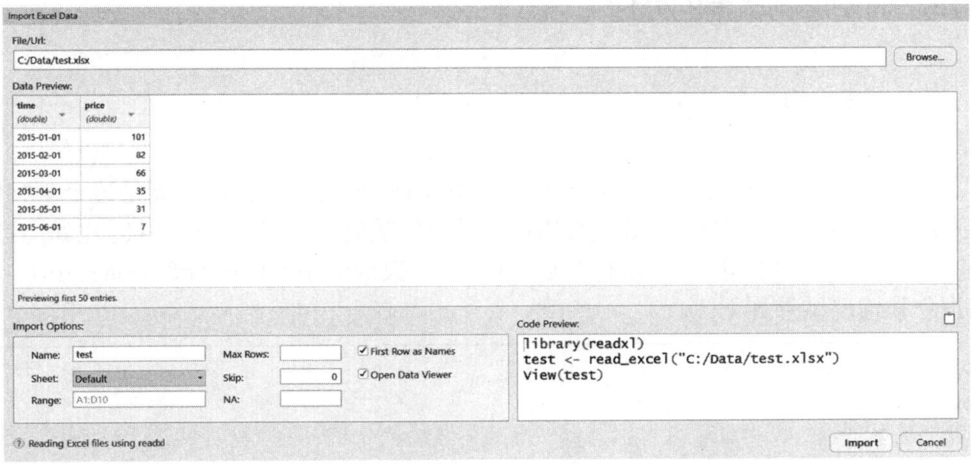

图 1-13　导入数据预览

　　点击该窗口右下角的 Import 键, 该数据文件就全部读入 R, R 系统就会产生一个
文件名为 test 的数据文件. 如果对导入的数据有特殊处理要求, 诸如不读入变量名, 或
者前面 n 行不读入, 或者读入某个区间的数据, 这时可以使用图 1–13 下方显示的输入
选择 (Import Options) 窗口的参数进行控制, 灵活选择自己需要的数据读入 R.
　　在 R 语言中, 数据文件通常称为数据框 (date.frame). 在我们读入的这个数据框
中有两个变量, 一个变量是 time, 一个变量是 price. 要调用数据框中的变量需要采用
两级变量名的结构, 即以 "数据框\$变量名" 的方式调用. 这时要指定 price 为时间序
列变量的指令有两种写法.
　　第一种写法是产生一个新的时间序列变量 price, 全程直接调用.

```
price<-ts(test$price,start=c(2015,1),frequency = 12)
price
▷ 输出结果
        Jan   Feb   Mar   Apr   May   Jun
2015    101    82    66    35    31    7
```

　　第二种写法是将 test 数据框中的 price 指定为时间序列变量, 调用时必须使用数
据框\$变量名的结构.

```
test$price<-ts(test$price,start=c(2015,1),frequency = 12)
test$price
▷ 输出结果
        Jan   Feb   Mar   Apr   May   Jun
2015    101    82    66    35    31    7
```

　　这两种写法得到的序列值是一样的, 但序列所处的位置和调用序列的写法是不一

样的, 具体写法由用户的使用习惯决定.

1.4.5　时间序列数据的处理

一、序列变换

在时间序列分析中, 我们得到的是观察值序列, 但需要分析的可能是这个观察值序列的某个函数变换后序列. 我们可以通过简单的赋值命令实现这些变换. 比如, 对前面产生的时间序列变量 price 进行对数变换, 将对数价格序列赋值给变量 log_price. 相关指令和输出结果如下:

```
log_price<-log(price)
log_price
➤ 输出结果
             Jan        Feb        Mar        Apr        May        Jun
 2015   4.615121   4.406719   4.189655   3.555348   3.433987   1.945910
```

二、子序列

使用 window 函数可以得到某个时间序列的子序列. 比如, 采用下面的命令我们就能得到 2015 年 2 月到 2015 年 5 月的一个子序列 price2.

```
price2<-window(price,start=c(2015,2),end=c(2015,5))
price2
➤ 输出结果
         Feb   Mar   Apr   May
 2015    82    66    35    31
```

三、缺失值插值

在时间序列分析中, 如果序列缺失一期或多期观察值, 那么该序列称为缺失值序列. 在 R 中, 缺失值用符号 "NA" 表示, 意思是 "not available", 即无法获得的数据.

缺失值的存在是时间序列分析的大难题, 即使只有一个缺失值存在, R 也会罢工, 并提示你因为缺失值的存在, 相应的分析无法进行. 因此, 当序列有缺失值时, 我们通常会通过插值的方法对缺失值进行插补.

R 提供了非常丰富的插值方法, 不同的方法由不同的程序包提供. 在时间序列分析中, 最常用的插值法是简单的线性插值法和样条插值法, 它们都可以由 zoo 程序包提供. 因此, 使用插值方法前, 需要先下载安装并调用 zoo 程序包.

```
➤ 将 price 序列第五个观察值定义为缺失值
a<-price  # 将序列 price 赋值给变量 a
a[5]<-NA  # 定义变量 a 的第五个序列值为缺失值
a
➤ 输出 a 序列结果
        Jan   Feb   Mar   Apr   May   Jun
 2015   101   82    66    35    NA    7
➤ 调用 zoo 包, 使用 na.approx 函数对缺失值进行线性插值
library(zoo)
y1<-na.approx(a)
y1
➤ 输出线性插值后的 y1 序列结果
        Jan   Feb   Mar   Apr   May   Jun
 2015   101   82    66    35    21    7
➤ 使用 na.spline 函数对缺失值进行样条插值
y2<- na.spline(a)
y2
➤ 输出样条插值后的 y2 序列结果
[1]   101.000000  82.000000  66.000000  35.000000  8.107993  7.000000
```

1.4.6　绘制时序图

　　所谓时序图, 就是一个二维平面坐标图, 通常横轴表示时间, 纵轴表示序列取值. 时序图可以帮助我们直观地掌握时间序列的一些基本分布特征. 时序分析的第一步通常是绘制时序图.

　　R 有非常快捷强大的绘图功能. 利用 R 绘制时序图最简单的方式是调用 plot 函数. 如果变量已经通过 ts 函数指定为时间序列变量, 直接调用 plot 函数就可以绘制出美观大方的时序图.

一、默认格式输出

　　以 price 变量为例, 前面已经指定该变量为 2015 年 1 月开始的月度时间序列变量, 使用 R 语言默认格式绘制并输出时序图 (见图 1–14).

```
plot(price, type = "o")
➤ 输出时序图
```

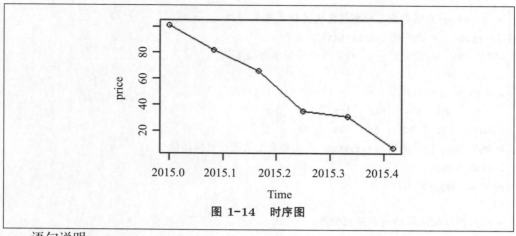

图 1-14   时序图

语句说明:

画时序图的最简单命令为 plot(序列名). 本例中增加了可选参数 type="o", 是指时序图用点线结构显示.

R 语言的时序图, 纵轴表示序列取值, 横轴表示时间. 时间间隔由 R 语言根据数据量的多少自行选择时间输出间隔. 本例展示的时序图 (见图 1–14), R 语言选择了分数年的方式进行展示: 2015.0 指的是 2015 年的初始时刻, 本例为月度数据, 因此 2015.0 指的是 2015 年 1 月; 2015.1 指的是 2015 年 10% 的时间点, 对应的月份是 0.1×12+1=2.2, 即 2015 年 2 月上旬; 2015.2 指的是 2015 年 20% 的时间点, 对应的月份是 0.2×12+1=3.4, 即 2015 年 3 月中旬; 其他时间刻度以此递推. 这和一般的统计软件横轴通常是年度 – 月度的显示方式略有不同.

二、 自定义图形参数

R 语言的绘图功能非常强大, 提供了丰富的图形参数. 下面简单介绍一下常用的几个绘图参数, 用户可以根据自己的需要进行个性化选择.

1. 点线结构参数

在 plot 函数中, 使用参数 type 来控制点线输出结构. 具体的参数值及含义如表 1–4 所示.

表 1-4   参数 type 的取值及含义

参数取值	描述	参数取值	描述
type="p"	点	type="o"	线穿过点
type="l"	线	type="h"	悬垂线
type="b"	点连线	type="s"	阶梯线

以 price 序列为例, 考察 type 选项对时序图的影响. 输出时序图见图 1–15.

```
➤ 绘制各种点线类型的时序图, 以 3 行 2 列的方式输出示意图
par(mfrow=c(3,2))
plot(price,type="p",main='type="p"')
```

```
plot(price,type="l",main='type="l"')
plot(price,type="b",main='type="b"')
plot(price,type="o",main='type="0"')
plot(price,type="h",main='type="h"')
plot(price,type="s",main='type="s"')
```

➢ 输出时序图

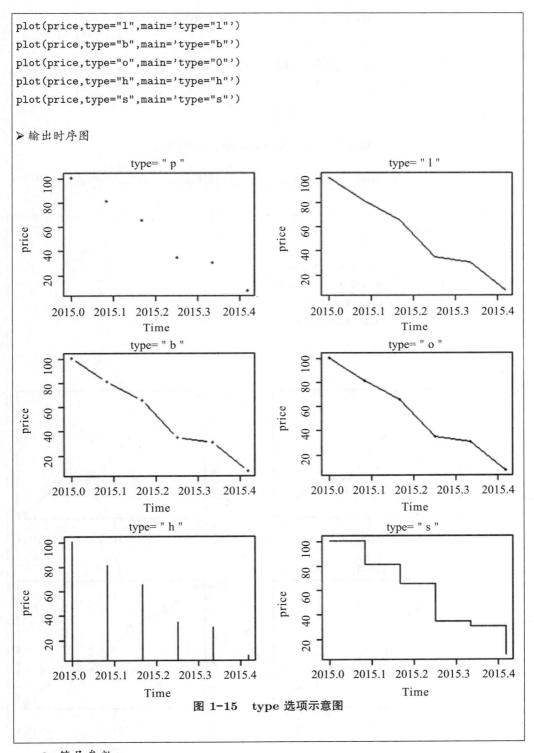

图 1-15　type 选项示意图

2. 符号参数

plot 函数中, 用 pch 选项设置观察点的符号. pch 一共有 25 个参数值, 它们对应的符号如图 1-16 所示.

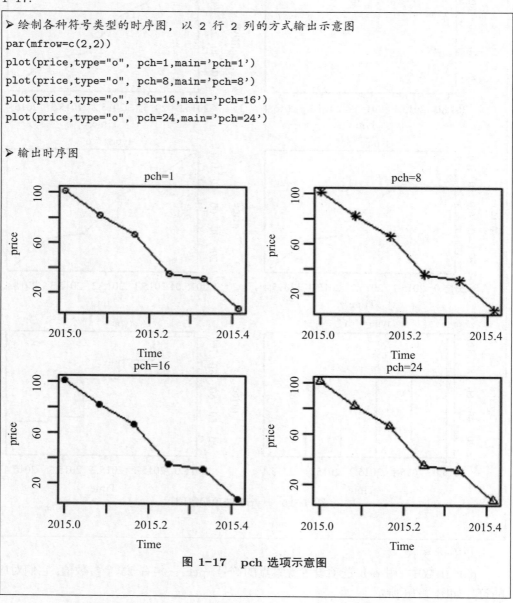

图 1-16   pch 选项参数值对应的绘图号

下面以 price 序列为例, 考察部分 pch 选项对时序图的影响. pch 选项示意图见图 1-17.

> 绘制各种符号类型的时序图, 以 2 行 2 列的方式输出示意图

```
par(mfrow=c(2,2))
plot(price,type="o", pch=1,main='pch=1')
plot(price,type="o", pch=8,main='pch=8')
plot(price,type="o", pch=16,main='pch=16')
plot(price,type="o", pch=24,main='pch=24')
```

> 输出时序图

图 1-17   pch 选项示意图

3. 连线类型参数

plot 函数中, 用 lty 选项设置线的类型. 具体的参数值与线型规定如表 1–5 所示.

表 1–5　参数 lty 的取值及含义

参数取值	描述
lty=1	实线
lty=2	虚线
lty=3	点线
lty=4	点 + 短虚线
lty=5	长虚线
lty=6	点 + 长虚线

以 price 序列为例, 考察部分 lty 选项对时序图的影响.

➤ 绘制各种连线类型的时序图, 以 1 行 2 列的方式输出示意图
```
par(mfrow=c(1,2))
plot(price,lty=1,main='lty=1')
plot(price,lty=2,main='lty=2')      #结果如图 1-18 所示
```
➤ 输出时序图

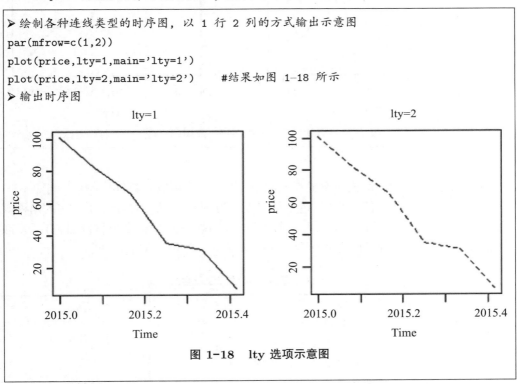

图 1–18　lty 选项示意图

4. 线的宽度参数

plot 函数中, 用 lwd 选项设置线的宽度. 具体的参数值与线型规定如表 1–6 所示.

表 1–6　参数 lwd 的取值及含义

参数取值	描述
lwd=1	默认宽度
lwd=k	默认宽度的 k 倍
lwd=-k	默认宽度的 $1/k$ 倍

以 price 序列为例, 考察 lwd 选项对时序图的影响.

➢ 绘制不同线宽的时序图, 以 1 行 2 列的方式输出示意图
```
par(mfrow=c(1,2))
plot(price,lwd=1,main='lwd=1')
plot(price,lwd=2,main='lwd=2')        #结果如图 1-19 所示
```
➢ 输出时序图

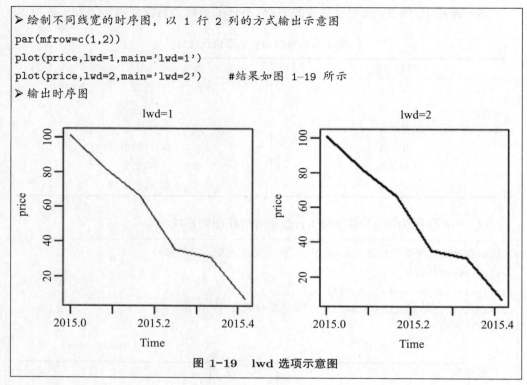

图 1-19   lwd 选项示意图

5. 颜色参数

plot 函数中, 用 col 选项设置点线颜色. 等号后面可以是具体的颜色, 例如 col="red", 也可以是某个数值, 例如红色也可以表示为 col=2. 表 1-7 给出了常用的四种颜色的对应数字表达. 实际上 R 语言一共可以提供 657 种颜色. 本教材以黑色打印, 颜色效果无法演示, 读者可用类似指令: plot(price,col="blue") 自行尝试.

表 1-7   参数 col 的取值及含义

参数取值	等价表达	颜色
col=1	col="black"	黑色
col=2	col="red"	红色
col=3	col="green"	绿色
col=4	col="blue"	蓝色

6. 添加文本

plot 函数中, 用 main 选项添加标题文本, 用 sub 选项添加副标题文本, 用 xlab 选项指定横坐标的名称, 用 ylab 选项指定纵坐标的名称.

以 price 序列为例添加标题为 "2015 年产品价格时序图", 并将横坐标显示为 "月份", 纵坐标显示为 "价格", 命令和显示结果如下. 添加文本示意图见图 1-20.

➢ 绘制添加文本时序图, 以一页一图的方式输出图像

```
par(mfrow=c(1,1))
plot(price,type = "o",main="2015 年产品价格时序图", xlab=" 月份",ylab=" 价格")
```

➢ 输出时序图

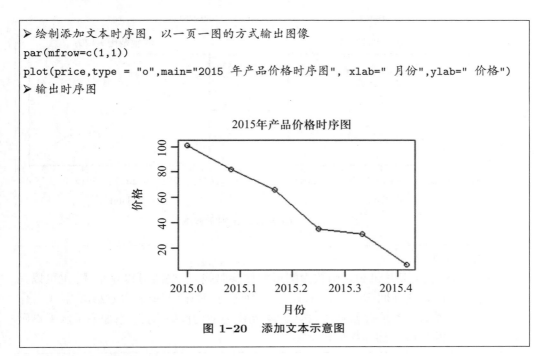

图 1-20　添加文本示意图

7. 指定坐标轴范围

plot 函数中, 用 xlim 选项指定横坐标的范围, 用 ylim 选项指定纵坐标的范围.
以 price 序列为例, 我们可以通过限制坐标的范围控制时序图输出内容.

➢ 分别指定横坐标范围和纵坐标范围绘制时序图, 以 2 行 2 列的方式输出示意图

```
par(mfrow=c(2,2))
plot(price,xlim=c(2015.0,2015.3),main=" 横轴范围 2015.0-2015.3")
plot(price,xlim=c(2015.0,2015.5),main=" 横轴范围 2015.0-2015.5")
plot(price,ylim=c(20,80),main=" 纵轴范围 20-80")
plot(price,ylim=c(0,120),main=" 纵轴范围 0-120")      #结果如图 1-21 所示
```

➢ 输出时序图

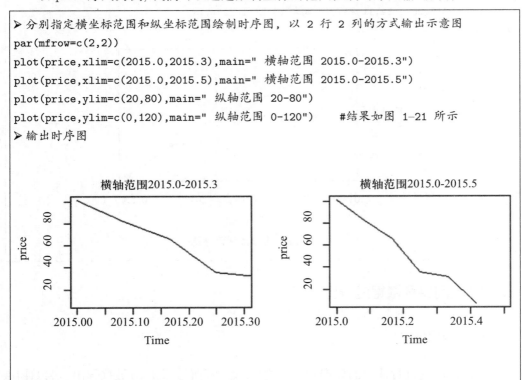

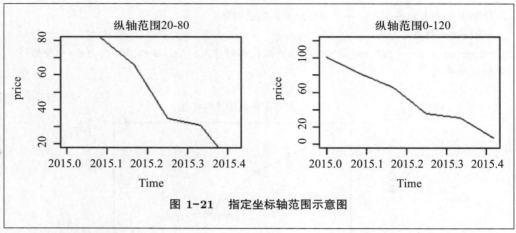

图 1-21　指定坐标轴范围示意图

8. 添加参照线

在绘图时可以使用 abline 函数为图形添加参照线. 参照线可以是垂线, 也可以是水平线, 还可以是线性回归线. 以 price 序列为例, 在时序图基础上以 2015 年 4 月作为时间参照, 添加一条垂直参照线; 再以 54 元作为平均价格参照, 添加一条水平参照线. 相关绘图指令和显示结果如下.

```
➤ 绘制带参照线的时序图, 参照线以虚线表示
par(mfrow=c(1,1))
plot(price,type="o")
abline(v=2015.25,h=54,lty=2)    #结果如图 1-22 所示
➤ 输出时序图
```

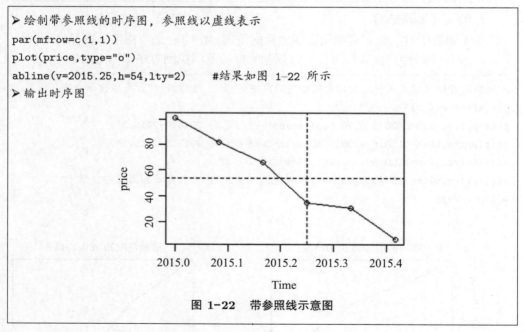

图 1-22　带参照线示意图

1.4.7　时间序列数据的导出

一、数据导出

对时间序列进行适当的处理和分析之后, 如果我们想把部分数据导出, 可以使用适当的函数完成这项任务. R 提供了很多种函数来完成数据导出的任务, 我们在此介

绍其中一种简单的方法, 使用 write.table 函数来导出数据.

我们前面对 test 数据框中 price 序列进行了对数变换, 产生了新的对数序列 log_price, 现在我们要将对数序列和原序列值一并导出, 存入数据文件 C:/Data/test2.csv 中, 相关命令如下.

```
write.table(data.frame(test,log_price),"C:/Data/test2.csv",sep=",",row.names=F)
```

语句说明:

调用 write.table 函数导出数据框. 该函数中第一个参数是导出数据的信息, 我们现在指定将数据框 test 中的数据和对数变换后的新变量 log_price 整合为一个新数据框导出. 第二个参数是指定这个新数据框的数据导出的路径和文件格式, 我们要求导出数据存在 C 盘里面一个名叫 Data 的文件夹中, 文件名取为 test2, 数据文件以 csv 格式存储. 第三个参数是指定这个 csv 文件使用逗号分隔数据. 第四个参数是确定数据以列的方式存储, 没有行变量名. 运行这条命令之后, 数据顺利导出.

二、图形导出

RStudio 产生的图片都可以在 Plots 窗口查看. 如果有图片想导出, 点击 Plots 窗口下的 Export 选项, 跳出对话框 (见图 1–23), 询问我们要将图片存成何种形式:

(1) 存为各种矢量图文件, 诸如 PNG, JPEG, BMP 等格式;

(2) 存为 pdf 格式;

(3) 复制到粘贴板, 直接粘贴使用.

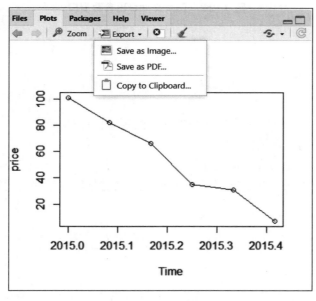

图 1-23　图片导出窗口

如果用户想将图片保存为矢量图或 pdf 文件, 还需给出输出图片的路径及文件名. 比如, 我们选择将图片以矢量图文件的方式导出 (图 1–23 中选项 1), 就会跳出如

图 1–24 所示的对话框, 要求我们选择导出图像的文件格式、存储地址、图像名称、像素、是否保持坐标轴比例不变等参数. 设置好这些参数, 按右下角的 Save 键导出图片文件.

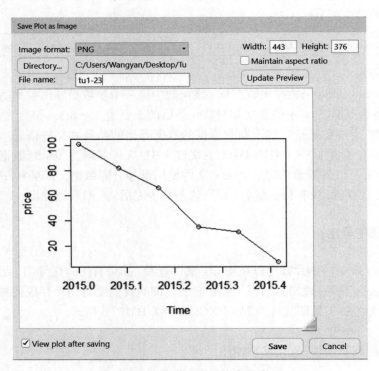

图 1-24　图片文件导出参数窗口

1.5　习　题

1. 什么是时间序列? 请收集几个生活中的观察值序列.
2. 时域方法的特点是什么?
3. 时域方法的发展轨迹是怎样的?
4. 在附录 1 中选择几个感兴趣的序列, 创建数据集, 并绘制时序图.

C 第 2 章

时间序列的预处理

拿到一个观察值序列之后, 首先要对序列的平稳性和纯随机性进行检验. 这两个检验称为序列的预处理. 根据检验的结果可以将序列分为不同的类型, 对不同类型的序列, 我们会采用不同的分析方法.

2.1 平稳序列的定义

2.1.1 特征统计量

平稳性是某些时间序列具有的一种统计特征. 要描述清楚这个特征, 我们必须借助以下统计工具.

一、 概率分布

数理统计的基础知识告诉我们分布函数或密度函数能够完整地描述一个随机变量的统计特征. 同样, 一个随机变量族 $\{X_t\}$ 的统计特性完全由它们的联合分布函数或联合密度函数决定.

对于时间序列 $\{X_t, t \in T\}$, 这样来定义它的概率分布:

任取正整数 m, 任取 $t_1, t_2, \cdots, t_m \in T$, 则 m 维随机向量 $(X_{t_1}, X_{t_2}, \cdots, X_{t_m})'$ 的联合概率分布记为 $F_{t_1, t_2, \cdots, t_m}(x_1, x_2, \cdots, x_m)$, 由这些有限维分布函数构成的全体

$$\{F_{t_1, t_2, \cdots, t_m}(x_1, x_2, \cdots, x_m), \forall m \in \text{正整数}, \forall t_1, t_2, \cdots, t_m \in T\}$$

就称为序列 $\{X_t\}$ 的概率分布族.

概率分布族是极其重要的统计特征描述工具, 因为序列的所有统计性质理论上都可以通过概率分布推导出来, 但是概率分布族的重要性仅仅停留在这样的理论意义上. 在实际应用中, 要得到序列的联合概率分布几乎是不可能的, 而且联合概率分布通常涉及非常复杂的数学运算, 这些原因导致我们很少直接使用联合概率分布进行时间序列分析.

二、特征统计量

一种更简单、更实用的描述时间序列统计特征的方法是研究该序列的低阶矩, 特别是均值、方差、自协方差和自相关系数, 它们也称为特征统计量.

尽管这些特征统计量并不能描述出随机序列的所有统计性质, 但由于它们概率意义明显, 易于计算, 而且往往能代表随机序列的主要概率特征, 所以我们对时间序列进行分析, 主要就是通过分析这些特征量的统计特性, 推断出随机序列的性质.

1. 均值

对时间序列 $\{X_t, t \in T\}$ 而言, 任意时刻的序列值 X_t 都是一个随机变量, 都有它自己的概率分布, 不妨记 X_t 的分布函数为 $F_t(x)$. 只要满足条件:

$$\int_{-\infty}^{\infty} x \mathrm{d}F_t(x) < \infty$$

就一定存在某个常数 μ_t, 使得随机变量 X_t 总是围绕在常数值 μ_t 附近做随机波动. 我们称 μ_t 为序列 $\{X_t\}$ 在 t 时刻的均值函数.

$$\mu_t = EX_t = \int_{-\infty}^{\infty} x \mathrm{d}F_t(x)$$

当 t 取遍所有的观察时刻时, 就得到一个均值函数序列 $\{\mu_t, t \in T\}$. 它反映的是时间序列 $\{X_t, t \in T\}$ 每时每刻的平均水平.

2. 方差

当 $\int_{-\infty}^{\infty} x^2 \mathrm{d}F_t(x) < \infty$ 时, 可以定义时间序列的方差函数以描述序列值围绕其均值做随机波动时的平均波动程度.

$$\sigma_t^2 = DX_t = E(X_t - \mu_t)^2 = \int_{-\infty}^{\infty} (x - \mu_t)^2 \mathrm{d}F_t(x)$$

同样, 当 t 取遍所有的观察时刻时, 得到一个方差函数序列 $\{\sigma_t^2, t \in T\}$.

3. 自协方差函数和自相关系数

类似于协方差函数和相关系数的定义, 在时间序列分析中我们定义自协方差函数 (autocovariance function) 和自相关系数 (autocorrelation coefficient) 的概念.

对于时间序列 $\{X_t, t \in T\}$, 任取 $t, s \in T$, 定义 $\gamma(t, s)$ 为序列 $\{X_t\}$ 的自协方差函数:

$$\gamma(t, s) = E(X_t - \mu_t)(X_s - \mu_s)$$

定义 $\rho(t, s)$ 为时间序列 $\{X_t\}$ 的自相关系数, 简记为 ACF:

$$\rho(t, s) = \frac{\gamma(t, s)}{\sqrt{DX_t \cdot DX_s}}$$

之所以称它们为自协方差函数和自相关系数, 是因为通常的协方差函数和相关系数度量的是两个不同的随机事件的相互影响程度, 自协方差函数和自相关系数度量的是同一事件在两个不同时期的相关程度, 形象地讲, 就是度量自己过去的行为对自己现在的影响.

2.1.2　平稳时间序列的定义

平稳时间序列有两种定义, 根据限制条件的严格程度, 分为严平稳时间序列和宽平稳时间序列.

一、严平稳

所谓严平稳 (strictly stationary), 是一种条件比较苛刻的平稳性定义, 它认为只有当序列所有的统计性质都不会随着时间的推移而发生变化时, 该序列才能被认为平稳. 我们知道, 随机变量族的统计性质完全由它们的联合概率分布族决定, 因此, 严平稳时间序列的定义如下.

定义 2.1　设 $\{X_t\}$ 为一时间序列, 对任意正整数 m, 任取 $t_1, t_2, \cdots, t_m \in T$, 对任意整数 τ, 有

$$F_{t_1, t_2, \cdots, t_m}(x_1, x_2, \cdots, x_m) = F_{t_{1+\tau}, t_{2+\tau}, \cdots, t_{m+\tau}}(x_1, x_2, \cdots, x_m)$$

则称时间序列 $\{X_t\}$ 为严平稳时间序列.

前面说过, 在实践中要获得随机序列的联合分布是非常困难的, 即使知道随机序列的联合分布, 计算和应用也非常不便. 因此, 严平稳时间序列通常只具有理论意义, 在实践中用得更多的是条件比较宽松的宽平稳时间序列.

二、宽平稳

宽平稳 (weak stationary) 是使用序列的特征统计量来定义的一种平稳性. 它认为序列的统计性质主要由它的低阶矩决定, 因此, 只要保证序列低阶 (二阶) 矩平稳, 就能保证序列的主要性质近似稳定.

定义 2.2　如果 $\{X_t\}$ 满足如下三个条件:

(1) 任取 $t \in T$, 有 $EX_t^2 < \infty$;

(2) 任取 $t \in T$, 有 $EX_t = \mu, \mu$ 为常数;

(3) 任取 $t, s, k \in T$, 且 $k + s - t \in T$, 有 $\gamma(t, s) = \gamma(k, k + s - t)$,

则称 $\{X_t\}$ 为宽平稳时间序列. 宽平稳也称为弱平稳或二阶平稳 (second-order stationary).

显然, 严平稳比宽平稳的条件严格. 严平稳是对序列联合分布的要求, 以保证序列所有的统计特征都相同; 宽平稳只要求序列二阶平稳, 对高于二阶的矩没有任何要求. 通常情况下, 严平稳序列也满足宽平稳条件, 宽平稳序列不能反推严平稳成立. 但这不是绝对的, 两种情况都有特例.

比如, 服从柯西分布的严平稳序列就不是宽平稳序列, 因为它不存在一、二阶矩, 所以无法验证它二阶平稳. 严格地讲, 只有存在二阶矩的严平稳序列才一定是宽平稳序列.

宽平稳一般推不出严平稳, 但当序列服从多元正态分布时, 二阶平稳可以推出严平稳.

定义 2.3 时间序列 $\{X_t\}$ 称为正态时间序列, 如果任取正整数 n, 任取 $t_1, t_2, \cdots,$ $t_n \in T$, 相对应的有限维随机变量 $X_1, X_2, \cdots, X_n$ 服从 n 维正态分布, 则密度函数为:

$$f_{t_1, t_2, \cdots, t_n}(\widetilde{X}_n) = (2\pi)^{-\frac{n}{2}} |\Gamma_n|^{-\frac{1}{2}} \exp\left[-\frac{1}{2}(\widetilde{X}_n - \widetilde{\mu}_n)' \Gamma_n^{-1} (\widetilde{X}_n - \widetilde{\mu}_n)\right]$$

式中, $\widetilde{X}_n = (X_1, X_2, \cdots, X_n)'$; $\widetilde{\mu}_n = (EX_1, EX_2, \cdots, EX_n)'$; Γ_n 为协方差阵.

$$\Gamma_n = \begin{pmatrix} \gamma(t_1, t_1) & \gamma(t_1, t_2) & \cdots & \gamma(t_1, t_n) \\ \gamma(t_2, t_1) & \gamma(t_2, t_2) & \cdots & \gamma(t_2, t_n) \\ \vdots & \vdots & & \vdots \\ \gamma(t_n, t_1) & \gamma(t_n, t_2) & \cdots & \gamma(t_n, t_n) \end{pmatrix}$$

由正态随机序列的密度函数可以看出, 它的 n 维分布仅由均值向量和协方差阵决定. 换言之, 对正态随机序列而言, 只要二阶矩平稳, 就等于分布平稳. 因此, 宽平稳正态时间序列一定是严平稳时间序列. 对于非正态过程, 就没有这个性质.

在实际应用中, 研究最多的是宽平稳随机序列, 以后见到平稳随机序列, 如果不特别注明, 指的都是宽平稳随机序列. 如果序列不满足平稳条件, 就称为非平稳序列.

2.1.3 平稳时间序列的统计性质

根据平稳时间序列的定义, 可以推断出它一定具有如下两个重要的统计性质.

(1) 常数均值.

$$EX_t = \mu, \quad \forall t \in T$$

(2) 自协方差函数和自相关系数只依赖于时间的平移长度而与时间的起止点无关.

$$\gamma(t, s) = \gamma(k, k + s - t), \quad \forall t, s, k \in T$$

根据这个性质, 可以将自协方差函数由二维函数 $\gamma(t, s)$ 简化为一维函数 $\gamma(s - t)$:

$$\gamma(s - t) \hat{=} \gamma(t, s), \quad \forall t, s \in T$$

由此引出延迟 k 自协方差函数的概念.

定义 2.4 对于平稳时间序列 $\{X_t, t \in T\}$, 任取 $t(t + k \in T)$, 定义 $\gamma(k)$ 为时间序列 $\{X_t\}$ 的延迟 k 自协方差函数:

$$\gamma(k) = \gamma(t, t + k)$$

根据平稳序列的这个性质, 容易推断出平稳随机序列一定具有常数方差

$$DX_t = \gamma(t, t) = \gamma(0), \quad \forall t \in T$$

由延迟 k 自协方差函数的概念可以等价得到延迟 k 自相关系数的概念:

$$\rho_k = \frac{\gamma(t, t + k)}{\sqrt{DX_t \cdot DX_{t+k}}} = \frac{\gamma(k)}{\gamma(0)}$$

容易验证和相关系数一样, 自相关系数具有如下三个性质:

(1) 规范性.

$$\rho_0 = 1 \text{ 且 } |\rho_k| \leqslant 1, \quad \forall k \in T$$

(2) 对称性.

$$\rho_k = \rho_{-k}$$

(3) 非负定性.

对任意正整数 m, 相关阵 Γ_m 为对称非负定阵.

$$\Gamma_m = \begin{pmatrix} \rho_0 & \rho_1 & \cdots & \rho_{m-1} \\ \rho_1 & \rho_0 & \cdots & \rho_{m-2} \\ \vdots & \vdots & & \vdots \\ \rho_{m-1} & \rho_{m-2} & \cdots & \rho_0 \end{pmatrix}$$

值得注意的是, ρ_k 除了具有上述三个性质, 还具有一个特别的性质: 对应模型的非唯一性.

一个平稳时间序列一定唯一决定了它的自相关系数, 但一个自相关系数未必唯一对应一个平稳时间序列. 我们在后面的章节中将证明这一点. 这个性质给我们根据样本的自相关系数的特点来确定模型增加了一定的难度.

2.1.4　平稳时间序列的意义

时间序列分析方法作为数理统计学的一个分支, 遵循数理统计学的基本原理, 都是利用样本信息来推测总体信息.

传统的统计分析通常拥有如表 2–1 所示的数据结构.

表 2–1

样本	随机变量		
	X_1	$\cdots$	X_m
1	x_{11}	$\cdots$	x_{m1}
2	x_{12}	$\cdots$	x_{m2}
$\vdots$	$\vdots$		$\vdots$
n	x_{1n}	$\cdots$	x_{mn}

根据数理统计学常识, 显然要分析的随机变量越少越好 (m 越小越好), 每个变量获得的样本信息越多越好 (n 越大越好). 因为随机变量越少, 分析的过程就会越简单, 样本容量越大, 分析的结果就会越可靠.

但时间序列分析的数据结构有它的特殊性. 对随机序列 $\{\cdots, X_1, X_2, \cdots, X_t, \cdots\}$ 而言, 它在任意时刻 t 的序列值 X_t 都是一个随机变量, 而且由于时间的不可重复性, 该变量在任意一个时刻只能获得唯一的样本观察值, 因而时间序列分析的数据结构如表 2–2 所示.

表 2-2

样本	随机变量				
	$\cdots$	X_1	$\cdots$	X_t	$\cdots$
1	$\cdots$	x_1	$\cdots$	x_t	$\cdots$

由于样本信息太少, 如果没有其他的辅助信息, 通常这种数据结构是没有办法进行分析的, 序列平稳性概念的提出可以有效地解决这个问题.

在平稳序列场合, 序列的均值等于常数意味着原本含有可列多个随机变量的均值序列

$$\{\mu_t, t \in T\}$$

变成了一个常数序列

$$\{\mu, t \in T\}$$

原本每个随机变量的均值 $\mu_t(t \in T)$ 只能依靠唯一的样本观察值 x_t 去估计

$$\widehat{\mu}_t = x_t$$

现在由于 $\mu_t = \mu(\forall t \in T)$, 于是每一个样本观察值 $x_t(\forall t \in T)$ 都变成了常数均值 μ 的样本观察值

$$\widehat{\mu} = \overline{x} = \frac{\sum_{i=1}^{n} x_i}{n}$$

这极大地减少了随机变量的个数, 并增加了待估参数的样本容量. 换句话说, 这大大降低了时序分析的难度, 同时提高了对均值函数的估计精度.

同理, 根据平稳序列二阶矩平稳的性质, 可以得到基于全体观察样本计算出来的延迟 k 自协方差函数的估计值:

$$\widehat{\gamma}(k) = \frac{\sum_{t=1}^{n-k}(x_t - \overline{x})(x_{t+k} - \overline{x})}{n-k}, \quad \forall 0 < k < n$$

进一步推导出总体方差的估计值:

$$\widehat{\gamma}(0) = \frac{\sum_{t=1}^{n}(x_t - \overline{x})^2}{n-1}$$

和延迟 k 自相关系数的估计值:

$$\widehat{\rho}_k = \frac{\widehat{\gamma}(k)}{\widehat{\gamma}(0)}, \quad \forall 0 < k < n$$

当延迟阶数 k 远远小于样本容量 n 时, 有

$$\widehat{\rho}_k \approx \frac{\sum\limits_{t=1}^{n-k}(x_t-\overline{x})(x_{t+k}-\overline{x})}{\sum\limits_{t=1}^{n}(x_t-\overline{x})^2}, \quad \forall 0 < k < n$$

2.2　平稳性检验

对序列的平稳性有两种检验方法: 一种是根据时序图和自相关图的特征做出判断的图检验方法; 另一种是构造检验统计量进行假设检验的方法.

图检验方法是一种操作简便、运用广泛的平稳性判别方法, 它的缺点是判别结论带有一定的主观色彩, 所以最好能用统计检测方法加以辅助判断. 目前最常用的平稳性统计检验方法是单位根检验 (unit root test). 由于目前知识的局限性, 本章将主要介绍平稳性的图检验方法, 单位根检验将在第 4 章详细介绍.

2.2.1　时序图检验

平稳性的时序图检验方法的原理是平稳时间序列具有常数均值和方差. 这意味着平稳序列的时序图应该显示出该序列始终在一个常数值附近波动, 而且波动的范围有界的特点. 如果序列的时序图显示出该序列有明显的趋势性或周期性, 那么该序列通常就不是平稳序列. 根据这个性质, 很多非平稳序列通过查看它的时序图就可以直接识别出来.

【例 2-1】　利用图检验方法判断 1978—2012 年我国第三产业占国内生产总值的比例序列的平稳性 (数据见表 A1-4).

图 2-1 显示, 从 1978 年开始中国第三产业占国内生产总值的比例有明显的线性递增趋势, 因此, 该序列一定不是平稳序列.

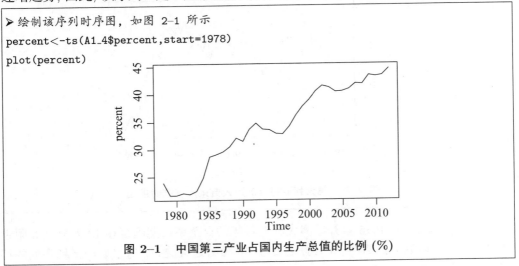

```
➤ 绘制该序列时序图, 如图 2-1 所示
percent<-ts(A1_4$percent,start=1978)
plot(percent)
```

图 2-1　中国第三产业占国内生产总值的比例 (%)

【例 2-2】 利用图检验方法判断 1970—1976 年加拿大 Coppermine 地区月度降雨量序列的平稳性 (数据见表 A1–5).

> ➤绘制该序列时序图，如图 2–2 所示
> ```
> rain<-ts(A1_5$rain,start=c(1970,1),frequency = 12)
> plot(rain)
> ```
>
>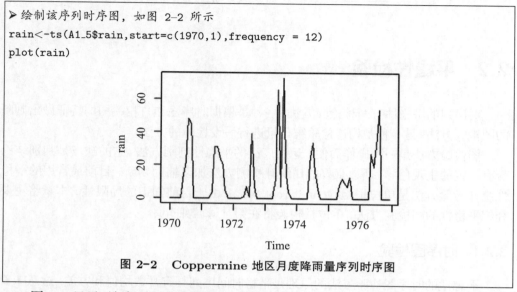
>
> 图 2-2　Coppermine 地区月度降雨量序列时序图

图 2-2 显示, 该序列以年为周期呈现出明显的周期性, 因此, 该序列一定不是平稳序列.

【例 2-3】 利用图检验方法判断 1915—2004 年澳大利亚自杀率序列 (每 10 万人自杀人口数) 的平稳性 (数据见表 A1–6).

> ➤绘制该序列时序图，如图 2–3 所示
> ```
> Suicide<-ts(A1_6$Suicide,start=1915)
> plot(Suicide)
> ```
>
>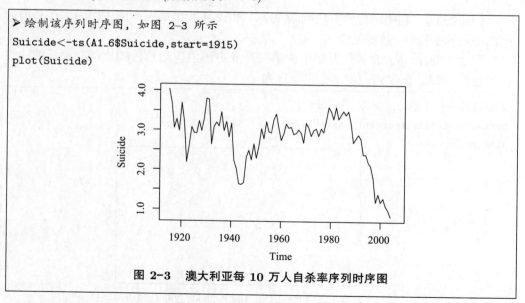
>
> 图 2-3　澳大利亚每 10 万人自杀率序列时序图

图 2-3 显示, 从 1915 年开始澳大利亚每年的自杀率长期围绕在 10 万分之 3 附近波动, 而且波动范围长期在 10 万分之 2 至 10 万分之 4 之间, 这呈现出平稳序列的特征. 但是看序列最后 20 年的波动, 自杀率又是一路递减, 这是趋势吗? 如果是趋势, 这就是非平稳特征.

这时, 通过时序图检验来判断该序列的平稳性就具有很强的主观性. 无论是判断该序列平稳还是判断该序列非平稳, 都不太有把握. 这时, 可以考察自相关图的性质, 进一步辅助识别.

2.2.2 自相关图检验

自相关图是一个平面二维坐标悬垂线图, 横坐标表示延迟时期数, 纵坐标表示自相关系数, 悬垂线的长度表示自相关系数的大小.

在第 3 章, 我们会证明平稳序列通常具有短期相关性. 该性质用自相关系数来描述就是随着延迟阶数 k 的增加, 平稳序列的自相关系数 ρ_k 会很快地衰减向零; 反之, 非平稳序列的自相关系数 ρ_k 衰减向零的速度通常比较慢. 这就是我们利用自相关图进行平稳性判别的标准.

在 R 语言中, 使用 acf 函数绘制序列自相关图, 该函数的命令格式为:

```
acf(x, lag.max =, plot=)
式中:
-x:变量名;
-lag.max =:延迟阶数.若用户缺省这个参数,系统会根据序列的长度自动指定延迟阶数.  自
相关图都是从 0 阶延迟开始输出,而 0 阶延迟自相关相当于自己与自己的相关,恒等于
1.所以自相关图的第一根悬垂线,永远为 1.
-plot=:输出自相关图还是自相关系数选项.
(1) 系统默认参数是 plot=True, 即只输出自相关图,不输出自相关系数.
(2) 若指定 plot=False, 则只输出自相关系数,不输出自相关图.
(3) 如果在获得自相关图之后,又想查看具体的自相关系数,也可以使用如下命令
acf(x)$acf
```

【例 2-1 续】　绘制 1978—2012 年我国第三产业占国内生产总值的比例序列的自相关图.

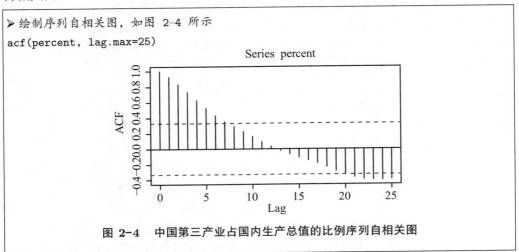

```
➤绘制序列自相关图, 如图 2-4 所示
acf(percent, lag.max=25)
```

图 2-4　中国第三产业占国内生产总值的比例序列自相关图

图 2–4 是该序列的自相关图. 图中两条平行虚线是自相关系数两倍标准差的参考线. 自相关系数落在两倍标准差之外, 可以认为该自相关系数很大, 显著非零; 自相关系数落在两倍标准差之内, 就可以认为该自相关系数很小, 近似为零.

从图 2–4 中我们发现自相关系数延迟到 7 阶之后, 落入到两倍标准差之内, 但是在延迟到 20 阶之后, 又落在了两倍标准差之外. 这意味着该序列 25 阶之后都没有衰减到零, 它的衰减速度相当缓慢, 而且延迟 1 ~ 12 期, 自相关系数一直为正, 而后又一直为负, 在自相关图上呈现出明显的三角对称性, 这是有趋势的非平稳序列常见的自相关图特征. 根据该序列自相关图我们可以认为该序列非平稳, 且可能具有长期趋势. 这和该序列时序图 (图 2–1) 呈现的单调递增性是一致的.

【例 2-2 续】 绘制 1970—1976 年加拿大 Coppermine 地区月度降雨量序列的自相关图.

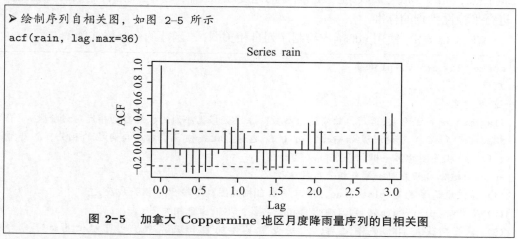

图 2-5　加拿大 Coppermine 地区月度降雨量序列的自相关图

从图 2–5 中我们发现自相关图呈现明显的三角函数 (正弦或余弦) 波动规律. 这是具有周期性变化的非平稳序列的一种典型的自相关图特征, 而且这种周期性几乎不衰减, 直到第 3 个周期 (延迟了 36 阶), 自相关系数依然落入两倍标准差之外. 根据自相关图的长期相关性和余弦变化特征, 我们可以认为该序列非平稳且具有稳定的周期变化规律. 这和该序列时序图 (图 2–2) 呈现的季节性特征是一致的.

【例 2-3 续 (1)】 绘制 1915—2004 年澳大利亚自杀率序列的自相关图.

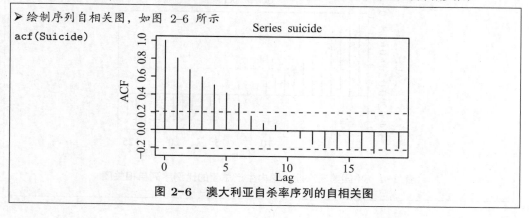

图 2-6　澳大利亚自杀率序列的自相关图

从图 2-6 中我们发现该序列自相关系数延迟 15 阶之后依然显著非零, 这说明该序列自相关系数具有长期相关性, 而且自相关图呈现出明显的倒三角特征, 这是具有单调趋势的非平稳序列的典型特征. 根据自相关图特征, 我们可以认为该序列非平稳, 且具有长期趋势. 在该序列时序图难以判别平稳性的情况下, 自相关图可以帮助我们进一步识别序列的平稳性.

2.3　纯随机性检验

拿到一个观察值序列之后, 首先是判断它的平稳性. 通过平稳性检验, 序列可以分为平稳序列和非平稳序列两大类.

对于非平稳序列, 由于它不具有二阶矩平稳的性质, 所以对它的统计分析要周折一些, 通常要进行进一步的检验、变换或处理, 才能确定适当的拟合模型.

如果序列平稳, 情况就简单多了, 我们有一套非常成熟的平稳序列建模方法. 但并不是所有的平稳序列都值得建模, 只有那些序列值之间具有密切的相关关系、历史数据对未来的发展有一定影响的序列, 才值得我们花时间去挖掘历史数据中的有效信息, 用来预测序列未来的发展.

如果序列值彼此之间没有任何相关性, 那就意味着该序列是一个没有记忆的序列, 过去的行为对将来的发展没有丝毫影响, 这种序列称为纯随机序列. 从统计分析的角度来说, 纯随机序列是没有任何分析价值的序列.

为了确定平稳序列是否值得继续分析下去, 我们需要对平稳序列进行纯随机性检验.

2.3.1　纯随机序列的定义

定义 2.5　如果时间序列 $\{X_t\}$ 满足如下性质:

(1) 任取 $t \in T$, 有 $EX_t = \mu$;

(2) 任取 $t, s \in T$, 有

$$\gamma(t, s) = \begin{cases} \sigma^2, & t = s \\ 0, & t \neq s \end{cases}$$

称序列 $\{X_t\}$ 为纯随机序列, 也称为白噪声 (White Noise) 序列, 简记为 $X_t \sim \text{WN}(\mu, \sigma^2)$.

之所以称为白噪声序列, 是因为人们最初发现白光具有这种特性. 容易证明, 白噪声序列一定是平稳序列, 而且是最简单的平稳序列.

【例 2-4】　随机产生 1 000 个服从标准正态分布的白噪声序列观察值, 并绘制时序图.

R 提供了丰富的随机数发生器, 在时序模拟中, 我们最常用的是产生一批服从正态分布的随机数. 正态分布随机数生成函数是 rnorm. rnorm 函数的命令格式为:

```
 rnorm(n= , mean= , sd=)
```
式中:
-n: 产生随机数个数;
-mean: 均值, 缺省值默认为 0;
-sd: 标准差, 缺省值默认为 1.
注: (1) rnorm 函数也可简写为 rnorm(n, 均值, 标准差);
    (2) 如果要产生 n 个服从标准正态分布的随机数, 可以简写为 rnorm(n).

本例的命令与输出结果如下:

➤ 产生 1000 个服从标准正态分布的随机数构成一个白噪声序列, 并绘制该序列时序图
```
white_noise<-rnorm(1000)
white_noise<-ts(white_noise)
plot(white_noise)      #结果如图 2-7 所示
```
➤ 时序图输出结果

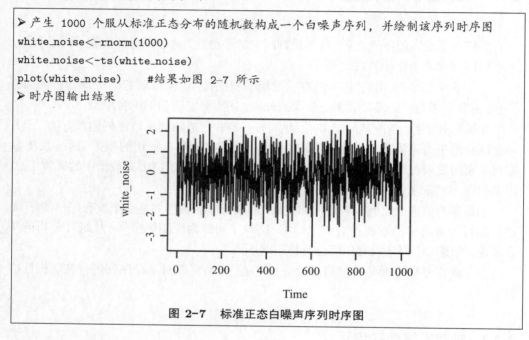

图 2-7 标准正态白噪声序列时序图

2.3.2 纯随机序列的性质

白噪声序列虽然很简单, 但它在我们进行时间序列分析时所起的作用非常大. 它的两个重要性质在后面的分析过程中要经常用到.

一、纯随机性

由于白噪声序列具有如下性质:

$$\gamma(k) = 0, \quad \forall k \neq 0$$

这说明白噪声序列的各项序列值之间没有任何相关关系, 这种 "没有记忆" 的序列就是纯随机序列.

纯随机序列各项之间没有任何关联, 序列在进行完全无序的随机波动. 一旦某个随机事件呈现出纯随机波动的特征, 就认为该随机事件不包含任何值得提取的有用信

息, 我们就应该终止分析了.

如果序列值之间呈现出某种显著的相关关系:

$$\gamma(k) \neq 0, \quad \exists k \neq 0$$

就说明该序列不是纯随机序列, 该序列间隔 k 期的序列值之间存在一定的相互影响关系, 这种相互影响关系在统计上称为相关信息. 我们分析的目的就是要想方设法把这种相关信息从观察值序列中提取出来. 一旦观察值序列中蕴涵的相关信息被充分提取出来, 那么剩下的残差序列就应该呈现出纯随机的性质, 因此, 纯随机性还是判断相关信息提取是否充分的一个判别标准.

二、 方差齐性

所谓方差齐性, 是指序列中每个变量的方差都相等, 即

$$DX_t = \gamma(0) = \sigma^2$$

如果序列不满足方差齐性, 就称该序列具有异方差性质.

在时间序列分析中, 方差齐性是一个非常重要的限制条件. 因为根据马尔可夫定理, 只有方差齐性假定成立时, 用最小二乘法得到的未知参数估计值才是准确的、有效的. 如果假定不成立, 最小二乘估计值就不是方差最小线性无偏估计, 拟合模型的精度就会受到很大影响.

我们在进行模型拟合时, 检验内容之一就是要检验拟合模型的残差是否满足方差齐性假定. 如果不满足, 那就说明残差序列还不是白噪声序列, 即拟合模型没有充分提取随机序列中的相关信息, 这时拟合模型的精度是值得怀疑的. 在这种情形下, 通常需要使用适当的条件异方差模型来处理异方差信息.

2.3.3 纯随机性检验

纯随机性检验也称为白噪声检验, 是专门用来检验序列是否为纯随机序列的一种方法. 我们知道如果一个序列是纯随机序列, 那么它的序列值之间应该没有任何相关关系, 即满足

$$\gamma(k) = 0, \quad \forall k \neq 0$$

这是一种理论上才会出现的理想状况. 实际上, 由于观察值序列的有限性, 纯随机序列的样本自相关系数不会绝对为零.

【例 2-4 续 (1)】　绘制例 2-4 标准正态白噪声序列的样本自相关图 (见图 2-8).

```
➤ 调用 acf 函数, 绘制自相关图
acf(white_noise)
➤ 输出自相关图
```

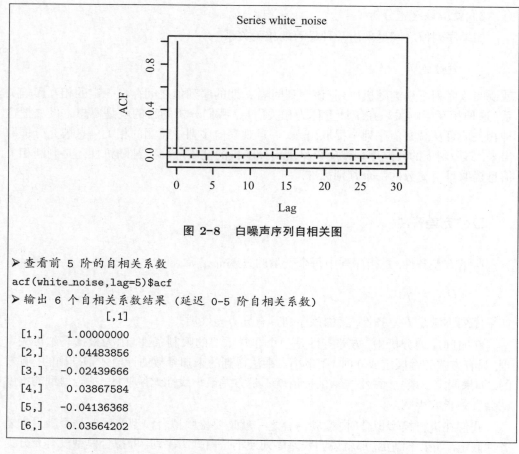

图 2-8   白噪声序列自相关图

➤ 查看前 5 阶的自相关系数

```
acf(white_noise,lag=5)$acf
```

➤ 输出 6 个自相关系数结果（延迟 0-5 阶自相关系数）

```
              [,1]
[1,]    1.00000000
[2,]    0.04483856
[3,]   -0.02439666
[4,]    0.03867584
[5,]   -0.04136368
[6,]    0.03564202
```

样本自相关图显示这个纯随机序列没有一个样本自相关系数严格等于零. 但这些自相关系数确实都非常小, 都在零值附近以一个很小的幅度随机波动. 这就提醒我们应该考虑样本自相关系数的分布性质, 从统计意义上判断序列的纯随机性质.

Bartlett 证明, 如果一个时间序列是纯随机的, 得到一个观察期数为 n 的观察序列 $\{x_t, t = 1, 2, \cdots, n\}$, 那么该序列的延迟非零期的样本自相关系数将近似服从均值为零、方差为序列观察期数倒数的正态分布, 即

$$\widehat{\rho}_k \overset{\cdot}{\sim} N\left(0, \frac{1}{n}\right), \forall k \neq 0$$

式中, n 为序列观察期数.

根据 Bartlett 定理, 我们可以构造检验统计量来检验序列的纯随机性.

一、假设条件

由于序列值之间的变异性是绝对的, 相关性是偶然的, 所以假设条件确定如下.

原假设: 延迟期数小于或等于 m 期的序列值之间相互独立.

备择假设: 延迟期数小于或等于 m 期的序列值之间有相关性.

该假设条件用数学语言描述为:

$$H_0 : \rho_1 = \rho_2 = \cdots = \rho_m = 0, \forall m \geqslant 1$$

$$H_1 : 至少存在某个 \ \rho_k \neq 0, \forall m \geqslant 1, k \leqslant m$$

二、检验统计量

1. Q 统计量

为了检验这个联合假设, Box 和 Pierce 推导出了 Q 统计量:

$$Q = n \sum_{k=1}^{m} \widehat{\rho}_k^2$$

式中, n 为序列观测期数; m 为指定延迟期数.

下面推导 Q 统计量服从的抽样分布.

因为 $\widehat{\rho}_k$ 独立同分布, 且近似服从正态分布 $N\left(0, \dfrac{1}{n}\right)$, 对 $\widehat{\rho}_k$ 进行标准正态变换, 得

$$\sqrt{n}\widehat{\rho}_k \overset{i.i.d}{\sim} N(0,1)$$

因为标准正态分布变量的平方服从 $\chi^2(1)$ 分布, 所以有

$$n\widehat{\rho}_k^2 \overset{i.i.d}{\sim} \chi^2(1), \forall k \neq 0$$

又因为 m 个相互独立的 $\chi^2(1)$ 变量之和服从 $\chi^2(m)$ 分布, 所以根据正态分布和卡方分布之间的关系, 我们推导出 Q 统计量近似服从自由度为 m 的卡方分布:

$$Q = n \sum_{k=1}^{m} \widehat{\rho}_k^2 \sim \chi^2(m)$$

当 Q 统计量大于自由度为 m 的卡方分布的 $1 - \alpha$ 分位点或该统计量的 P 值小于 α 时, 则可以以 $1 - \alpha$ 的置信水平拒绝原假设, 认为该序列为非白噪声序列; 否则, 不能拒绝原假设, 认为该序列为纯随机序列.

2. LB 统计量

在实际应用中人们发现 Q 统计量在大样本场合 (n 很大的场合) 检验效果很好, 但在小样本场合不太精确. 为了弥补这一缺陷, Ljung 和 Box 又推导出 LB(Ljung-Box) 统计量:

$$\text{LB} = n(n+2) \sum_{k=1}^{m} \left(\frac{\widehat{\rho}_k^2}{n-k} \right)$$

式中, n 为序列观察期数; m 为指定延迟期数.

Ljung 和 Box 证明 LB 统计量同样近似服从自由度为 m 的卡方分布.

实际上 LB 统计量就是对 Box 和 Pierce 的 Q 统计量的修正, 因此人们习惯把它们统称为 Q 统计量, 分别记作 Q_{BP} 统计量 (Box 和 Pierce 的 Q 统计量) 和 Q_{LB} 统计量 (Ljung 和 Box 的 Q 统计量), 在各种检验场合普遍采用的 Q 统计量通常指的都是 LB 统计量.

【例 2-4 续 (2)】　计算例 2-4 中白噪声序列延迟 6 阶、延迟 12 阶的 Q_{LB} 统计量的值, 并判断该序列的随机性 ($\alpha = 0.05$).

R 语言中使用 Box.test 函数进行序列的纯随机性检验. 该函数的命令格式为:

```
   Box.test(x, type= ,lag=)
式中:
-x:  变量名;
-type:  检验统计量的类型.
(1)type="Box-Pierce", 输出白噪声检验的 Q 统计量, 该统计量为系统默认输出结果.
(2)type="Ljung-Box", 输出白噪声检验的 LB 统计量.
-lag:  延迟阶数.  lag=n 表示输出滞后 n 阶的白噪声检验统计量.  忽略该选项时, 默认
输出滞后 1 阶的检验统计量结果.
```

本例的相关命令和输出结果如下:

```
➤ 进行延迟 6 阶和 12 阶的纯随机性检验
Box.test(white_noise,lag=6,type="Ljung-Box")
Box.test(white_noise,lag=12,type="Ljung-Box")
➤ 延迟 6 阶纯随机性检验输出结果
          Box-Ljung test

data:  white_noise
X-squared = 7.1185, df = 6, p-value = 0.31

➤ 延迟 12 阶纯随机性检验输出结果
          Box-Ljung test
data:  white_noise
X-squared = 10.745, df = 12, p-value = 0.5509
```

R 语言是最小结果输出软件, 因此每次调用 Box.test 函数, 只能给出一个检验结果. 上面为了得到延迟 6 阶和 12 阶两个 LB 统计量的结果, 我们调用了两次 Box.test 函数. 如果希望能一条命令得到多个白噪声检验结果, 可以编写一个循环命令. 最简单的循环函数是 for 函数, 它的命令格式如下:

```
   for(x in n1:n2 ) state
式中:
-x:  循环变量名
-n1:n2:  给出的循环取值区间
-state:  需要循环执行的命令
```

本例的相关命令和输出结果如下:

```
➤ 调用循环命令, 输出延迟 6 阶和 12 阶的 LB 检验结果
for( k in 1:2) print(Box.test(white_noise,lag=6*k,type="Ljung-Box"))
➤ 输出结果
```

```
     Box-Ljung test

data: white_noise
X-squared = 7.1185, df = 6, p-value = 0.31


     Box-Ljung test
data: white_noise
X-squared = 10.745, df = 12, p-value = 0.5509
```

由于延迟 6 阶和延迟 12 阶的 LB 统计量的 P 值都大于显著性水平 α, 所以该序列不能拒绝纯随机性的原假设. 换言之, 我们可以认为该序列为白噪声序列, 它的波动没有任何统计规律可循, 因而可以停止对该序列的统计分析.

还需要解释的一点是, 为什么在本例中只检验了前 6 期和前 12 期延迟的 Q 统计量就直接判断该序列是白噪声序列? 为什么不进行全部 999 期延迟检验?

这是因为, 一方面, 平稳序列通常具有短期相关性, 如果序列值之间存在显著的相关关系, 通常只存在于延迟时期比较短的序列值之间. 如果一个平稳序列短期延迟的序列值之间都不存在显著的相关关系, 通常长期延迟之间就更不会存在显著的相关关系了.

另一方面, 假如一个平稳序列显示出显著的短期相关性, 那么该序列就一定不是白噪声序列, 我们就可以对序列值之间存在的相关性进行分析. 假如此时考虑的延迟期数太长, 反而可能淹没了该序列的短期相关性. 因为平稳序列只要延迟时期足够长, 自相关系数都会收敛于零.

【例 2-5】　对 1900—1998 年全球 7 级以上地震发生次数序列进行平稳性和纯随机性检验 (显著性水平 $\alpha = 0.05$, 数据见表 A1–7).

```
➤ 读入数据, 指定时序变量
number<-ts(A1_7$number,start=1900)
➤ 绘制时序图和自相关图进行平稳性识别
plot(number)
acf(number,lag.max = 30)      #结果如图 2-9 所示
```

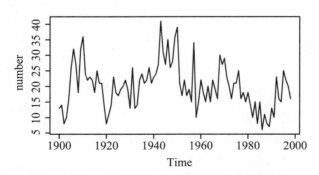

图 2-9　全球 7 级以上地震发生次数序列时序图

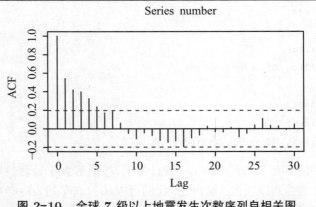

图 2-10　全球 7 级以上地震发生次数序列自相关图

➤ 对序列进行白噪声检验
Box.test(number,lag=6,type="Ljung-Box")
➤ 输出结果
Box-Ljung test

data: number
X-squared = 80, df = 6, p-value = 3e-16

　　根据该序列的时序图 (图 2-9) 和自相关图 (图 2-10) 我们对该序列的平稳性进行检验. 时序图显示该序列没有明显的趋势和周期. 自相关图显示, 除了延迟 1 ~ 5 阶的自相关系数在两倍标准差之外, 其他自相关系数均在两倍标准差之内. 我们可以认为该序列具有短期相关性. 因此, 我们可以判断该序列为平稳序列.

　　白噪声检验显示, 延迟 6 阶的 LB 统计量的 P 值只有 3.0×10^{-16}, 小于显著性水平 0.05, 所以显著拒绝序列为纯随机序列的原假设, 认为该序列为非白噪声序列.

　　结合前面的平稳性检验的结果, 我们可以认为全球每年发生 7 级以上地震次数序列是平稳非白噪声序列. 在统计时序分析领域, 平稳非白噪声序列被认为是值得分析且最容易分析的一种序列. 下面两章我们将详细介绍对平稳非白噪声序列的建模及预测方法.

2.4　习　题

　　1. 考虑序列 $\{1, 2, 3, 4, 5, \cdots, 20\}$.
　　(1) 判断该序列是否平稳.
　　(2) 计算该序列的样本自相关系数 $\widehat{\rho}_k (k = 1, 2, \cdots, 6)$.
　　(3) 绘制该样本自相关图, 并解释该图形.
　　2. 1975—1980 年夏威夷岛莫那罗亚火山每月释放的 CO_2 数据如表 2-3 所示 (行数据).

表 2-3　　　　　　　　　　　　　　　　　　　　　　　单位: ppm

330.45	330.97	331.64	332.87	333.61	333.55
331.90	330.05	328.58	328.31	329.41	330.63
331.63	332.46	333.36	334.45	334.82	334.32
333.05	330.87	329.24	328.87	330.18	331.50
332.81	333.23	334.55	335.82	336.44	335.99
334.65	332.41	331.32	330.73	332.05	333.53
334.66	335.07	336.33	337.39	337.65	337.57
336.25	334.39	332.44	332.25	333.59	334.76
335.89	336.44	337.63	338.54	339.06	338.95
337.41	335.71	333.68	333.69	335.05	336.53
337.81	338.16	339.88	340.57	341.19	340.87
339.25	337.19	335.49	336.63	337.74	338.36

(1) 绘制该序列时序图, 并判断该序列是否平稳.

(2) 计算该序列的样本自相关系数 $\hat{\rho}_k(k = 1, 2, \cdots, 24)$.

(3) 绘制该样本自相关图, 并解释该图形.

3. 1945—1950 年费城月度降雨量数据如表 2-4 所示 (行数据).

表 2-4　　　　　　　　　　　　　　　　　　　　　　　单位: mm

69.3	80.0	40.9	74.9	84.6	101.1	225.0	95.3	100.6	48.3	144.5	128.3
38.4	52.3	68.6	37.1	148.6	218.7	131.6	112.8	81.8	31.0	47.5	70.1
96.8	61.5	55.6	171.7	220.5	119.4	63.2	181.6	73.9	64.8	166.9	48.0
137.7	80.5	105.2	89.9	174.8	124.0	86.4	136.9	31.5	35.3	112.3	143.0
160.8	97.0	80.5	62.5	158.2	7.6	165.9	106.7	92.2	63.2	26.2	77.0
52.3	105.4	144.3	49.5	116.1	54.1	148.6	159.3	85.3	67.3	112.8	59.4

(1) 计算该序列的样本自相关系数 $\hat{\rho}_k(k = 1, 2, \cdots, 24)$.

(2) 判断该序列的平稳性.

(3) 判断该序列的纯随机性.

4. 若序列长度为 100, 前 12 个样本自相关系数如下:

$$\rho_1 = 0.02, \rho_2 = 0.05, \rho_3 = 0.10, \rho_4 = -0.02, \rho_5 = 0.05, \rho_6 = 0.01$$

$$\rho_7 = 0.12, \rho_8 = -0.06, \rho_9 = 0.08, \rho_{10} = -0.05, \rho_{11} = 0.02, \rho_{12} = -0.05$$

该序列能否视为纯随机序列 $(\alpha = 0.05)$?

5. 表 2-5 中的数据是某公司在 2000—2003 年间每月的销售量.

表 2-5

月份	2000 年	2001 年	2002 年	2003 年
1	153	134	145	117
2	187	175	203	178
3	234	243	189	149
4	212	227	214	178
5	300	298	295	248
6	221	256	220	202
7	201	237	231	162
8	175	165	174	135
9	123	124	119	120
10	104	106	85	96
11	85	87	67	90
12	78	74	75	63

(1) 绘制该序列时序图及样本自相关图.

(2) 判断该序列的平稳性.

(3) 判断该序列的纯随机性.

6. 1969 年 1 月至 1973 年 9 月在芝加哥海德公园内每 28 天发生的抢包案件数如表 2-6 所示 (行数据).

表 2-6

10	15	10	10	12	10	7	7	10	14	8	17
14	18	3	9	11	10	6	12	14	10	25	29
33	33	12	19	16	19	19	12	34	15	36	29
26	21	17	19	13	20	24	12	6	14	6	12
9	11	17	12	8	14	14	12	5	8	10	3
16	8	8	7	12	6	10	8	10	5		

(1) 判断该序列 $\{x_t\}$ 的平稳性及纯随机性.

(2) 对该序列进行函数运算:

$$y_t = x_t - x_{t-1}$$

并判断序列 $\{y_t\}$ 的平稳性及纯随机性.

7. 1915—2004 年澳大利亚每年与枪支有关的凶杀案死亡率 (每 10 万人) 如表 2-7 所示.

(1) 绘制该序列时序图, 直观考察该序列的平稳特征.

(2) 绘制自相关图, 分析该序列的平稳性.

(3) 如果是平稳序列, 则分析该序列的纯随机性; 如果是非平稳序列, 则分析该序列一阶差分后序列的平稳性.

表 2-7

年份	死亡率	年份	死亡率	年份	死亡率
1915	0.521 505 2	1945	0.365 275	1975	0.633 412 7
1916	0.424 828 4	1946	0.375 075 8	1976	0.605 711 5
1917	0.425 031 1	1947	0.409 005 6	1977	0.704 610 7
1918	0.477 193 8	1948	0.389 167 6	1978	0.480 526 3
1919	0.828 021 2	1949	0.240 261	1979	0.702 686
1920	0.615 618 6	1950	0.158 949 6	1980	0.700 901 7
1921	0.366 627	1951	0.439 337 3	1981	0.603 085 4
1922	0.430 888 3	1952	0.509 468 1	1982	0.698 091 9
1923	0.281 028 7	1953	0.374 346 5	1983	0.597 656
1924	0.464 624 5	1954	0.433 982 8	1984	0.802 342 1
1925	0.269 395 1	1955	0.413 055 7	1985	0.601 710 9
1926	0.577 904 9	1956	0.328 892 8	1986	0.599 312 7
1927	0.566 115 1	1957	0.518 664 8	1987	0.602 562 5
1928	0.507 758 4	1958	0.548 650 4	1988	0.701 662 5
1929	0.750 717 5	1959	0.546 911 1	1989	0.499 571 4
1930	0.680 839 5	1960	0.496 349 4	1990	0.498 091 8
1931	0.766 109 1	1961	0.530 892 9	1991	0.497 569
1932	0.456 147 3	1962	0.595 776 1	1992	0.600 183
1933	0.497 749 6	1963	0.557 058 4	1993	0.333 954 2
1934	0.419 327 3	1964	0.573 132 5	1994	0.274 437
1935	0.609 551 4	1965	0.500 541 6	1995	0.320 942 8
1936	0.457 337	1966	0.543 126 9	1996	0.540 667 1
1937	0.570 547 8	1967	0.559 365 7	1997	0.405 020 9
1938	0.347 899 6	1968	0.691 169 3	1998	0.288 596 1
1939	0.387 499 3	1969	0.440 348 5	1999	0.327 594 2
1940	0.582 428 5	1970	0.567 666 2	2000	0.313 260 6
1941	0.239 103 3	1971	0.596 911 4	2001	0.257 556 2
1942	0.236 744 5	1972	0.473 553 7	2002	0.213 838 6
1943	0.262 615 8	1973	0.592 393 5	2003	0.186 185 6
1944	0.424 093 4	1974	0.597 555 6	2004	0.159 271 3

8. 1860—1955 年密歇根湖每月平均水位的最高值序列如表 2-8 所示.

(1) 绘制该序列时序图, 直观考察该序列的平稳特征.

(2) 绘制自相关图, 分析该序列的平稳性.

(3) 如果是平稳序列, 分析该序列的纯随机性; 如果是非平稳序列, 则分析该序列一阶差分后序列的平稳性.

表 2-8

年份	水位	年份	水位	年份	水位	年份	水位
1860	83.3	1884	83.1	1908	81.8	1932	78.6
1861	83.5	1885	83.3	1909	81.1	1933	78.7
1862	83.2	1886	83.7	1910	80.5	1934	78
1863	82.6	1887	82.9	1911	80	1935	78.6
1864	82.2	1888	82.3	1912	80.7	1936	78.7
1865	82.1	1889	81.8	1913	81.3	1937	78.6
1866	81.7	1890	81.6	1914	80.7	1938	79.7
1867	82.2	1891	80.9	1915	80	1939	80
1868	81.6	1892	81	1916	81.1	1940	79.3
1869	82.1	1893	81.3	1917	81.87	1941	79
1870	82.7	1894	81.4	1918	81.91	1942	80.2
1871	82.8	1895	80.2	1919	81.3	1943	81.5
1872	81.5	1896	80	1920	81	1944	80.8
1873	82.2	1897	80.85	1921	80.5	1945	81
1874	82.3	1898	80.83	1922	80.6	1946	80.96
1875	82.1	1899	81.1	1923	79.8	1947	81.1
1876	83.6	1900	80.7	1924	79.6	1948	80.8
1877	82.7	1901	81.1	1925	78.49	1949	79.7
1878	82.5	1902	80.83	1926	78.49	1950	80
1879	81.5	1903	80.82	1927	79.6	1951	81.6
1880	82.1	1904	81.5	1928	80.6	1952	82.7
1881	82.2	1905	81.6	1929	82.3	1953	82.1
1882	82.6	1906	81.5	1930	81.2	1954	81.7
1883	83.3	1907	81.6	1931	79.1	1955	81.5

C 第 3 章

Chapter 3 ARMA 模型的性质

3.1 Wold 分解定理

1938 年, H.Wold 在他的博士论文《*A Study in the Analysis of Stationary Time Series*》中, 基于泛函分析中的 Hilbert 空间理论, 提出了著名的平稳序列分解定理. 这个定理是平稳序列分析的理论基础.

Wold 分解定理 对于任意一个离散平稳序列 $\{x_t\}$, 它都可以分解为两个不相关的平稳序列之和, 其中一个为确定性的 (deterministic), 另一个为随机性的 (stochastic), 不妨记作:

$$x_t = V_t + \xi_t$$

式中, $\{V_t\}$ 为确定性序列; $\{\xi_t\}$ 为随机序列.

确定性序列 $\{V_t\}$ 代表了序列的当期波动可以由其历史信息预测的部分. Wold 证明, 平稳时间序列的确定性部分一定可以表达为历史序列值的线性组合:

$$V_t = \sum_{j=1}^{\infty} \phi_j x_{t-j} \tag{3.1}$$

随机序列 $\{\xi_t\}$ 代表了序列的当期波动不能由历史信息解读的部分. Wold 证明, 这部分信息可以等价表达为:

$$\xi_t = \sum_{j=0}^{\infty} \theta_j \varepsilon_{t-j} \tag{3.2}$$

式中, $\theta_0 = 1, \sum_{j=0}^{\infty} \theta_j^2 < \infty$, $\{\varepsilon_t\}$ 称为新息过程 (innovation process), 是每个时期新加入的随机信息. $\{\varepsilon_t\}$ 为白噪声序列, 序列值相互独立, 不可预测, 通常假定 $\varepsilon_t \overset{i.i.d}{\sim} N(0, \sigma_\varepsilon^2)$, $\forall t \geqslant 0$.

具有式 (3.1) 结构的模型实际上就是 1927 年 Yule 提出的自回归 (auto regression) 模型, 简称为 AR 模型. 式 (3.2) 则是 1931 年 Walker 提出的移动平均 (moving average) 模型, 简称为 MA 模型. 这意味着 Wold 分解定理保证了平稳序列一定可以用某个 ARMA 模型等价表达. 因此, ARMA 模型是目前最常用的平稳序列拟合与预测模型.

ARMA 模型实际上是一个模型族, 它又可以细分为 AR 模型、MA 模型和 ARMA 模型. 每个模型里面又包含了无穷多个阶数不同的子模型. 当我们拿到一个平稳的观察值序列时, 到底应该选择 ARMA 模型族中的哪个模型去拟合它呢? 为了完成模型的选择工作, 我们必须了解 ARMA 模型族中不同模型的特征.

3.2 AR 模型

3.2.1 AR 模型的定义

定义 3.1   具有如下结构的模型称为 p 阶自回归模型, 简记为 AR(p):

$$
\begin{cases}
x_t = \phi_0 + \phi_1 x_{t-1} + \phi_2 x_{t-2} + \cdots + \phi_p x_{t-p} + \varepsilon_t \\
\phi_p \neq 0 \\
E(\varepsilon_t) = 0, \mathrm{Var}(\varepsilon_t) = \sigma_\varepsilon^2, E(\varepsilon_t \varepsilon_s) = 0, \forall s \neq t \\
E(x_s \varepsilon_t) = 0, s < t
\end{cases}
\tag{3.3}
$$

AR(p) 模型有三个限制条件:

条件一: $\phi_p \neq 0$. 这个限制条件保证了模型的最高阶数为 p.

条件二: $E(\varepsilon_t) = 0, \mathrm{Var}(\varepsilon_t) = \sigma_\varepsilon^2, E(\varepsilon_t \varepsilon_s) = 0, s \neq t$. 这个限制条件实际上是要求随机干扰序列 $\{\varepsilon_t\}$ 为零均值白噪声序列.

条件三: $E(x_s \varepsilon_t) = 0, \forall s < t$. 这个限制条件说明当期的随机干扰与过去的序列值无关.

通常会缺省默认式 (3.3) 的限制条件, 把 AR(p) 模型简记为:

$$
x_t = \phi_0 + \phi_1 x_{t-1} + \phi_2 x_{t-2} + \cdots + \phi_p x_{t-p} + \varepsilon_t
\tag{3.4}
$$

当 $\phi_0 = 0$ 时, 自回归模型 (3.3) 又称为中心化 AR(p) 模型. 非中心化 AR(p) 序列都可以通过下面的变换转化为中心化 AR(p) 序列.

令

$$
\mu = \frac{\phi_0}{1 - \phi_1 - \cdots - \phi_p}, \quad y_t = x_t - \mu
$$

则 $\{y_t\}$ 为 $\{x_t\}$ 的中心化序列. 中心化变换实际上就是非中心化的序列整个平移了一个常数, 这种整体移动对序列值之间的相关关系没有任何影响, 因此今后在分析 AR 模型的相关关系时, 都简化为对它的中心化模型进行分析.

在研究和应用中, 为了书写方便, 我们常常引入延迟算子来表达时间序列的模型结构.

引进延迟算子, 中心化 AR(p) 模型又可以简记为:

$$
\Phi(B) x_t = \varepsilon_t
\tag{3.5}
$$

式中, $\Phi(B) = 1 - \phi_1 B - \phi_2 B^2 - \cdots - \phi_p B^p$, 称为 p 阶自回归系数多项式.

延迟算子类似于一个时间指针, 当前序列值乘以一个延迟算子, 就相当于把当前序列值的时间向过去拨了一个时刻. 记 B 为延迟算子, 有

$$x_{t-1} = Bx_t$$

$$x_{t-2} = B^2 x_t$$

$$\vdots$$

$$x_{t-p} = B^p x_t$$

延迟算子有如下性质:

(1) $B^0 = 1$;

(2) 常数的任意阶数延迟仍然等于常数, 即 $B^p c = c$, 其中, c 为任意常数, p 为任意正整数;

(3) 若 c 为任意常数, 有 $B(cx_t) = cx_{t-1}$;

(4) 对任意两个序列 $\{x_t\}$ 和 $\{y_t\}$, 有 $B(x_t \pm y_t) = x_{t-1} + y_{t-1}$.

用延迟算子表示差分运算, 则一阶差分可以表达为:

$$\nabla x_t = (1 - B)\, x_t$$

p 阶差分可以表达为:

$$\nabla^p x_t = (1 - B)^p\, x_t$$

k 步差分可以表达为:

$$\nabla_k x_t = \left(1 - B^k\right) x_t$$

3.2.2　AR 模型的平稳性判别

要拟合一个平稳序列的发展, 用来拟合的模型显然也应该是平稳的. AR 模型是常用的平稳序列的拟合模型之一, 但并非所有的 AR 模型都是平稳的.

R 语言提供了多种序列拟合函数, 在此介绍两种最常用的: arima.sim 函数和 filter 函数.

1. arima.sim 函数

arima.sim 函数是一个便捷的序列拟合函数. 它可以拟合平稳 AR 模型以及后面要介绍的 MA 模型、平稳 ARMA 模型和 ARIMA 模型. arima.sim 函数的命令格式为:

```
    arima.sim(n, list(ar= ,ma= ,order=),sd=)
```
式中:

-n: 拟合序列长度;

-list: 指定具体的模型参数, 其中:

(1) ar=c($\phi_1,\phi_2,\cdots,\phi_p$), 给出要拟合的平稳 AR(p) 模型的各阶系数. 如果指定拟合的 AR 模型为非平稳模型, 系统会报错.

(2) ma=c($\theta_1,\theta_2,\cdots,\theta_q$), 给出要拟合的 MA(q) 模型的各阶系数.

(3) 拟合平稳 ARMA 模型, 需要同时给出自回归系数和移动平均系数.

(4) 拟合 ARIMA 模型, 需要增加 order 选项.

-sd: 指定序列的标准差. 如果不特殊指定, 系统默认 sd=1.

2. filter 函数

arima.sim 函数只能拟合平稳 AR 序列. 如果要拟合非平稳 AR 序列可以使用 filter 函数. filter 函数可以直接拟合 AR 模型 (无论是否平稳) 和 MA 模型. filter 函数的命令格式为:

```
    filter(e, filter= , method= , circular= )
```
式中:

-e: 随机波动序列的变量名;

-filter: 指定模型系数, 其中:

(1) AR(p) 模型为 filter=c($\phi_1,\phi_2,\cdots,\phi_p$).

(2) MA(q) 模型为 filter=c($1,-\theta_1,-\theta_2,\cdots,-\theta_q$).

-method: 指定拟合的是 AR 模型还是 MA 模型, 其中:

(1) method="recursive" 为 AR 模型;

(2) method="convolution" 为 MA 模型.

-circular: 拟合 MA 模型时专用的一个选项, circular=T 可以避免 NA 数据出现.

【例 3-1】 考察如下四个 AR 模型的平稳性:

(1) $x_t = 0.8x_{t-1} + \varepsilon_t$ (2) $x_t = -1.1x_{t-1} + \varepsilon_t$

(3) $x_t = x_{t-1} - 0.5x_{t-2} + \varepsilon_t$ (4) $x_t = x_{t-1} + 0.5x_{t-2} + \varepsilon_t$

假定 $\{\varepsilon_t\}$ 为标准正态白噪声序列. 拟合这四个序列的序列值并绘制时序图. 四个 AR 序列时序图见图 3-1.

```
➤使用 arima.sim 函数产生序列 (1) 和序列 (3) 两个平稳 AR 模型
x1<-arima.sim(n=100,list(ar=0.8))
x3<-arima.sim(n=100,list(ar=c(1,-0.5)))
➤使用 filter 函数产生序列 (2) 和序列 (4) 两个非平稳 AR 模型
e<-rnorm(100)
x2<-filter(e,filter=-1.1,method="recursive")
x4<-filter(e,filter=c(1,0.5),method="recursive")
➤绘制这四个序列时序图, 按照 2 行 2 列的方式输出这四个时序图
par(mfrow=c(2,2))
```

```
plot(x1)
plot(x2)
plot(x3)
plot(x4)
```
➤ 输出时序图

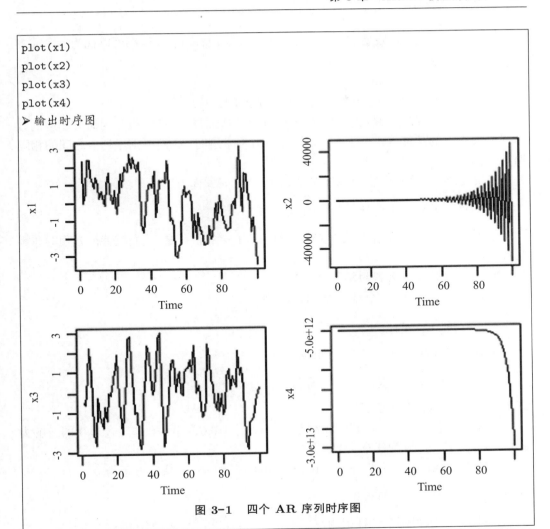

图 3-1　四个 AR 序列时序图

根据图 3-1 可以直观判断出模型 (1)、(3) 平稳, 模型 (2)、(4) 非平稳. 图示法只是一种粗糙的直观判别方法, 我们有两种准确的平稳性判别方法: 特征根判别和平稳域判别.

一、特征根判别

1. 线性差分方程的定义

在微分方程数值求解领域, 称具有如下形式的方程为 p 阶线性差分方程

$$x_t + a_1 x_{t-1} + a_2 x_{t-2} + \cdots + a_p x_{t-p} = h(t) \tag{3.6}$$

式中, $p \geqslant 1; a_1, a_2, \cdots, a_p$ 为实数; $h(t)$ 为 t 的某个已知函数.

特别地, 当 $h(t) = 0$ 时, 差分方程

$$x_t + a_1 x_{t-1} + a_2 x_{t-2} + \cdots + a_p x_{t-p} = 0 \tag{3.7}$$

称为 p 阶齐次线性差分方程.

显然, 任一 AR(p) 模型 $x_t - \phi_1 x_{t-1} - \cdots - \phi_p x_{t-p} = \phi_0 + \varepsilon_t$ 都可以视为一个非齐次线性差分方程.

2. 特征方程与特征根

在数学领域, 线性差分方程求解已经有成熟的方法.

线性差分方程的求解要借助它的特征方程和特征根. 特征方程是为研究相应的数学对象而引入的某种等式. 在进行线性差分方程求解时, 我们根据序列值之间的相隔时期数, 如下定义特征方程.

定义 3.2 p 阶齐次线性差分方程 (3.7) 的特征方程为

$$\lambda^p + a_1 \lambda^{p-1} + a_2 \lambda^{p-2} + \cdots + a_p = 0 \tag{3.8}$$

这是一个 λ 的一元 p 次线性方程, 它应该有 p 个非零根, 我们把特征方程的非零根称为特征根.

3. 齐次线性差分方程的解

特征方程 (3.8) 的 p 个特征根, 不妨记作

$$\lambda_1, \lambda_2, \cdots, \lambda_p$$

那么齐次线性差分方程 (3.7) 的通解为

$$x_t' = c_1 \lambda_1^t + c_2 \lambda_2^t + \cdots + c_p \lambda_p^t \tag{3.9}$$

式中, $c_1, c_2, \cdots, c_p$ 为任意实数.

【例 3-2】   验证二阶齐次线性差分方程 $x_t - 0.6x_{t-1} + 0.05x_{t-2} = 0$ 的通解为 $c_1 0.5^t + c_2 0.1^t$, c_1, c_2 为任意实数.

二阶齐次线性差分方程 $x_t - 0.6x_{t-1} + 0.05x_{t-2} = 0$ 的特征方程为

$$\lambda^2 - 0.6\lambda + 0.05 = 0$$

根据特征方程, 求得两个特征根为

$$\lambda_1 = 0.5, \lambda_2 = 0.1$$

容易验证这两个特征根的 t 次方 $f_1(t) = 0.6^t$ 和 $f_2(t) = 0.1^t$, 分别是齐次线性差分方程的两个解

$$\begin{aligned}
f_1(t) - 0.6f_1(t-1) + 0.05f_1(t-2) &= 0.5^t - 0.6 \times 0.5^{t-1} + 0.05 \times 0.5^{t-2} \\
&= (0.5^2 - 0.6 \times 0.5 + 0.05)0.5^{t-2} \\
&= 0
\end{aligned}$$

$$\begin{aligned}
f_2(t) - 0.6f_2(t-1) + 0.05f_2(t-2) &= 0.1^t - 0.6 \times 0.1^{t-1} + 0.05 \times 0.1^{t-2} \\
&= (0.1^2 - 0.6 \times 0.1 + 0.05)0.1^{t-2} \\
&= 0
\end{aligned}$$

也容易验证这两个解的任意线性组合 $f(t) = c_1 0.5^t + c_2 0.1^t$ (c_1, c_2 为任意实数), 也是齐次线性差分方程的解

$$f(t) - 0.6f(t-1) + 0.05f(t-2)$$

$$= c_1 0.5^t + c_2 0.1^t - 0.6 \times \left(c_1 0.5^{t-1} + c_2 0.1^{t-1}\right) + 0.05 \times \left(c_1 0.5^{t-2} + c_2 0.1^{t-2}\right)$$

$$= c_1(0.5^2 - 0.6 \times 0.5 + 0.05)0.5^{t-2} + c_2(0.1^2 - 0.6 \times 0.1 + 0.05)0.1^{t-2}$$

$$= 0$$

式中, c_1, c_2 为任意实数.

4. 非齐次线性差分方程的解

非齐次线性差分方程 (3.6) 的解为:

$$x_t = x_t' + x_t''$$

式中, x_t' 为齐次线性差分方程 (3.7) 的通解; x_t'' 为非齐次线性差分方程 (3.6) 的一个特解. 所谓特解, 就是使非齐次线性差分方程 (3.6) 成立的任一实数值.

【例 3-2 续】　求二阶非齐次线性差分方程 $x_t - 0.6x_{t-1} + 0.05x_{t-2} = -0.9$ 的解.

在例 3-2 中, 我们求出齐次差分方程的通解为 $x_t' = c_1 0.5^t + c_2 0.1^t$, c_1, c_2 为任意实数. 容易验证 $x_t'' = -2$ 是该非齐次线性差分方程的一个特解

$$x_t'' - 0.6x_{t-1}'' + 0.05x_{t-2}'' = -2 + 0.6 \times 2 - 0.05 \times 2 = -0.9$$

所以该二阶线性差分方程的解为

$$x_t = x_t' + x_t'' = c_1 0.5^t + c_2 0.1^t - 2, c_1, c_2 \text{ 为任意实数}$$

5. AR 模型平稳性判别原则

任一 AR(p) 模型都可以视为一个非齐次线性差分方程. 它的解不妨记作

$$x_t = c_1 \lambda_1^t + c_2 \lambda_2^t + \cdots + c_p \lambda_p^t + x_t''$$

式中, $c_1, c_2, \cdots, c_p$ 为任意实数; x_t'' 为任意特解.

平稳序列必须满足始终在均值附近波动, 不能随着时间的递推而发散, 即平稳 AR 模型的解要满足

$$\lim_{t \to \infty} x_t = \lim_{t \to \infty} \left[c_1 \lambda_1^t + c_2 \lambda_2^t + \cdots + c_p \lambda_p^t + x_t''\right] = \mu \tag{3.10}$$

式中, μ 为常数均值.

为了保证式 (3.10) 对于任意实数 $c_1, c_2, \cdots, c_p$ 都成立, 就必须要求每个特征根的幂函数都不能发散, 即

$$\lim_{t \to \infty} c_i \lambda_i^t < \infty, \quad 1 \leqslant i \leqslant p$$

进而推导出平稳 AR 模型必须满足每个特征根的绝对值都小于 1

$$|\lambda_i| < 1, \quad 1 \leqslant i \leqslant p$$

这意味着, 如果我们能把一个 AR 模型所有的特征根都求出来并且都标注在坐标轴上, 如果该模型所有的特征根都在半径为 1 的单位圆内, 那么该模型平稳. 如果该模

型有至少一个特征根在单位圆上或单位圆外, 那么该模型就是非平稳的. 这就是 AR 模型平稳性的特征根判别原则.

6. 自回归系数多项式的解

AR 模型自回归系数多项式的解与特征根之间具有倒函数关系, 所以平稳 AR 模型特征根都在单位圆内的等价判别条件是 AR 模型自回归系数多项式的解都在单位圆外. 下面证明这个论断.

证明: 引入延迟算子, AR(p) 模型可以简写为:

$$\Phi(B)x_t = \varepsilon_t$$

式中, $\Phi(B)$ 为 p 阶自回归系数多项式, $\Phi(B) = 1 - \phi_1 B - \phi_2 B^2 - \cdots - \phi_p B^p$.

假设 $\lambda_1, \lambda_2, \cdots, \lambda_p$ 是平稳序列 $\{x_t\}$ 线性差分方程的 p 个特征根, 任取 $\lambda_i (i \in (1, 2, \cdots, p))$, 代入特征方程, 有

$$\lambda_i^p - \phi_1 \lambda_i^{p-1} - \phi_2 \lambda_i^{p-2} - \cdots - \phi_p = 0$$

把 $u_i = \dfrac{1}{\lambda_i}$ 代入 p 阶自回归系数多项式, 得到

$$
\begin{aligned}
\phi(u_i) &= 1 - \phi_1 u_i - \phi_2 u_i^2 - \cdots - \phi_p u_i^p \\
&= 1 - \phi_1 \frac{1}{\lambda_i} - \phi_2 \frac{1}{\lambda_i^2} - \cdots - \phi_p \frac{1}{\lambda_i^p} \\
&= \frac{1}{\lambda_i^p} \left(\lambda_i^p - \phi_1 \lambda_i^{p-1} - \cdots - \phi_p \right) \\
&= 0
\end{aligned}
$$

这意味着 $u_i = \dfrac{1}{\lambda_i} (i \in (1, 2, \cdots, p))$, 是 p 阶自回归系数多项式的解. 根据 $|\lambda_i| < 1$, 等价推导出:

$$|u_i| > 1$$

因此, 判断一个 AR(p) 模型是否平稳, 既可以考察它的特征根是否都在单位圆内, 也可以等价考察它的自回归系数多项式的根是否都在单位圆外.

二、平稳域判别

对于一个 AR(p) 模型而言, 如果没有平稳性的要求, 实际上也就意味着对参数向量 $(\phi_1, \phi_2, \cdots, \phi_p)'$ 没有任何限制, 它们可以取遍 p 维欧氏空间的所有点, 但是如果加上了平稳性限制, 参数向量 $(\phi_1, \phi_2, \cdots, \phi_p)'$ 就只能取 p 维欧氏空间的一个子集, 使得特征根都在单位圆内的系数集合

$$\{\phi_1, \phi_2, \cdots, \phi_p | 特征根都在单位圆内\}$$

称为 AR(p) 模型的平稳域.

对于低阶 AR 模型, 用平稳域的方法判别模型的平稳性通常更为简便.

(1) AR(1) 模型的平稳域.

AR(1) 模型为: $x_t = \phi_1 x_{t-1} + \varepsilon_t$, 其特征方程为: $\lambda - \phi_1 = 0$, 特征根为: $\lambda = \phi_1$. 根据 AR 模型平稳的充要条件, 容易推出 AR(1) 模型平稳的充要条件是:

$$|\phi_1| < 1 \tag{3.11}$$

所以, AR(1) 模型的平稳域就是 $\{\phi_1 | -1 < \phi_1 < 1\}$.

(2) AR(2) 模型的平稳域.

AR(2) 模型为: $x_t = \phi_1 x_{t-1} + \phi_2 x_{t-2} + \varepsilon_t$, 其特征方程为: $\lambda^2 - \phi_1 \lambda - \phi_2 = 0$, 特征根为: $\lambda_1 = \dfrac{\phi_1 + \sqrt{\phi_1^2 + 4\phi_2}}{2}, \lambda_2 = \dfrac{\phi_1 - \sqrt{\phi_1^2 + 4\phi_2}}{2}$. 根据 AR 模型平稳的充要条件, AR(2) 模型平稳的充要条件是 $|\lambda_1| < 1$ 且 $|\lambda_2| < 1$.

根据一元二次方程的性质和 AR(2) 模型的平稳条件, 有

$$\begin{cases} \lambda_1 + \lambda_2 = \phi_1 \\ \lambda_1 \lambda_2 = -\phi_2 \end{cases}, \text{且 } |\lambda_1| < 1, |\lambda_2| < 1 \tag{3.12}$$

可以推导出:

1) $|\phi_2| = |\lambda_1 \lambda_2| < 1$;

2) $\phi_2 + \phi_1 = -\lambda_1 \lambda_2 + \lambda_1 + \lambda_2 = 1 - (1 - \lambda_1)(1 - \lambda_2) < 1$;

3) $\phi_2 - \phi_1 = -\lambda_1 \lambda_2 - \lambda_1 - \lambda_2 = 1 - (1 + \lambda_1)(1 + \lambda_2) < 1$.

这三个限制条件意味着 AR(2) 模型的平稳域是一个三角形区域, 如图 3-2 所示.

$$\{\phi_1, \phi_2 | |\phi_2| < 1, \text{且 } \phi_2 \pm \phi_1 < 1\}$$

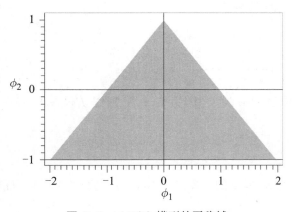

图 3-2　AR(2) 模型的平稳域

【例 3-1 续】　分别用特征根判别法和平稳域判别法检验例 3-1 中四个 AR 模型的平稳性.

(1) $x_t = 0.8x_{t-1} + \varepsilon_t$　　　　(2) $x_t = -1.1x_{t-1} + \varepsilon_t$

(3) $x_t = x_{t-1} - 0.5x_{t-2} + \varepsilon_t$　　(4) $x_t = x_{t-1} + 0.5x_{t-2} + \varepsilon_t$

其中, $\{\varepsilon_t\}$ 均为服从标准正态分布的白噪声序列.

结论如表 3-1 所示.

表 3-1

模型	特征根判别	平稳域判别	结论
(1)	$\lambda_1 = 0.8$	$\phi_1 = 0.8$	平稳
(2)	$\lambda_2 = -1.1$	$\phi_1 = -1.1$	非平稳
(3)	$\lambda_1 = \dfrac{1+i}{2}, \lambda_2 = \dfrac{1-i}{2}$	$|\phi_2| = 0.5, \phi_2 + \phi_1 = 0.5, \phi_2 - \phi_1 = -1.5$	平稳
(4)	$\lambda_1 = \dfrac{1+\sqrt{3}}{2}, \lambda_2 = \dfrac{1-\sqrt{3}}{2}$	$|\phi_2| = 0.5, \phi_2 + \phi_1 = 1.5, \phi_2 - \phi_1 = -0.5$	非平稳

理论判别得到的结论支持例 3–1 根据时序图 (见图 3–1) 所得出的直观判断.

3.2.3　平稳 AR 模型的统计性质

一、均值

假如 AR(p) 模型 (3.4) 满足平稳性条件, 在等式两边取期望, 得

$$Ex_t = E(\phi_0 + \phi_1 x_{t-1} + \phi_2 x_{t-2} + \cdots + \phi_p x_{t-p} + \varepsilon_t) \tag{3.13}$$

根据平稳序列均值为常数的性质, 有 $Ex_t = \mu (\forall t \in T)$, 且因为 $\{\varepsilon_t\}$ 为白噪声序列, 有 $E\varepsilon_t = 0$, 所以式 (3.13) 等价于

$$(1 - \phi_1 - \cdots - \phi_p)\mu = \phi_0$$

$$\Rightarrow \mu = \frac{\phi_0}{1 - \phi_1 - \cdots - \phi_p}$$

特别地, 对于中心化 AR(p) 模型, 因为 $\phi_0 = 0$, 所以 $Ex_t = 0$.

二、方差

要得到平稳 AR(p) 模型的方差, 需要 Green 函数的帮助, 下面给出 Green 函数的定义.

定义 3.3　假设 $\{x_t\}$ 为任意阶数的平稳 AR 模型, 那么一定存在一个常数序列 $\{G_j\}(j = 0, 1, 2, \cdots)$, 使得 $\{x_t\}$ 可以等价表达为纯随机序列 $\{\varepsilon_t\}$ 的线性组合, 即

$$x_t = G_0 \varepsilon_t + G_1 \varepsilon_{t-1} + G_2 \varepsilon_{t-2} + \cdots$$

这个常数序列 $\{G_j\}$ 就称为 Green 函数.

Green 函数的序列值可以通过递推公式得到. 下面以 AR(1) 模型为例, 介绍如何获得 Green 函数的递推公式.

【例 3-3】　求平稳 AR(1) 模型 $x_t = \phi_1 x_{t-1} + \varepsilon_t, \varepsilon_t \sim N(0, \sigma_\varepsilon^2)$ 的 Green 函数的表达, 并基于 Green 函数求解 AR(1) 模型的方差.

　　假设 AR(1) 模型的序列值记作: $x_1, x_2, x_3, \cdots$, 小于 1 时刻的序列值不存在, 即 $x_0 = 0$. 那么序列的第一期观察值为:

$$x_1 = \phi_1 x_0 + \varepsilon_1 = \varepsilon_1$$

　　用 Green 函数表达, 它等价于

$$x_1 = G_0 \varepsilon_1 \Rightarrow G_0 = 1$$

序列的第二期观察值为:

$$x_2 = \phi_1 x_1 + \varepsilon_2 = \varepsilon_2 + \phi_1 \varepsilon_1$$

　　用 Green 函数表达, 它等价于

$$x_2 = G_0 \varepsilon_2 + G_1 \varepsilon_1 \Rightarrow G_1 = \phi_1$$

序列的第三期观察值为:

$$x_3 = \phi_1 x_2 + \varepsilon_3 = \varepsilon_3 + \phi_1 (\varepsilon_2 + \phi_1 \varepsilon_1) = \varepsilon_3 + \phi_1 \varepsilon_2 + \phi_1^2 \varepsilon_1$$

　　用 Green 函数表达, 它等价于

$$x_3 = G_0 \varepsilon_3 + G_1 \varepsilon_2 + G_2 \varepsilon_1 \Rightarrow G_2 = \phi_1^2$$

依此递推, 我们可以推导出 AR(1) 模型 Green 函数的递推公式为:

$$G_j = \begin{cases} 1, & j = 0 \\ \phi_1^j, & j \geqslant 1 \end{cases}$$

于是, 借助 Green 函数, AR(1) 模型可以等价表达为:

$$x_t = G_0 \varepsilon_t + G_1 \varepsilon_{t-1} + G_2 \varepsilon_{t-2} + \cdots$$

　　由于 $\{\varepsilon_t\}$ 是纯随机序列, 且 $\varepsilon_t \sim N(0, \sigma_\varepsilon^2), \forall t \geqslant 1$, 所以 AR(1) 模型的方差等于:

$$\begin{aligned} \mathrm{Var}\,(x_t) &= \mathrm{Var}\,(G_0 \varepsilon_t + G_1 \varepsilon_{t-1} + G_2 \varepsilon_{t-2} + \cdots) \\ &= \left(G_0^2 + G_1^2 + G_2^2 + \cdots\right) \sigma_\varepsilon^2 \\ &= \left(1 + \phi_1^2 + \phi_1^4 + \cdots\right) \sigma_\varepsilon^2 \\ &= \frac{\sigma_\varepsilon^2}{1 - \phi_1^2} \end{aligned}$$

　　任意阶数的平稳 AR 模型都可以通过这种递推方法得到 Green 函数的递推公式.

　　借助延迟算子和待定系数法, 我们可以获得任意阶数平稳 AR 模型 Green 函数的通用递推公式.

　　引入延迟算子, AR(p) 模型可以记作:

$$\Phi(B) x_t = \varepsilon_t \tag{3.14}$$

式中, $\Phi(B) = 1 - \phi_1 B - \phi_2 B^2 - \cdots - \phi_p B^p$; $\{\varepsilon_t\}$ 为白噪声序列, 且 $\varepsilon_t \sim N(0, \sigma_\varepsilon^2)$.

　　$\{x_t\}$ 也可以用 Green 函数等价表达为:

$$x_t = G(B)\varepsilon_t \tag{3.15}$$

式中, $G(B) = G_0 + G_1 B + G_2 B^2 + \cdots$.

把式 (3.15) 代入式 (3.14), 得到

$$\Phi(B)G(B)\varepsilon_t = \varepsilon_t \tag{3.16}$$

展开式 (3.16), 得

$$\left(1 - \sum_{k=1}^{p} \phi_k B^k\right)\left(\sum_{j=0}^{\infty} G_j B^j\right)\varepsilon_t = \varepsilon_t$$

整理上式, 合并 $B^j (j = 0, 1, 2, \cdots)$ 的同类项, 得

$$\left[G_0 + \sum_{j=1}^{\infty}\left(G_j - \sum_{k=1}^{j} \phi_k' G_{j-k}\right) B^j\right]\varepsilon_t = \varepsilon_t \tag{3.17}$$

根据待定系数法, 要使得式 (3.17) 的等号成立, 必须满足如下两个条件:

(1) $G_0 = 1$.

(2) B^j 前的每个系数都为 0, 即

$$G_j - \sum_{k=1}^{j} \phi_k' G_{j-k} = 0, \quad \forall j \geqslant 1$$

由此可以得到任意平稳 AR(p) 模型的 Green 函数递推公式:

$$G_j = \begin{cases} 1, & j = 0 \\ \displaystyle\sum_{k=1}^{j} \phi_k' G_{j-k}, & j \geqslant 1 \end{cases}$$

式中,

$$\phi_k' = \begin{cases} \phi_k, & k \leqslant p \\ 0, & k > p \end{cases}$$

基于 Green 函数, 任意平稳 AR(p) 模型的方差等于:

$$\mathrm{Var}(x_t) = \sum_{j=0}^{\infty} G_j^2 \sigma_\varepsilon^2$$

三、 自协方差函数

在平稳模型 $x_t = \phi_1 x_{t-1} + \phi_2 x_{t-2} + \cdots + \phi_p x_{t-p} + \varepsilon_t$ 等号两边同乘 $x_{t-k}(\forall k \geqslant 1)$, 再求期望, 得

$$E(x_t x_{t-k}) = \phi_1 E(x_{t-1} x_{t-k}) + \cdots + \phi_p E(x_{t-p} x_{t-k}) + E(\varepsilon_t x_{t-k}), \forall k \geqslant 1$$

根据式 (3.3) AR(p) 模型的条件三, 有

$$E(\varepsilon_t x_{t-k}) = 0, \forall k \geqslant 1$$

于是可以得到如下自协方差函数的递推公式:

$$\gamma_k = \phi_1 \gamma_{k-1} + \phi_2 \gamma_{k-2} + \cdots + \phi_p \gamma_{k-p} \tag{3.18}$$

【例 3-4】　求平稳 AR(1) 模型的自协方差函数.

平稳 AR(1) 模型的自协方差函数递推公式为:

$$\gamma_k = \phi_1 \gamma_{k-1}$$
$$= \phi_1^k \gamma_0$$

根据例 3-3 已知

$$\gamma_0 = \frac{\sigma_\varepsilon^2}{1 - \phi_1^2}$$

所以平稳 AR(1) 模型自协方差函数的递推公式如下:

$$\gamma_k = \phi_1^k \frac{\sigma_\varepsilon^2}{1 - \phi_1^2}, \quad \forall k \geqslant 1$$

【例 3-5】　求平稳 AR(2) 模型的自协方差函数.

平稳 AR(2) 模型的递推公式为:

$$\gamma_k = \phi_1 \gamma_{k-1} + \phi_2 \gamma_{k-2}, \quad \forall k \geqslant 1$$

特别地, 当 $k = 1$ 时, 有

$$\gamma_1 = \phi_1 \gamma_0 + \phi_2 \gamma_1$$

即

$$\gamma_1 = \frac{\phi_1 \gamma_0}{1 - \phi_2}$$

利用 Green 函数可以推导出 AR(2) 模型的方差为:

$$\gamma_0 = \frac{1 - \phi_2}{(1 + \phi_2)(1 - \phi_1 - \phi_2)(1 + \phi_1 - \phi_2)} \sigma_\varepsilon^2$$

所以平稳 AR(2) 模型的自协方差函数的递推公式如下:

$$\begin{cases} \gamma_0 = \dfrac{1 - \phi_2}{(1 + \phi_2)(1 - \phi_1 - \phi_2)(1 + \phi_1 - \phi_2)} \sigma_\varepsilon^2 \\ \gamma_1 = \dfrac{\phi_1 \gamma_0}{1 - \phi_2} \\ \gamma_k = \phi_1 \gamma_{k-1} + \phi_2 \gamma_{k-2}, \quad k \geqslant 2 \end{cases}$$

3.2.4　自相关系数

1. 平稳 AR 模型自相关系数的递推公式

由于 $\rho_k = \dfrac{\gamma_k}{\gamma_0}$, 在自协方差函数的递推公式 (3.18) 等号两边同除以方差函数 γ_0,

就得到自相关系数的递推公式

$$\rho_k = \phi_1\rho_{k-1} + \phi_2\rho_{k-2} + \cdots + \phi_p\rho_{k-p} \tag{3.19}$$

容易验证平稳 AR(1) 模型的自相关系数递推公式为：

$$\rho_k = \phi_1^k, k \geqslant 0$$

平稳 AR(2) 模型的自相关系数递推公式为：

$$\rho_k = \begin{cases} 1, & k = 0 \\ \dfrac{\phi_1}{1 - \phi_2}, & k = 1 \\ \phi_1\rho_{k-1} + \phi_2\rho_{k-2}, & k \geqslant 2 \end{cases}$$

2. 自相关系数的性质

平稳 AR(p) 模型的自相关系数有两个显著的性质：一是拖尾性；二是呈指数衰减. 这两个性质都可以由自相关系数的通解推出.

根据式 (3.19)，容易看出 AR(p) 模型的自相关系数的表达式实际上是一个 p 阶齐次差分方程. 那么滞后任意 k 阶的自相关系数的通解为：

$$\rho_k = \sum_{i=1}^{p} c_i\lambda_i^k \tag{3.20}$$

式中，$|\lambda_i| < 1(i = 1, 2, \cdots, p)$ 为该差分方程的特征根；$c_1, c_2, \cdots, c_p$ 为任意常数. 显然 $c_1, c_2, \cdots, c_p$ 不能全为零. 通过这个通解形式，容易推出 ρ_k 始终有非零取值，不会在 k 大于某个常数之后就恒等于零，这个性质就是拖尾性.

可以直观地解释 AR(p) 模型自相关系数拖尾的原因. 对于一个平稳 AR(p) 模型

$$x_t = \phi_1x_{t-1} + \phi_2x_{t-2} + \cdots + \phi_px_{t-p} + \varepsilon_t$$

虽然它的表达式显示 x_t 只受当期随机误差 ε_t 和最近 p 期的序列值 $x_{t-1}, \cdots, x_{t-p}$ 的影响，但是由于 x_{t-1} 的值又依赖于 x_{t-1-p}，所以实际上 x_{t-1-p} 对 x_t 也有影响，依此类推，x_t 之前的每一个序列值 $x_{t-1}, \cdots, x_{t-k}, \cdots$ 都会对 x_t 构成影响. 自回归模型的这种特性体现在自相关系数上就是自相关系数的拖尾性.

同时，随着时间的推移，ρ_k 会迅速衰减，因为 $|\lambda_i| < 1(i = 1, 2, \cdots, p)$，所以 $k \to \infty$ 时，$\lambda_i^k \to 0(i = 1, 2, \cdots, p)$，继而导致 $\rho_k = \sum_{i=1}^{p} c_i\lambda_i^k \to 0$，而且这种影响以指数的速度在衰减.

平稳序列自相关系数以指数衰减的性质表现在自相关图上即自相关系数会很快由显著非零衰减到零附近波动，我们称这种现象为平稳序列的短期相关性.

短期相关是平稳序列的一个重要特征. 对这个特征的直观理解是，对平稳序列而言，通常只有近期的序列值对现时值的影响明显，间隔远的过去值对现时值的影响很小，随着时间的推移，这种影响几乎可以忽略不计.

【例 3-6】 考察如下四个平稳 AR 模型的自相关图.

(1) $x_t = 0.8x_{t-1} + \varepsilon_t$　　　　　(2) $x_t = -0.8x_{t-1} + \varepsilon_t$

(3) $x_t = x_{t-1} - 0.5x_{t-2} + \varepsilon_t$ 　　　　(4) $x_t = -x_{t-1} - 0.5x_{t-2} + \varepsilon_t$

假定 $\{\varepsilon_t\}$ 为标准正态白噪声序列, 拟合这四个 AR 模型, 得到样本自相关图. AR 模型样本自相关图见图 3-3.

➤ 使用 arima.sim 函数拟合这四个平稳 AR 序列

```
x1<-arima.sim(n=1000,list(ar=0.8))
x2<-arima.sim(n=1000,list(ar=-0.8))
x3<-arima.sim(n=1000,list(ar=c(1,-0.5)))
x4<-arima.sim(n=1000,list(ar=c(-1,-0.5)))
```

➤ 绘制这四个序列的自相关图, 以 2 行 2 列的方式输出

```
par(mfrow=c(2,2))   # 四个图用 2 行 2 列的方式输出
acf(x1)
acf(x2)
acf(x3)
acf(x4)
```

➤ 输出自相关图

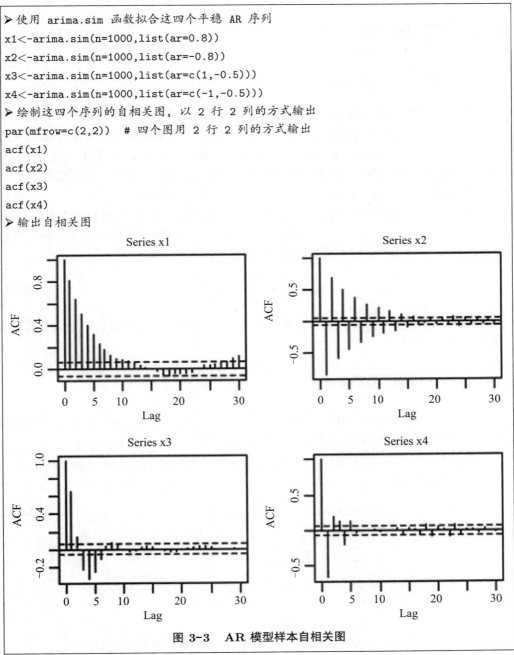

图 3-3　AR 模型样本自相关图

从图 3-3 中可以看到, 这四个平稳 AR 模型, 不论它们是 AR(1) 模型还是 AR(2) 模型, 不论它们的特征根是实根还是复根, 是正根还是负根, 它们的自相关系数都呈现出拖尾性和呈指数迅速衰减到零值附近的性质.

由于特征根不同, 它们的自相关系数衰减的方式也不一样. 有的自相关系数是按

负指数单调收敛到零 (如模型 (1)), 有的是正负相间地衰减 (如模型 (2)), 还有自回归系数呈现出类似于周期性的余弦衰减, 即具有 "伪周期" 特征 (如模型 (3)), 这些都是平稳模型自相关系数常见的特征.

3.2.5 偏自相关系数

一、偏自相关系数的定义

对于一个平稳 AR(p) 模型, 求出滞后 k 自相关系数 ρ_k 时, 实际上得到的并不是 x_t 与 x_{t-k} 之间单纯的相关关系. 因为 x_t 同时还会受到中间 $k-1$ 个随机变量 $x_{t-1}, x_{t-2}, \cdots, x_{t-k+1}$ 的影响, 这 $k-1$ 个随机变量又都和 x_{t-k} 具有相关关系, 所以自相关系数 ρ_k 里实际上掺杂了其他变量对 x_t 与 x_{t-k} 的相关影响. 为了能单纯测度 x_{t-k} 对 x_t 的影响, Box 和 Jenkins 引进偏自相关系数的概念.

定义 3.4 对于平稳序列 $\{x_t\}$, 所谓滞后 k 偏自相关系数, 是指在给定中间 $k-1$ 个随机变量 $x_{t-1}, x_{t-2}, \cdots, x_{t-k+1}$ 的条件下, 或者说, 在剔除了中间 $k-1$ 个随机变量的干扰之后, x_{t-k} 对 x_t 相关影响的度量. 用数学语言描述就是

$$\rho_{x_t, x_{t-k}|x_{t-1}, \cdots, x_{t-k+1}} = \frac{E[(x_t - \widehat{E}x_t)(x_{t-k} - \widehat{E}x_{t-k})]}{E[(x_{t-k} - \widehat{E}x_{t-k})^2]} \tag{3.21}$$

式中, $\widehat{E}x_t = E[x_t|x_{t-1}, \cdots, x_{t-k+1}]$, $\widehat{E}x_{t-k} = E[x_{t-k}|x_{t-1}, \cdots, x_{t-k+1}]$. 这就是滞后 k 偏自相关系数的定义.

二、偏自相关系数的计算

偏自相关系数的定义和回归分析中偏相关系数的定义非常相似. 这启发我们可以从线性回归的角度, 得到偏自相关系数的另一层含义.

假定 $\{x_t\}$ 为中心化平稳序列, 用过去的 k 期序列值 $x_{t-1}, x_{t-2}, \cdots, x_{t-k}$ 对 x_t 作 k 阶自回归拟合, 即

$$x_t = \phi_{k1}x_{t-1} + \phi_{k2}x_{t-2} + \cdots + \phi_{kk}x_{t-k} + \varepsilon_t \tag{3.22}$$

式中, $\widehat{E}(\varepsilon_t) = 0, E(\varepsilon_t x_s) = 0(\forall s < t)$.

对 $x_{t-1}, x_{t-2}, \cdots, x_{t-k+1}$ 取条件, 记

$$\widehat{E}x_t = E[x_t|x_{t-1}, \cdots, x_{t-k+1}], \widehat{E}x_{t-k} = E[x_{t-k}|x_{t-1}, \cdots, x_{t-k+1}]$$

则

$$\widehat{E}x_t = \phi_{k1}x_{t-1} + \phi_{k2}x_{t-2} + \cdots + \phi_{k(k-1)}x_{t-k+1} + \phi_{kk}\widehat{E}(x_{t-k})$$
$$+ E(\varepsilon_t|x_{t-1}, \cdots, x_{t-k+1}) \tag{3.23}$$

已知 $E(\varepsilon_t) = 0, E(\varepsilon_t x_s) = 0(\forall s < t)$, 所以

$$E(\varepsilon_t|x_{t-1}, \cdots, x_{t-k+1}) = E(\varepsilon_t) = 0$$

式 (3.23) 等价于

$$\widehat{E}x_t = \phi_{k1}x_{t-1} + \phi_{k2}x_{t-2} + \cdots + \phi_{k(k-1)}x_{t-k+1} + \phi_{kk}\widehat{E}(x_{t-k})$$

则式 (3.22) 减式 (3.23) 等于:

$$x_t - \widehat{E}x_t = \phi_{kk}(x_{t-k} - \widehat{E}x_{t-k}) + \varepsilon_t \tag{3.24}$$

在式 (3.24) 等号两边同时乘以 $x_{t-k} - \widehat{E}x_{t-k}$ 并求期望

$$E[(x_t - \widehat{E}x_t)(x_{t-k} - \widehat{E}x_{t-k})] = \phi_{kk}E[(x_{t-k} - \widehat{E}x_{t-k})^2]$$
$$+ E[\varepsilon_t(x_{t-k} - \widehat{E}x_{t-k})] \tag{3.25}$$

因为 $E(\varepsilon_t x_s) = 0(\forall s < t)$, 所以

$$E[\varepsilon_t(x_{t-k} - \widehat{E}x_{t-k})] = 0$$

式 (3.25) 等价于

$$E[(x_t - \widehat{E}x_t)(x_{t-k} - \widehat{E}x_{t-k})] = \phi_{kk}E[(x_{t-k} - \widehat{E}x_{t-k})^2]$$

由此得出

$$\phi_{kk} = \frac{E[(x_t - \widehat{E}x_t)(x_{t-k} - \widehat{E}x_{t-k})]}{E[(x_{t-k} - \widehat{E}x_{t-k})^2]} \tag{3.26}$$

式 (3.26) 等号右边的结果正好等于式 (3.21) 所定义的滞后 k 偏自相关系数.

这说明滞后 k 偏自相关系数实际上就等于 k 阶自回归模型第 k 个回归系数 ϕ_{kk} 的值. 根据这个性质容易计算偏自相关系数的值.

在式 (3.22) 等号两边同乘 x_{t-l} 并求期望, 再除以 γ_0, 得

$$\rho_l = \phi_{k1}\rho_{l-1} + \phi_{k2}\rho_{l-2} + \cdots + \phi_{kk}\rho_{l-k}, \forall l \geqslant 1$$

取前 k 个方程构成的方程组

$$\begin{cases} \rho_1 = \phi_{k1}\rho_0 + \phi_{k2}\rho_1 + \cdots + \phi_{kk}\rho_{k-1} \\ \rho_2 = \phi_{k1}\rho_1 + \phi_{k2}\rho_0 + \cdots + \phi_{kk}\rho_{k-2} \\ \vdots \\ \rho_k = \phi_{k1}\rho_{k-1} + \phi_{k2}\rho_{k-2} + \cdots + \phi_{kk}\rho_0 \end{cases} \tag{3.27}$$

该方程组称为 Yule-Walker 方程. 通过解该方程组, 可以得到参数 $(\phi_{k1}, \phi_{k2}, \cdots, \phi_{kk})'$ 的解, 参数向量中最后一个参数的解即滞后 k 偏自相关系数 ϕ_{kk} 的值.

用矩阵形式表示为:

$$\begin{pmatrix} 1 & \rho_1 & \cdots & \rho_{k-1} \\ \rho_1 & 1 & \cdots & \rho_{k-2} \\ \vdots & \vdots & & \vdots \\ \rho_{k-1} & \rho_{k-2} & \cdots & 1 \end{pmatrix} \begin{pmatrix} \phi_{k1} \\ \phi_{k2} \\ \vdots \\ \phi_{kk} \end{pmatrix} = \begin{pmatrix} \rho_1 \\ \rho_2 \\ \vdots \\ \rho_k \end{pmatrix} \tag{3.28}$$

根据线性方程组求解的 Cramer 法则, 有

$$\phi_{kk} = \frac{D_k}{D} \tag{3.29}$$

式中,

$$D = \begin{vmatrix} 1 & \rho_1 & \cdots & \rho_{k-1} \\ \rho_1 & 1 & \cdots & \rho_{k-2} \\ \vdots & \vdots & & \vdots \\ \rho_{k-1} & \rho_{k-2} & \cdots & 1 \end{vmatrix}, \quad D_k = \begin{vmatrix} 1 & \rho_1 & \cdots & \rho_1 \\ \rho_1 & 1 & \cdots & \rho_2 \\ \vdots & \vdots & & \vdots \\ \rho_{k-1} & \rho_{k-2} & \cdots & \rho_k \end{vmatrix}$$

D 为式 (3.28) 中系数矩阵的行列式; D_k 是把 D 中的第 k 个列向量换成式 (3.28) 等号右边的自相关系数向量后构成的行列式.

三、偏自相关系数的截尾性

可以证明: 平稳 AR(p) 模型的偏自相关系数具有 p 阶截尾性. 所谓 p 阶截尾, 是指 $\phi_{kk} = 0(\forall k > p)$. 要证明这一点, 实际上只要能证明当 $k > p$ 时, $D_k = 0$ 即可.

证明: 对任一 AR(p) 模型

$$x_t = \phi_1 x_{t-1} + \phi_2 x_{t-2} + \cdots + \phi_p x_{t-p} + \varepsilon_t, \quad \forall k > p$$

有如下 Yule-Walker 方程成立:

$$\begin{pmatrix} 1 & \rho_1 & \cdots & \rho_{p-1} \\ \rho_1 & 1 & \cdots & \rho_{p-2} \\ \vdots & \vdots & & \vdots \\ \rho_{k-1} & \rho_{k-2} & \cdots & \rho_{k-p} \end{pmatrix} \begin{pmatrix} \phi_1 \\ \phi_2 \\ \vdots \\ \phi_p \end{pmatrix} = \begin{pmatrix} \rho_1 \\ \rho_2 \\ \vdots \\ \rho_k \end{pmatrix} \tag{3.30}$$

记 $\xi_i(i = 1, 2, \cdots, p)$ 为式 (3.30) 系数矩阵中 p 个列向量, η 为式 (3.30) 中等号右边的自相关系数向量, 即

$$\xi_i = \begin{pmatrix} \rho_{i-1} \\ \rho_{i-2} \\ \vdots \\ \rho_{i-k} \end{pmatrix}, \quad i = 1, 2, \cdots, p; \eta = \begin{pmatrix} \rho_1 \\ \rho_2 \\ \vdots \\ \rho_k \end{pmatrix}$$

则有

$$\eta = \phi_1 \xi_1 + \phi_2 \xi_2 + \cdots + \phi_p \xi_p \tag{3.31}$$

因为 AR(p) 模型的限制条件之一是 $\phi_p \neq 0$, 所以向量 η 一定可以表示成向量 $\xi_i(i = 1, 2, \cdots, p)$ 的非零线性组合.

当 $k > p$ 时

$$D_k = \begin{vmatrix} 1 & \rho_1 & \cdots & \rho_{p-1} & \cdots & \rho_1 \\ \rho_1 & 1 & \cdots & \rho_{p-2} & \cdots & \rho_2 \\ \vdots & \vdots & & \vdots & & \vdots \\ \rho_{k-1} & \rho_{k-2} & \cdots & \rho_{k-p} & \cdots & \rho_k \end{vmatrix} \tag{3.32}$$

显然 D_k 的前 p 个列向量正好就是 $\xi_i(i=1,2,\cdots,p)$, 最后一个列向量正好就是向量 η. 根据式 (3.31), 说明在行列式 (3.32) 中最后一个列向量可以用另外 p 个列向量的线性组合表示. 根据行列式的性质, 具有这种线性相关关系的行列式的值一定为零, 即 $D_k=0$. 由 $D_k=0$ 等价推出 $\phi_{kk}=0$.

证毕.

由此证明了 AR(p) 模型偏自相关系数的 p 阶截尾性. 这个性质连同前面的自相关系数拖尾性是 AR(p) 模型重要的识别依据.

【例 3-6 续】　考察例 3-6 中四个平稳 AR 模型的偏自相关系数截尾性.

(1) $x_t = 0.8x_{t-1} + \varepsilon_t$　　　(2) $x_t = -0.8x_{t-1} + \varepsilon_t$

(3) $x_t = x_{t-1} - 0.5x_{t-2} + \varepsilon_t$　　　(4) $x_t = -x_{t-1} - 0.5x_{t-2} + \varepsilon_t$

根据式 (3.27) 容易算出, AR(1) 模型的偏自相关系数为:

$$\phi_{kk} = \begin{cases} \phi_1, & k=1 \\ 0, & k \geqslant 2 \end{cases}$$

AR(2) 模型的偏自相关系数为:

$$\phi_{kk} = \begin{cases} \dfrac{\phi_1}{1-\phi_2}, & k=1 \\ \phi_2, & k=2 \\ 0, & k \geqslant 3 \end{cases}$$

所以, 这四个 AR 模型的理论偏自相关系数如表 3-2 所示.

表 3-2

(1) $x_t = 0.8x_{t-1} + \varepsilon_t$	$\phi_{kk} = \begin{cases} 0.8, & k=1 \\ 0, & k \geqslant 2 \end{cases}$
(2) $x_t = -0.8x_{t-1} + \varepsilon_t$	$\phi_{kk} = \begin{cases} -0.8, & k=1 \\ 0, & k \geqslant 2 \end{cases}$
(3) $x_t = x_{t-1} - 0.5x_{t-2} + \varepsilon_t$	$\phi_{kk} = \begin{cases} \dfrac{2}{3}, & k=1 \\ -0.5, & k=2 \\ 0, & k \geqslant 3 \end{cases}$
(4) $x_t = -x_{t-1} - 0.5x_{t-2} + \varepsilon_t$	$\phi_{kk} = \begin{cases} -\dfrac{2}{3}, & k=1 \\ -0.5, & k=2 \\ 0, & k \geqslant 3 \end{cases}$

假定 $\{\varepsilon_t\}$ 为标准正态白噪声序列, 拟合这四个 AR 模型, 得到样本偏自相关图.

偏自相关图和自相关图类似, 是一个平面二维坐标悬垂线图. 横坐标表示延迟时期数, 纵坐标表示偏自相关系数. 悬垂线表示偏自相关系数的大小. 在 R 语言中, 使用 pacf 函数绘制序列自相关图, 该函数的命令格式为:

```
    pacf(x, lag=)
式中:
-x: 变量名;
-lag: 延迟阶数. 若用户不特殊指定延迟阶数, 系统会根据序列长度自动指定延迟阶数.
偏自相关图是从 1 阶延迟开始输出.
    如果想查看具体的自相关系数值, 可以使用如下命令:
    pacf(x, lag=)$pacf
```

本例的命令与输出结果如下.

```
➤ 绘制这四个序列偏自相关图, 以 2 行 2 列的方式输出
par(mfrow=c(2,2))
pacf(x1,lag=20)
pacf(x2,lag=20)
pacf(x3,lag=20)
pacf(x4,lag=20)      #结果如图 3-4 所示
➤ 输出偏自相关图
```

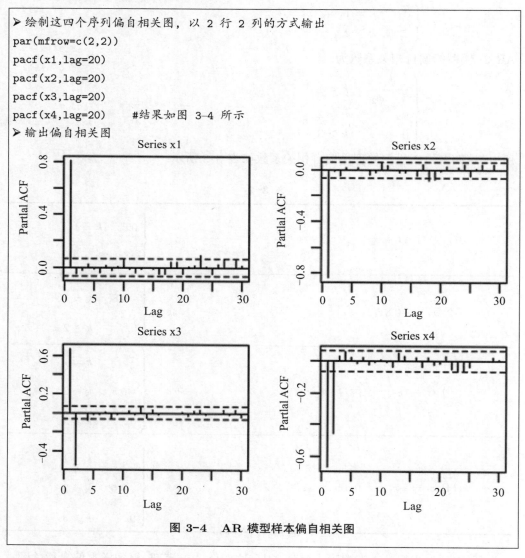

图 3-4　AR 模型样本偏自相关图

鉴于样本的随机性, 样本偏自相关系数不会和理论偏自相关系数一样严格截尾, 但可以看出两个 AR(1) 模型的样本偏自相关系数 1 阶显著不为零, 1 阶之后都近似为零; 两个 AR(2) 模型的样本偏自相关系数 2 阶显著不为零, 2 阶之后都近似为零. 通过样本偏自相关图可以直观地验证 AR 模型偏自相关系数的截尾性.

3.3　MA 模型

3.3.1　MA 模型的定义

定义 3.5　具有如下结构的模型称为 q 阶移动平均 (moving average) 模型, 简记为 MA(q):

$$\begin{cases} x_t = \mu + \varepsilon_t - \theta_1\varepsilon_{t-1} - \theta_2\varepsilon_{t-2} - \cdots - \theta_q\varepsilon_{t-q} \\ \theta_q \neq 0 \\ E(\varepsilon_t) = 0, \mathrm{Var}(\varepsilon_t) = \sigma_\varepsilon^2, E(\varepsilon_t\varepsilon_s) = 0, s \neq t \end{cases} \tag{3.33}$$

使用 MA(q) 模型需要满足两个限制条件:

条件一: $\theta_q \neq 0$, 这个限制条件保证了模型的最高阶数为 q.

条件二: $E(\varepsilon_t) = 0, \mathrm{Var}(\varepsilon_t) = \sigma_\varepsilon^2, E(\varepsilon_t\varepsilon_s) = 0 (s \neq t)$. 这个条件保证了随机干扰序列 $\{\varepsilon_t\}$ 为零均值白噪声序列.

通常缺省默认式 (3.33) 的限制条件, 把模型简记为:

$$x_t = \mu + \varepsilon_t - \theta_1\varepsilon_{t-1} - \theta_2\varepsilon_{t-2} - \cdots - \theta_q\varepsilon_{t-q} \tag{3.34}$$

当 $\mu = 0$ 时, 模型 (3.33) 称为中心化 MA(q) 模型. 非中心化 MA(q) 模型只要做一个简单的位移 $y_t = x_t - \mu$, 就可以转化为中心化 MA(q) 模型. 这种中心化运算不会影响序列值之间的相关关系, 所以今后在分析 MA 模型的相关关系时, 常常简化为对它的中心化模型进行分析.

使用延迟算子, 中心化 MA(q) 模型又可以简记为:

$$x_t = \Theta(B)\varepsilon_t$$

式中, $\Theta(B) = 1 - \theta_1 B - \theta_2 B^2 - \cdots - \theta_q B^q$, 为 q 阶移动平均系数多项式.

3.3.2　MA 模型的统计性质

1. 常数均值

当 $q < \infty$ 时, MA(q) 模型具有常数均值

$$Ex_t = E(\mu + \varepsilon_t - \theta_1\varepsilon_{t-1} - \theta_2\varepsilon_{t-2} - \cdots - \theta_q\varepsilon_{t-q}) = \mu$$

特别地, 如果该模型为中心化 MA(q) 模型, 则该模型均值为零.

2. 常数方差

$$\mathrm{Var}(x_t) = \mathrm{Var}(\mu + \varepsilon_t - \theta_1\varepsilon_{t-1} - \theta_2\varepsilon_{t-2} - \cdots - \theta_q\varepsilon_{t-q}) = (1 + \theta_1^2 + \cdots + \theta_q^2)\sigma_\varepsilon^2$$

3. 自协方差函数只与滞后阶数相关, 且 q 阶截尾

$$\gamma_k = E(x_t x_{t-k})$$

$$= E[(\varepsilon_t - \theta_1\varepsilon_{t-1} - \cdots - \theta_q\varepsilon_{t-q})(\varepsilon_{t-k} - \theta_1\varepsilon_{t-k-1} - \cdots - \theta_q\varepsilon_{t-k-q})]$$

$$= \begin{cases} (1 + \theta_1^2 + \cdots + \theta_q^2)\sigma_\varepsilon^2, & k = 0 \\ \left(-\theta_k + \sum_{i=1}^{q-k} \theta_i\theta_{k+i}\right)\sigma_\varepsilon^2, & 1 \leqslant k \leqslant q \\ 0, & k > q \end{cases}$$

4. 自相关系数 q 阶截尾

$$\rho_k = \frac{\gamma_k}{\gamma_0} = \begin{cases} 1, & k = 0 \\ \dfrac{-\theta_k + \sum\limits_{i=1}^{q-k} \theta_i\theta_{k+i}}{1 + \theta_1^2 + \cdots + \theta_q^2}, & 1 \leqslant k \leqslant q \\ 0, & k > q \end{cases}$$

容易验证, MA(1) 模型的自相关系数为:

$$\rho_k = \begin{cases} 1, & k = 0 \\ \dfrac{-\theta_1}{1 + \theta_1^2}, & k = 1 \\ 0, & k \geqslant 2 \end{cases}$$

MA(2) 模型的自相关系数为:

$$\rho_k = \begin{cases} 1, & k = 0 \\ \dfrac{-\theta_1 + \theta_1\theta_2}{1 + \theta_1^2 + \theta_2^2}, & k = 1 \\ \dfrac{-\theta_2}{1 + \theta_1^2 + \theta_2^2}, & k = 2 \\ 0, & k \geqslant 3 \end{cases}$$

3.3.3 MA 模型的可逆性

【例 3-7】 绘制下列 MA 模型的样本自相关图, 直观考察 MA 模型自相关系数截尾的特性.

(1) $x_t = \varepsilon_t - 2\varepsilon_{t-1}$ 　　　　(2) $x_t = \varepsilon_t - 0.5\varepsilon_{t-1}$

(3) $x_t = \varepsilon_t - \dfrac{4}{5}\varepsilon_{t-1} + \dfrac{16}{25}\varepsilon_{t-2}$ 　　(4) $x_t = \varepsilon_t - \dfrac{5}{4}\varepsilon_{t-1} + \dfrac{25}{16}\varepsilon_{t-2}$

假定 $\{\varepsilon_t\}$ 为标准正态白噪声序列.

➤ 使用 `filter` 函数产生这四个 MA 模型的拟合序列

```
e<-rnorm(1000)
x1<-filter(e,filter=c(1,-2),method="convolution",circular = T)
x2<-filter(e,filter=c(1,-0.5),method="convolution",circular = T)
x3<-filter(e,filter=c(1,-4/5,16/25),method="convolution",circular = T)
x4<-filter(e,filter=c(1,-5/4,25/16),method="convolution",circular = T)
```

➤ 绘制这四个拟合序列的自相关图, 以 2 行 2 列的方式输出

```
par(mfrow=c(2,2))
acf(x1)
acf(x2)
acf(x3)
acf(x4)       #结果如图 3-5 所示
```

➤ 自相关图输出

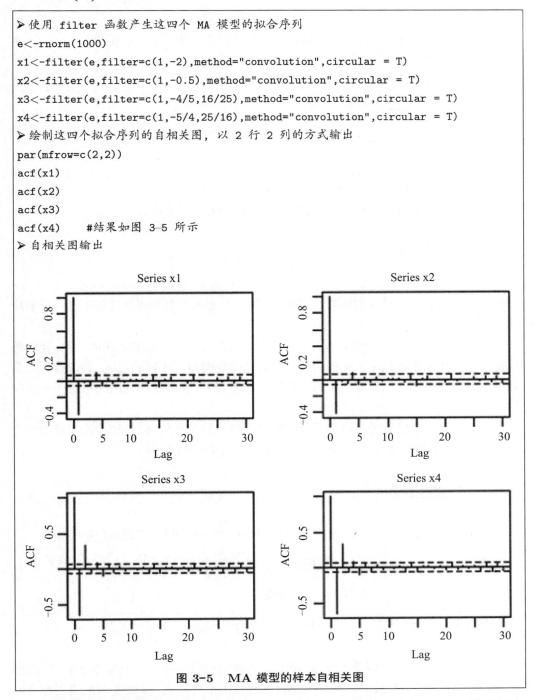

图 3-5　MA 模型的样本自相关图

排除样本随机性的影响, 样本自相关图 (见图 3-5) 清晰显示出 MA(1) 模型的自

相关系数一阶截尾、MA(2) 模型的自相关系数二阶截尾的特征.

再次观察例 3–7 中四个 MA 模型的自相关图 (见图 3–5), 可以发现两个不同的 MA(1) 模型:

(1) $x_t = \varepsilon_t - 2\varepsilon_{t-1}$

(2) $x_t = \varepsilon_t - 0.5\varepsilon_{t-1}$

具有完全相同的样本自相关图. 容易验证它们的理论自相关系数也相等.

$$\rho_k = \begin{cases} -0.4, & k=1 \\ 0, & k \geqslant 2 \end{cases}$$

另外两个 MA(2) 模型:

(3) $x_t = \varepsilon_t - \dfrac{4}{5}\varepsilon_{t-1} + \dfrac{16}{25}\varepsilon_{t-2}$

(4) $x_t = \varepsilon_t - \dfrac{5}{4}\varepsilon_{t-1} + \dfrac{25}{16}\varepsilon_{t-2}$

也出现了同样的情况, 不同的模型却拥有完全相同的自相关系数:

$$\rho_k = \begin{cases} -0.640\,12, & k=1 \\ 0.312\,256, & k=2 \\ 0, & k \geqslant 3 \end{cases}$$

产生这种现象的原因是我们在第 2 章中提到的: 自相关系数和模型之间不是一一对应的关系.

这种自相关系数对应模型的不唯一性会给我们以后的工作带来麻烦, 因为我们将根据样本自相关系数显示出来的特征选择合适的模型拟合序列的发展, 如果自相关系数和模型之间不是一一对应的关系, 就会导致拟合模型和随机序列之间不是一一对应的关系.

为了保证一个给定的自相关系数能够对应唯一的 MA 模型, 就要给模型增加约束条件, 这个约束条件称为 MA 模型的可逆性 (invertibility) 条件.

一、可逆的定义

容易验证, 当两个 MA(1) 模型具有如下结构时, 它们的自相关系数正好相等:

模型 1: $x_t = \varepsilon_t - \theta\varepsilon_{t-1}$ 模型 2: $x_t = \varepsilon_t - \dfrac{1}{\theta}\varepsilon_{t-1}$

把这两个 MA(1) 模型表示成两个自相关模型形式:

模型 1: $\dfrac{x_t}{1-\theta B} = \varepsilon_t$ 模型 2: $\dfrac{x_t}{1-\frac{1}{\theta}B} = \varepsilon_t$

显然, 如果 $|\theta| < 1$, 模型 1 收敛, 模型 2 不收敛; 如果 $|\theta| > 1$, 则模型 2 收敛, 模型 1 不收敛. 若一个 MA 模型能够表示成收敛的 AR 模型形式, 那么该 MA 模型称为可逆模型. 一个自相关系数唯一对应一个可逆 MA 模型.

二、 MA(q) 模型的可逆性条件

与分析 AR(p) 模型的平稳性条件类似, MA(q) 模型可以表示为:

$$\varepsilon_t = \frac{x_t}{\Theta(B)} \tag{3.35}$$

式中, $\Theta(B) = 1 - \theta_1 B - \cdots - \theta_q B^q$, 为移动平均系数多项式. 假定 $\frac{1}{\lambda_1}, \cdots, \frac{1}{\lambda_q}$ 是该系数多项式的 q 个根, 则 $\Theta(B)$ 可以分解成:

$$\Theta(B) = \prod_{k=1}^{q} (1 - \lambda_k B) \tag{3.36}$$

把式 (3.36) 代入式 (3.35), 得

$$\varepsilon_t = \frac{x_t}{(1 - \lambda_1 B) \cdots (1 - \lambda_q B)} \tag{3.37}$$

式 (3.37) 收敛的充要条件是 $|\lambda_i| < 1$, 等价于 MA(q) 模型的系数多项式的根都在单位圆外 $\left(\left| \frac{1}{\lambda_i} \right| > 1 \right)$. 这个条件也称为 MA($q$) 模型的可逆性条件.

显然, MA(q) 模型的可逆概念和 AR(p) 模型的平稳概念是完全对偶的. 容易验证, MA(1) 模型可逆的条件是 $-1 < \theta_1 < 1$, MA(2) 模型可逆的条件是 $|\theta_2| < 1$, 且 $\theta_2 \pm \theta_1 < 1$.

三、 逆函数的递推公式

如果一个 MA(q) 模型满足可逆性条件, 它就可以写成如下两种等价形式:

$$\begin{cases} \Theta(B)\varepsilon_t = x_t & \text{(a)} \\ \varepsilon_t = I(B)x_t & \text{(b)} \end{cases}$$

把式 (b) 代入式 (a), 得

$$\Theta(B)I(B)x_t = x_t$$

展开上式, 得

$$\left(1 - \sum_{k=1}^{q} \theta_k B^k \right) \left(1 + \sum_{j=1}^{\infty} I_j B^j \right) x_t = x_t$$

和 Green 函数的递推公式完全类似, 由待定系数法容易得到逆函数的递推公式为:

$$\begin{cases} I_0 = 1 \\ I_j = \sum_{k=1}^{j} \theta'_k I_{j-k}, \quad j \geqslant 1 \end{cases} \tag{3.38}$$

式中,

$$\theta'_k = \begin{cases} \theta_k, & k \leqslant q \\ 0, & k > q \end{cases}$$

【例 3-7 续 (1)】 考察例 3-7 中四个 MA 模型的可逆性, 并写出可逆 MA 模型的逆转形式.

(1) $x_t = \varepsilon_t - 2\varepsilon_{t-1}$ (2) $x_t = \varepsilon_t - 0.5\varepsilon_{t-1}$

(3) $x_t = \varepsilon_t - \dfrac{4}{5}\varepsilon_{t-1} + \dfrac{16}{25}\varepsilon_{t-2}$ (4) $x_t = \varepsilon_t - \dfrac{5}{4}\varepsilon_{t-1} + \dfrac{25}{16}\varepsilon_{t-2}$

MA 模型是否可逆如表 3-3 所示.

表 3-3

模型	条件	结论
(1) $x_t = \varepsilon_t - 2\varepsilon_{t-1}$	$\lvert\theta_1\rvert = 2 > 1$	不可逆
(2) $x_t = \varepsilon_t - 0.5\varepsilon_{t-1}$	$\lvert\theta_1\rvert = 0.5 < 1$	可逆
(3) $x_t = \varepsilon_t - \dfrac{4}{5}\varepsilon_{t-1} + \dfrac{16}{25}\varepsilon_{t-2}$	$\lvert\theta_2\rvert = \dfrac{16}{25} < 1$ $\theta_2 + \theta_1 = -\dfrac{16}{25} + \dfrac{4}{5} = \dfrac{4}{25} < 1$ $\theta_2 - \theta_1 = -\dfrac{16}{25} - \dfrac{4}{5} = -\dfrac{36}{25} < 1$	可逆
(4) $x_t = \varepsilon_t - \dfrac{5}{4}\varepsilon_{t-1} + \dfrac{25}{16}\varepsilon_{t-2}$	$\lvert\theta_2\rvert = \dfrac{25}{16} > 1$	不可逆

模型 (2) 的逆函数为:

$$\begin{cases} I_0 = 1 \\ I_j = 0.5^j, \quad j \geqslant 1 \end{cases}$$

则模型 (2) 的逆转形式为:

$$\varepsilon_t = \sum_{j=0}^{\infty} 0.5^j x_{t-j}$$

根据逆函数的递推公式, 并根据模型 (3) 特有的 $\theta_2 = -\theta_1^2$ 的性质, 模型 (3) 的逆函数为:

$$I_k = \begin{cases} (-1)^n \theta_1^k, & k = 3n \text{ 或 } 3n+1 \\ 0, & k = 3n+2 \end{cases} \quad (n = 0, 1, \cdots)$$

则模型 (3) 的逆转形式为:

$$\varepsilon_t = \sum_{n=0}^{\infty} (-1)^n 0.8^{3n} x_{t-3n} + \sum_{n=0}^{\infty} (-1)^n 0.8^{3n+1} x_{t-3n-1}$$

3.3.4 MA 模型的偏自相关系数

一个可逆 MA(q) 模型可以等价写成 AR(∞) 模型形式:

$$I(B)x_t = \varepsilon_t$$

式中,

$$\begin{cases} I_0 = 1 \\ I_j = \sum_{k=1}^{j} \theta'_k I_{j-k}, j \geqslant 1 \end{cases}$$

AR(p) 模型偏自相关系数 p 阶截尾, 所以可逆 MA(q) 模型偏自相关系数 ∞ 阶截尾, 即具有偏自相关系数拖尾性.

一个可逆 MA(q) 模型一定对应一个与它具有相同自相关系数和偏自相关系数的不可逆 MA(q) 模型, 这个不可逆 MA(q) 模型也同样具有偏自相关系数拖尾性.

【例 3-8】 求 MA(1) 模型偏自相关系数的表达式.

假设 MA(1) 模型的表达式为 $x_t = \varepsilon_t - \theta_1 \varepsilon_{t-1}$. 根据偏自相关系数的定义, 我们知道延迟 k 阶偏自相关系数 ϕ_{kk} 是方程组

$$\rho_j = \phi_{k1}\rho_{j-1} + \phi_{k2}\rho_{j-2} + \cdots + \phi_{k(k-1)}\rho_{j-k+1} + \phi_{kk}\rho_{j-k}, j = 1, 2, \cdots, k$$

的最后一个系数, 则对 $j = 1, 2, \cdots, k$ 依次求解方程, 得

$$\phi_{11} = \rho_1 = \frac{-\theta_1}{1 + \theta_1^2}$$

$$\phi_{22} = \frac{\rho_2 - \rho_1^2}{1 - \rho_1^2} = \frac{-\rho_1^2}{1 - \rho_1^2} = \frac{-\theta_1^2}{1 + \theta_1^2 + \theta_1^4}$$

$$\phi_{33} = \frac{\begin{vmatrix} 1 & \rho_1 & \rho_1 \\ \rho_1 & 1 & \rho_2 \\ \rho_2 & \rho_1 & \rho_3 \end{vmatrix}}{\begin{vmatrix} 1 & \rho_1 & \rho_2 \\ \rho_1 & 1 & \rho_1 \\ \rho_2 & \rho_1 & 1 \end{vmatrix}} = \frac{\begin{vmatrix} 1 & \rho_1 & \rho_1 \\ \rho_1 & 1 & 0 \\ 0 & \rho_1 & 0 \end{vmatrix}}{\begin{vmatrix} 1 & \rho_1 & 0 \\ \rho_1 & 1 & \rho_1 \\ 0 & \rho_1 & 1 \end{vmatrix}}$$

$$= \frac{\rho_1^3}{1 - 2\rho_1^2} = \frac{-\theta_1^3}{1 + \theta_1^2 + \theta_1^4 + \theta_1^6}$$

依此类推, 可以得到 MA(1) 模型任意 k 阶偏自相关系数 ϕ_{kk} 的通解:

$$\phi_{kk} = \frac{-\theta_1^k}{\sum_{j=0}^{k} \theta_1^{2j}}, k \geqslant 1$$

MA(1) 模型任意 k 阶偏自相关系数 ϕ_{kk} 的通解形式也说明了 MA(1) 模型偏自相关系数拖尾.

【例 3-7 续 (2)】 绘制下列 MA 模型的偏自相关系数图, 直观考察 MA 模型偏自相关系数的拖尾性.

(1) $x_t = \varepsilon_t - 2\varepsilon_{t-1}$

(2) $x_t = \varepsilon_t - 0.5\varepsilon_{t-1}$

(3) $x_t = \varepsilon_t - \frac{4}{5}\varepsilon_{t-1} + \frac{16}{25}\varepsilon_{t-2}$

(4) $x_t = \varepsilon_t - \frac{5}{4}\varepsilon_{t-1} + \frac{25}{16}\varepsilon_{t-2}$

假定 $\{\varepsilon_t\}$ 为标准正态白噪声序列.

➤ 绘制这四个拟合序列的偏自相关图, 以 2 行 2 列的方式输出

```
par(mfrow=c(2,2))
pacf(x1)
pacf(x2)
pacf(x3)
pacf(x4)      #结果如图 3-6 所示
```

➤ 偏自相关图输出

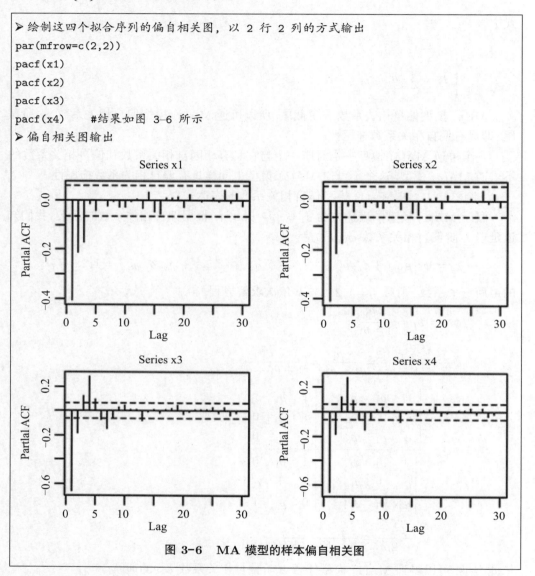

图 3-6　MA 模型的样本偏自相关图

3.4　ARMA 模型

3.4.1　ARMA 模型的定义

定义 3.6　把具有如下结构的模型称为自回归移动平均模型, 简记为 ARMA(p, q) 模型:

$$\begin{cases} x_t = \phi_0 + \phi_1 x_{t-1} + \cdots + \phi_p x_{t-p} + \varepsilon_t - \theta_1 \varepsilon_{t-1} - \cdots - \theta_q \varepsilon_{t-q} \\ \phi_p \neq 0, \theta_q \neq 0 \\ E(\varepsilon_t) = 0, \mathrm{Var}(\varepsilon_t) = \sigma_\varepsilon^2, E(\varepsilon_t \varepsilon_s) = 0, s \neq t \\ E(x_s \varepsilon_t) = 0, \forall s < t \end{cases} \tag{3.39}$$

若 $\phi_0 = 0$, 该模型称为中心化 ARMA(p, q) 模型. 缺省默认条件, 中心化 ARMA(p, q) 模型可以简写为:

$$x_t = \phi_1 x_{t-1} + \cdots + \phi_p x_{t-p} + \varepsilon_t - \theta_1 \varepsilon_{t-1} - \cdots - \theta_q \varepsilon_{t-q}$$

默认条件与 AR 模型、MA 模型相同.

引进延迟算子, ARMA(p, q) 模型简记为:

$$\Phi(B) x_t = \Theta(B) \varepsilon_t$$

式中, $\Phi(B) = 1 - \phi_1 B - \cdots - \phi_p B^p$, 为 p 阶自回归系数多项式; $\Theta(B) = 1 - \theta_1 B - \cdots - \theta_q B^q$, 为 q 阶移动平均系数多项式.

显然, 当 $q = 0$ 时, ARMA(p, q) 模型就退化成了 AR(p) 模型; 当 $p = 0$ 时, ARMA(p, q) 模型就退化成了 MA(q) 模型.

因此, AR(p) 模型和 MA(q) 模型实际上是 ARMA(p, q) 模型的特例, 它们统称为 ARMA 模型. ARMA(p, q) 模型的统计性质也正是 AR(p) 模型和 MA(q) 模型统计性质的有机组合.

3.4.2　ARMA 模型的平稳性与可逆性

一、平稳条件与可逆条件

对于一个 ARMA(p, q) 模型, 令 $z_t = \Theta(B) \varepsilon_t$, 显然 $\{z_t\}$ 是一个均值为零、方差为 $(1 + \theta_1^2 + \cdots + \theta_q^2) \sigma_\varepsilon^2$ 的平稳序列. 于是 ARMA(p, q) 模型可以改写为如下形式:

$$\Phi(B) x_t = z_t$$

类似于 AR(p) 模型平稳性的分析, 容易推导出 ARMA(p, q) 模型的平稳条件是: $\Phi(B) = 0$ 的根都在单位圆外. 也就是说, ARMA(p, q) 模型的平稳性完全由其自回归部分的平稳性决定.

同理, 可以推导出 ARMA(p, q) 模型的可逆条件和 MA(q) 模型的可逆条件完全相同: 当 $\Theta(B) = 0$ 的根都在单位圆外时, ARMA(p, q) 模型可逆.

当 $\Phi(B) = 0, \Theta(B) = 0$ 的根都在单位圆外时, ARMA(p, q) 模型称为平稳可逆模型, 这是一个由它的自相关系数唯一识别的模型.

二、传递形式与逆转形式

对于一个平稳可逆 ARMA(p, q) 模型, 它的传递形式为:

$$x_t = \Phi^{-1}(B)\Theta(B)\varepsilon_t = \sum_{j=0}^{\infty} G_j\varepsilon_{t-j}$$

式中, $\{G_0, G_1, G_2, \cdots\}$ 为 Green 函数.

通过待定系数法, 容易得到 ARMA(p,q) 模型场合下 Green 函数的递推公式为:

$$\begin{cases} G_0 = 1 \\ G_k = \displaystyle\sum_{j=1}^{k} \phi'_j G_{k-j} - \theta'_k, k \geqslant 1 \end{cases} \tag{3.41}$$

式中,

$$\phi'_j = \begin{cases} \phi_j, & 1 \leqslant j \leqslant p \\ 0, & j > p \end{cases}, \quad \theta'_k = \begin{cases} \theta_k, & 1 \leqslant k \leqslant q \\ 0, & k > q \end{cases}$$

同理, 可以得到 ARMA(p,q) 模型的逆转形式为:

$$\varepsilon_t = \Theta^{-1}(B)\Phi(B)x_t = \sum_{j=0}^{\infty} I_j x_{t-j}$$

式中, $\{I_1, I_2, \cdots\}$ 为逆函数.

通过待定系数法容易得到逆函数的递推公式为:

$$\begin{cases} I_0 = 1 \\ I_k = \displaystyle\sum_{j=1}^{k} \theta'_j I_{k-j} - \phi'_k, k \geqslant 1 \end{cases} \tag{3.42}$$

式中, θ'_j 和 ϕ'_k 的定义同上.

3.4.3 ARMA 模型的统计性质

一、均值

对于一个非中心化平稳可逆的 ARMA(p,q) 模型

$$x_t = \phi_0 + \phi_1 x_{t-1} + \phi_2 x_{t-2} + \cdots + \phi_p x_{t-p} + \varepsilon_t - \theta_1\varepsilon_{t-1} - \theta_2\varepsilon_{t-2} - \cdots - \theta_q\varepsilon_{t-q}$$

两边同时求均值, 有

$$Ex_t = \frac{\phi_0}{1 - \phi_1 - \cdots - \phi_p}$$

二、自协方差函数

$$\gamma_k = E(x_t x_{t+k})$$

$$= E\left[\left(\sum_{i=0}^{\infty} G_i\varepsilon_{t-i}\right)\left(\sum_{j=0}^{\infty} G_j\varepsilon_{t+k-j}\right)\right]$$

$$= E\left[\sum_{i=0}^{\infty} G_i \sum_{j=0}^{\infty} G_j \varepsilon_{t-i}\varepsilon_{t+k-j}\right]$$

$$= \sigma_\varepsilon^2 \sum_{i=0}^{\infty} G_i G_{i+k}$$

三、自相关系数

$$\rho_k = \frac{\gamma_k}{\gamma_0} = \frac{\displaystyle\sum_{j=0}^{\infty} G_j G_{j+k}}{\displaystyle\sum_{j=0}^{\infty} G_j^2}$$

根据自相关系数的表达式很容易判断 ARMA(p,q) 模型的自相关系数不截尾. 这和 ARMA(p,q) 模型可以转化为无穷阶移动平均模型的性质是一致的. 同理, 根据 ARMA(p,q) 模型可以转化为无穷阶自回归模型, 可以判断它的偏自相关系数也不截尾.

【例 3-9】　拟合 ARMA$(1,1)$ 模型: $x_t - 0.5x_{t-1} = \varepsilon_t - 0.8\varepsilon_{t-1}$, 并直观地考察该模型自相关系数和偏自相关系数的拖尾性.

假定 $\{\varepsilon_t\}$ 为标准正态白噪声序列.

➢ 拟合该 ARMA 模型, 并绘制样本自相关图和偏自相关图
```
x<-arima.sim(n=1000,list(ar=0.5,ma=-0.8))
par(mfrow=c(1,2))
acf(x,lag=20)
pacf(x,lag=20)      #结果如图 3-7 所示
```
➢ 输出自相关图和偏自相关图

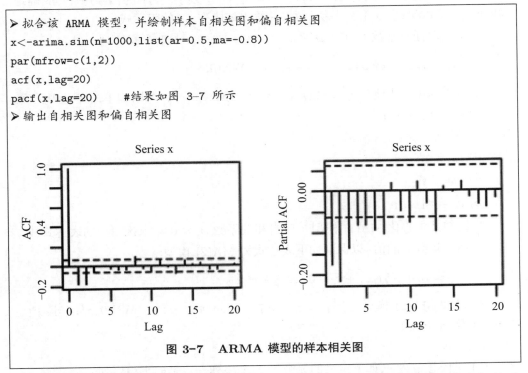

图 3-7　ARMA 模型的样本相关图

综合考察 AR(p) 模型、MA(q) 模型和 ARMA(p,q) 模型自相关系数和偏自相关系

数的性质, 我们可以总结出如表 3-4 所示的规律.

表 3-4

模型	自相关系数	偏自相关系数
AR(p)	拖尾	p 阶截尾
MA(q)	q 阶截尾	拖尾
ARMA(p,q)	拖尾	拖尾

3.5 习 题

1. 已知某 AR(1) 模型为: $x_t = 0.7x_{t-1} + \varepsilon_t, \varepsilon_t \sim WN(0,1)$. 求 $E(x_t), \text{Var}(x_t), \rho_2$ 和 ϕ_{22}.

2. 已知某 AR(2) 模型为: $x_t = \phi_1 x_{t-1} + \phi_2 x_{t-2} + \varepsilon_t, \varepsilon_t \sim \text{WN}(0, \sigma_\varepsilon^2)$, 且 $\rho_1 = 0.5, \rho_2 = 0.3$. 求 ϕ_1, ϕ_2 的值.

3. 已知某 AR(2) 模型为: $(1 - 0.5B)(1 - 0.3B)x_t = \varepsilon_t, \varepsilon_t \sim \text{WN}(0,1)$. 求 $E(x_t)$, $\text{Var}(x_t), \rho_k, \phi_{kk}$, 其中 $k = 1, 2, 3$.

4. 已知 AR(2) 序列为 $x_t = x_{t-1} + cx_{t-2} + \varepsilon_t$, 其中, $\{\varepsilon_t\}$ 为白噪声序列. 确定 c 的取值范围, 以保证 $\{x_t\}$ 为平稳序列, 并给出该序列 ρ_k 的表达式.

5. 证明对任意常数 c, 如下定义的 AR(3) 序列一定是非平稳序列:

$$x_t = x_{t-1} + cx_{t-2} - cx_{t-3} + \varepsilon_t, \varepsilon_t \sim \text{WN}(0, \sigma_\varepsilon^2)$$

6. 对于 AR(1) 模型: $x_t = \phi_1 x_{t-1} + \varepsilon_t, \varepsilon_t \sim \text{WN}(0, \sigma_\varepsilon^2)$, 判断如下命题是否正确:

(1) $\gamma_0 = (1 + \phi_1^2)\sigma_\varepsilon^2$

(2) $E[(x_t - \mu)(x_{t-1} - \mu)] = -\phi_1$

(3) $\rho_k = \phi_1^k$

(4) $\phi_{kk} = \phi_1^k$

(5) $\rho_k = \phi_1 \rho_{k-1}$

7. 已知某中心化 MA(1) 模型 1 阶自相关系数 $\rho_1 = 0.4$, 求该模型的表达式.

8. 确定常数 c 的值, 以保证如下表达式为 MA(2) 模型:

$$x_t = 10 + 0.5x_{t-1} + \varepsilon_t - 0.8\varepsilon_{t-2} + c\varepsilon_{t-3}$$

9. 已知 MA(2) 模型为: $x_t = \varepsilon_t - 0.7\varepsilon_{t-1} + 0.4\varepsilon_{t-2}, \varepsilon_t \sim \text{WN}(0, \sigma_\varepsilon^2)$. 求 $E(x_t)$, $\text{Var}(x_t)$ 及 $\rho_k(k \geqslant 1)$.

10. 证明:

(1) 对任意常数 c, 如下定义的无穷阶 MA 序列一定是非平稳序列:

$$x_t = \varepsilon_t + c(\varepsilon_{t-1} + \varepsilon_{t-2} + \cdots), \varepsilon_t \sim \text{WN}(0, \sigma_\varepsilon^2)$$

(2) $\{x_t\}$ 的 1 阶差分序列一定是平稳序列, 并求 $\{y_t\}$ 自相关系数表达式:

$$y_t = x_t - x_{t-1}$$

11. 检验下列模型的平稳性与可逆性, 其中 $\{\varepsilon_t\}$ 为白噪声序列:

(1) $x_t = 0.5x_{t-1} + 1.2x_{t-2} + \varepsilon_t$　　　(2) $x_t = 1.1x_{t-1} - 0.3x_{t-2} + \varepsilon_t$

(3) $x_t = \varepsilon_t - 0.9\varepsilon_{t-1} + 0.3\varepsilon_{t-2}$　　　(4) $x_t = \varepsilon_t + 1.3\varepsilon_{t-1} - 0.4\varepsilon_{t-2}$

(5) $x_t = 0.7x_{t-1} + \varepsilon_t - 0.6\varepsilon_{t-1}$　　　(6) $x_t = -0.8x_{t-1} + 0.5x_{t-2} + \varepsilon_t - 1.1\varepsilon_{t-1}$

12. 已知 ARMA(1, 1) 模型为: $x_t = 0.6x_{t-1} + \varepsilon_t - 0.3\varepsilon_{t-1}$, 确定该模型的 Green 函数, 使该模型可以等价表示为无穷 MA 阶模型形式.

13. 某 ARMA(2, 2) 模型为: $\Phi(B)x_t = 3 + \Phi(B)\varepsilon_t$, 求 $E(x_t)$. 其中: $\varepsilon_t \sim \text{WN}(0, \sigma_\varepsilon^2), \Phi(B) = (1 - 0.5B)^2$.

14. 证明 ARMA(1, 1) 序列 $x_t = 0.5x_{t-1} + \varepsilon_t - 0.25\varepsilon_{t-1}, \varepsilon_t \sim \text{WN}(0, \sigma_\varepsilon^2)$ 的自相关系数为:

$$\rho_k = \begin{cases} 1, & k = 0 \\ 0.27, & k = 1 \\ 0.5\rho_{k-1}, & k \geqslant 2 \end{cases}$$

15. 对于平稳时间序列, 以下等式哪些一定成立?

(1) $\sigma_\varepsilon^2 = E(\varepsilon_1^2)$

(2) $\text{Cov}(y_t, y_{t+k}) = \text{Cov}(y_t, y_{t-k})$

(3) $\rho_k = \rho_{-k}$

(4) $E(y_1 y_2) = E(y_2 y_3)$

16. 1915—2004 年澳大利亚每年与枪支有关的凶杀案死亡率 (每 10 万人) 如表 3–5 所示.

(1) 如果判断该序列平稳, 请确定平稳序列具有 ARMA 族中哪个模型的特征.

(2) 如果判断该序列非平稳, 请考察一阶差分后序列的平稳性和相关性特征.

表 3-5

年份	死亡率	年份	死亡率	年份	死亡率
1915	0.521 505 2	1924	0.464 624 5	1933	0.497 749 6
1916	0.424 828 4	1925	0.269 395 1	1934	0.419 327 3
1917	0.425 031 1	1926	0.577 904 9	1935	0.609 551 4
1918	0.477 193 8	1927	0.566 115 1	1936	0.457 337
1919	0.828 021 2	1928	0.507 758 4	1937	0.570 547 8
1920	0.615 618 6	1929	0.750 717 5	1938	0.347 899 6
1921	0.366 627	1930	0.680 839 5	1939	0.387 499 3
1922	0.430 888 3	1931	0.766 109 1	1940	0.582 428 5
1923	0.281 028 7	1932	0.456 147 3	1941	0.239 103 3

续表

年份	死亡率	年份	死亡率	年份	死亡率
1942	0.236 744 5	1963	0.557 058 4	1984	0.802 342 1
1943	0.262 615 8	1964	0.573 132 5	1985	0.601 710 9
1944	0.424 093 4	1965	0.500 541 6	1986	0.599 312 7
1945	0.365 275	1966	0.543 126 9	1987	0.602 562 5
1946	0.375 075 8	1967	0.559 365 7	1988	0.701 662 5
1947	0.409 005 6	1968	0.691 169 3	1989	0.499 571 4
1948	0.389 167 6	1969	0.440 348 5	1990	0.498 091 8
1949	0.240 261	1970	0.567 666 2	1991	0.497 569
1950	0.158 949 6	1971	0.596 911 4	1992	0.600 183
1951	0.439 337 3	1972	0.473 553 7	1993	0.333 954 2
1952	0.509 468 1	1973	0.592 393 5	1994	0.274 437
1953	0.374 346 5	1974	0.597 555 6	1995	0.320 942 8
1954	0.433 982 8	1975	0.633 412 7	1996	0.540 667 1
1955	0.413 055 7	1976	0.605 711 5	1997	0.405 020 9
1956	0.328 892 8	1977	0.704 610 7	1998	0.288 596 1
1957	0.518 664 8	1978	0.480 526 3	1999	0.327 594 2
1958	0.548 650 4	1979	0.702 686	2000	0.313 260 6
1959	0.546 911 1	1980	0.700 901 7	2001	0.257 556 2
1960	0.496 349 4	1981	0.603 085 4	2002	0.213 838 6
1961	0.530 892 9	1982	0.698 091 9	2003	0.186 185 6
1962	0.595 776 1	1983	0.597 656	2004	0.159 271 3

17. 1860—1955 年密歇根湖每月平均水位的最高值序列如表 3-6 所示.

(1) 如果判断该序列平稳, 请确定平稳序列具有 ARMA 族中哪个模型的特征.

(2) 如果判断该序列非平稳, 请考察一阶差分后序列的平稳性和相关性特征.

表 3-6

年份	水位	年份	水位	年份	水位	年份	水位
1860	83.3	1867	82.2	1874	82.3	1881	82.2
1861	83.5	1868	81.6	1875	82.1	1882	82.6
1862	83.2	1869	82.1	1876	83.6	1883	83.3
1863	82.6	1870	82.7	1877	82.7	1884	83.1
1864	82.2	1871	82.8	1878	82.5	1885	83.3
1865	82.1	1872	81.5	1879	81.5	1886	83.7
1866	81.7	1873	82.2	1880	82.1	1887	82.9

续表

年份	水位	年份	水位	年份	水位	年份	水位
1888	82.3	1905	81.6	1922	80.6	1939	80
1889	81.8	1906	81.5	1923	79.8	1940	79.3
1890	81.6	1907	81.6	1924	79.6	1941	79
1891	80.9	1908	81.8	1925	78.49	1942	80.2
1892	81	1909	81.1	1926	78.49	1943	81.5
1893	81.3	1910	80.5	1927	79.6	1944	80.8
1894	81.4	1911	80	1928	80.6	1945	81
1895	80.2	1912	80.7	1929	82.3	1946	80.96
1896	80	1913	81.3	1930	81.2	1947	81.1
1897	80.85	1914	80.7	1931	79.1	1948	80.8
1898	80.83	1915	80	1932	78.6	1949	79.7
1899	81.1	1916	81.1	1933	78.7	1950	80
1900	80.7	1917	81.87	1934	78	1951	81.6
1901	81.1	1918	81.91	1935	78.6	1952	82.7
1902	80.83	1919	81.3	1936	78.7	1953	82.1
1903	80.82	1920	81	1937	78.6	1954	81.7
1904	81.5	1921	80.5	1938	79.7	1955	81.5

C 第 4 章
Chapter 4 平稳序列的拟合与预测

4.1 建模步骤

假如某个观察值序列通过序列预处理可以判定为平稳非白噪声序列, 就可以利用ARMA模型对该序列建模. 建模的基本步骤如图 4-1 所示.

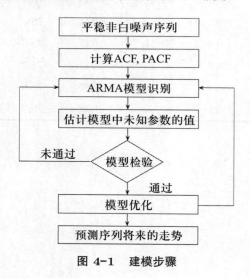

图 4-1 建模步骤

(1) 求出该观察值序列的样本自相关系数 (ACF) 和样本偏自相关系数 (PACF) 的值.

(2) 根据样本自相关系数和偏自相关系数的性质, 选择阶数适当的 $ARMA(p, q)$ 模型进行拟合.

(3) 估计模型中未知参数的值.

(4) 检验模型的有效性. 如果拟合模型通不过检验, 转向步骤 (2), 重新选择模型再拟合.

(5) 模型优化. 如果拟合模型通过检验, 仍然转向步骤 (2), 充分考虑各种可能, 建立多个拟合模型, 从所有通过检验的拟合模型中选择最优模型.

(6) 利用拟合模型, 预测序列的将来走势.

4.2 单位根检验

对平稳序列建模首先需要确定序列是平稳的. 在本书第 2 章, 由于基础知识的缺乏, 我们只介绍了平稳性的图检验. 图检验方法主要适用于趋势或周期比较明显的序列. 对于趋势或周期不太明显的序列, 通过图检验方法来判断序列的平稳性具有一定的主观性. 这时, 最好使用统计检验方法, 它在一定的可靠性水平下对序列的平稳性作出判别.

平稳性的统计检验方法, 主要是基于平稳序列与单位根之间的关系构造的. 它的理论基础是: 如果序列是平稳的, 那么该序列的所有特征根都应该在单位圆内. 如果序列有特征根在单位圆上或单位圆外, 那么该序列就是非平稳序列. 基于这个性质构造的平稳性检验方法叫作单位根检验.

单位根检验的统计量有很多种, 本节介绍其中最基础的 DF 检验和应用最广的 ADF 检验.

4.2.1 DF 检验

一、 DF 统计量的构造

最早的单位根检验方法是由统计学家 Dickey 和 Fuller 提出来的, 人们以他们名字的首字母 DF 命名了这种平稳性检验方法.

DF 检验是基于最简单的一种情况进行构造的. 假设序列的确定性部分可以只由过去一期的历史数据描述, 即序列可以表达为

$$x_t = \phi_1 x_{t-1} + \xi_t \tag{4.1}$$

式中, ξ_t 为序列的随机部分, $\xi_t \sim N(0, \sigma^2)$.

显然该序列只有一个特征根, 且特征根为

$$\lambda = \phi_1$$

当特征根在单位圆内时, 该序列平稳

$$|\phi_1| < 1$$

当特征根在单位圆上或单位圆外时, 该序列非平稳

$$|\phi_1| \geqslant 1$$

通过检验特征根 ϕ_1 是在单位圆内还是单位圆上 (外) 可以检验序列的平稳性.

由于现实生活中绝大多数序列都是非平稳序列, 所以单位根检验的原假设为序列非平稳, 备择假设为序列平稳

$$H_0 : |\phi_1| \geqslant 1 \leftrightarrow H_1 : |\phi_1| < 1$$

检验统计量为

$$t(\phi_1) = \frac{\hat{\phi}_1 - \phi_1}{S(\hat{\phi}_1)}$$

式中, $\hat{\phi}_1$ 为参数 ϕ_1 的最小二乘估计值; $S(\hat{\phi}_1)$ 为 $\hat{\phi}_1$ 的样本标准差.

当 $\phi_1 = 0$ 时, $t(\phi_1)$ 的极限分布为标准正态分布

$$t(\phi_1) = \frac{\hat{\phi}_1}{S(\hat{\phi}_1)} \xrightarrow{\text{极限}} N(0,1)$$

当 $|\phi_1| < 1$ 时, $t(\phi_1)$ 的渐近分布为标准正态分布

$$t(\phi_1) = \frac{\hat{\phi}_1 - \phi_1}{S(\hat{\phi}_1)} \xrightarrow{\text{渐近}} N(0,1)$$

但当 $|\phi_1| \geqslant 1$ 时, $t(\phi_1)$ 的渐近分布将不再是正态分布, 也不是我们熟知的任何参数分布. 为了区分传统的 t 分布检验统计量, 记

$$\tau = \frac{\left|\hat{\phi}_1\right| - 1}{S(\hat{\phi}_1)}$$

该统计量称为 DF (Dickey-Fuller) 统计量.

Dickey 和 Fuller 对 τ 统计量的分布进行了随机模拟研究, 随机模拟结果显示该统计量的极限分布为对称钟形分布, 和正态分布的形状相似, 但是均值有偏移. 它的极限分布为

$$\frac{\int_0^1 W(r)dW(r)}{\sqrt{\int_0^1 [W(r)]^2 \, dr}}$$

式中, $W(r)$ 为自由度为 r 的维纳过程 (Weiner process). 所谓维纳过程, 是一个独立增量过程, 每个增量均服从正态分布. 维纳过程具有如下性质:

(1) $W(0) = 0$

(2) $W(1) \sim N(0,1)$

(3) $\sigma W(r) \sim N(0, r\sigma^2)$

(4) $[W(r)]^2 / r \sim \chi^2(1)$

由于 DF 统计量只有一个极限分布的表达式, 没有明确的密度函数, 所以我们无法通过理论计算得到 DF 统计量的精确分位表, 这是 DF 检验面临的一个重大操作困难.

1979 年, Dickey 和 Fuller 通过蒙特卡洛随机模拟的方法, 计算出了 DF 统计量的模拟分位表, 为 DF 检验扫清了最后的技术难题. 有了 DF 统计的模拟分位表, 我们很容易做出序列平稳性判别:

当显著性水平取为 α 时, 记 τ_α 为 DF 检验的 α 分位点, 则

当 $\tau \leqslant \tau_\alpha$ 时, 拒绝原假设, 认为序列平稳. 等价判别是 τ 统计量的 P 值小于等于显著性水平 α;

当 $\tau > \tau_\alpha$ 时, 接受原假设, 认为序列非平稳. 等价判别是 τ 统计量的 P 值大于显著性水平 α.

二、DF 统计量的等价表达

在式 (4.1) 等号两边同时减去 x_{t-1}, 得到如下等式

$$x_t - x_{t-1} = (\phi_1 - 1)x_{t-1} + \xi_t$$

记

$$\rho = |\phi_1| - 1$$

则式 (4.1) 可以等价表达为

$$\nabla x_t = \rho x_{t-1} + \xi_t$$

DF 检验可以通过对参数 ρ 的检验等价进行

$$H_0 : \rho \geqslant 0 \leftrightarrow H_1 : \rho < 0$$

检验统计量将更加精简

$$\tau = \frac{\hat{\rho}}{S(\hat{\rho})}$$

式中, $S(\hat{\rho})$ 为 $\hat{\rho}$ 的样本标准差.

三、DF 检验的三种类型

在讲 Wold 分解定理时我们说过, 序列的确定性部分可以是任何函数形式, 但不管是什么函数形式都可以等价表达为序列历史信息的线性组合. 也就是说序列真实的确定性影响可以是任何结构. 如果能够确定序列真实的确定性信息生成函数, 那么基于这个函数得到的分析结果一定是最精确的.

但研究人员没有上帝之眼, 通常无法知道序列真实的生成机制到底是怎样的, 他们只能根据序列的样本数据表现出的特征和自己的经验, 对序列可能的生成机制进行猜测.

在 Dickey 和 Fuller 的那个年代, 人们对确定性影响的拟合常常使用如下三种模型: 无漂移项自回归模型, 有漂移项自回归模型和关于时间 t 的趋势回归模型. 不同的模型结构, DF 检验的临界值会不一样. 针对这三种最常用的确定性结构假定, Dickey 和 Fuller 分别求出了它们的 DF 统计量拟合分位数表.

类型一: 无漂移项自回归结构

$$x_t = \phi_1 x_{t-1} + \xi_t$$

这是一个典型的无截距项的线性回归结构. 考虑系数 ϕ_1 是否为 0, 该模型又可以分为两个子模型:

(1) 无延迟项模型: $x_t = \xi_t$.

该模型表示序列的确定性部分就是具有常数为零的均值, 序列所有的波动信息都来自随机波动. 这种场合, 如果 DF 检验结果显著拒绝原假设, 说明原序列 x_t 在统计意义上, 可以视为零均值平稳序列.

(2) 有延迟项模型: $x_t = \phi_1 x_{t-1} + \xi_t$.

该模型表示序列的确定性部分是由零均值、1 阶自相关的历史信息决定, 将一阶自回归信息提取完之后, 剩下的信息都是随机波动 $\xi_t = x_t - \phi_1 x_{t-1}$. DF 检验主要是检验残差序列 ξ_t 是否为平稳序列. 如果 DF 检验结果显著拒绝原假设, 说明残差序列 ξ_t 可以视为平稳序列, 进而原序列 x_t 可以视为零均值一阶自相关的平稳序列.

类型二: 有漂移项自回归结构

$$x_t = \phi_0 + \phi_1 x_{t-1} + \xi_t$$

同样, 这种结构下, 也包括两个子模型:

(1) 无延迟项模型: $x_t = \phi_0 + \xi_t$.

该模型表示序列的确定性部分是均值为常数 ϕ_0. 如果 DF 检验结果显著拒绝原假设, 说明残差序列 $\xi_t = x_t - \phi_0$ 在统计意义上可以视为平稳序列, 进而原序列 x_t 在统计意义上可以视为均值为 ϕ_0 的平稳序列.

(2) 有延迟项模型: $x_t = \phi_0 + \phi_1 x_{t-1} + \xi_t$.

该模型表示序列的确定性部分是由漂移项 ϕ_0 和 1 阶自相关的历史信息决定的. 如果 DF 检验结果显著拒绝原假设, 说明 $|\phi_1| < 1$, 残差序列 $\xi_t = x_t - \phi_0 - \phi_1 x_{t-1}$ 可以视为平稳序列, 进而原序列 x_t 可以视为均值非零、一阶自相关的平稳序列. 根据平稳序列的特征, 还可以求出序列 x_t 的均值为 $\frac{\phi_0}{1-\phi_1}$.

如果 DF 检验结果不能拒绝原假设, 说明 $|\phi_1| \geqslant 1$, 那么该序列的确定性部分和随机性部分都是非平稳的. 以 $\phi_1 = 1$ 为例:

$$x_0 = 0$$
$$x_1 = \phi_0 + x_0 + \xi_1 = \phi_0 + \xi_1$$
$$x_2 = \phi_0 + x_1 + \xi_2 = 2\phi_0 + \xi_1 + \xi_2$$
$$\vdots$$
$$x_t = \phi_0 + x_{x-1} + \xi_t = t\phi_0 + \xi_1 + \xi_2 + \cdots + \xi_t$$

该序列的确定性部分为 $x_t = t\phi_0$, 呈现出线性趋势的非平稳特征.

该序列的随机性部分为 $\xi_1 + \xi_2 + \cdots + \xi_t$, 即使每个 ξ_{t-i} ($\forall 0 \leqslant i \leqslant t$) 都是平稳序列, 随机序列 $\xi_1 + \xi_2 + \cdots + \xi_t$ 也是非平稳序列, 因为它的方差随时间递增

$$Var(\xi_1 + \xi_2 + \cdots + \xi_t) = t\sigma_\varepsilon^2$$

类型三: 带趋势回归结构

$$x_t = \alpha + \beta t + \phi_1 x_{t-1} + \xi_t$$

同样, 这种结构下, 也包括两个子模型:

(1) 无延迟项模型: $x_t = \alpha + \beta t + \xi_t$.

该模型的确定性部分为时间 t 的一元线性回归结构 $x_t = \alpha + \beta t$, 随机性部分为 ξ_t.

DF 检验如果拒绝原假设, 说明残差序列 ξ_t 平稳, 进而说明可以用一元线性回归模型 $x_t = \alpha + \beta t$ 提取序列的非平稳确定性信息. 这时带趋势回归模型也称为趋势平稳模型.

(2) 有延迟项模型: $x_t = \alpha + \beta t + \phi_1 x_{t-1} + \xi_t$.

该模型的确定性部分为时间 t 的一元线性回归和一阶自回归的组合 $x_t = \alpha + \beta t + \phi_1 x_{t-1}$, 随机性部分为 ξ_t. 如果 DF 检验结果拒绝原假设, 说明残差序列 ξ_t 平稳, 进而说明可以用 $x_t = \alpha + \beta t + \phi_1 x_{t-1}$ 的模型结构提取序列的确定性信息.

Dickey 和 Fuller 通过蒙特卡洛随机模拟的方法, 分别计算出了这三种类型 6 个子模型的 DF 统计量的百分位表. 研究人员可以根据自己对观察值序列确定性结构的选择, 进行序列的平稳性检验.

【例 2-3 续 (2)】　对 1915—2004 年澳大利亚自杀率序列 (每 10 万人自杀人口数) 进行 DF 检验, 判断该序列的平稳性.

在例 2-3 中, 我们通过图检验方法判断该序列为非平稳性. 但这种判断带有很强的个人主观色彩和经验主义. 现在借助 DF 统计量, 进行序列的平稳性检验 ($\alpha = 0.05$).

R 语言中有多个函数可以进行平稳性检验, 我们在此介绍 aTSA 包中的 adf.test 函数. 该函数的命令格式为:

```
adf.test(x, nlag=)
式中:
-x:进行平稳性检验的序列名;
-nlag:最高延迟阶数;
注: (1) 若 nlag=1, 输出自回归 0 阶延迟平稳性检验结果;
    (2) 若 nlag=2, 输出自回归 0 至 1 阶延迟平稳性检验结果.
    (3) 若用户不特殊指定延迟阶数, 系统会自动指定延迟阶数.
```

所以本例的命令与输出结果如下:

```
➢下载并调用 aTSA 包, 使用 adf.test 函数进行 DF 检验
install.packages("aTSA")
library(aTSA)
adf.test(Suicide, nlag=2)
➢DF 检验输出结果
Augmented Dickey-Fuller Test
alternative:stationary

Type 1:  no drift no trend
      lag    ADF   p.value
 [1,]   0   -1.39    0.179
 [2,]   1   -1.32    0.204
```

```
Type 2:  with drift no trend
         lag    ADF    p.value
  [1,]    0   -1.98    0.337
  [2,]    1   -1.31    0.586
Type 3:  with drift and trend
         lag    ADF    p.value
  [1,]    0   -2.29    0.449
  [2,]    1   -1.65    0.719
----
Note:in fact, p.value = 0.01 means p.value <= 0.01
```

检验结果显示, 如果序列的结构考虑如上三种类型 (6 种子类型) 的话, τ 统计量的 P 值均显著大于显著性水平 ($\alpha = 0.05$). 因此, 可以判断, 如果序列考虑如上 6 种结构之一提取确定性信息, 则随机性部分 ξ_t 都不能实现平稳, 也就是说 1915—2004 年澳大利亚自杀率序列是非平稳序列.

4.2.2 ADF 检验

DF 检验只适用于最简单的、确定性部分只由上一期历史信息决定的 AR(1) 模型的平稳性检验. 如果序列的确定性部分需要由 AR(p) 模型描述呢? 这时还能用 DF 检验吗?

为了使 DF 检验能适用于任意 p 期确定性信息提取, 人们对 DF 检验进行了一定的修正, 得到了增广 DF 检验 (augmented Dickey-Fuller), 简记为 ADF 检验.

一、ADF 检验的原理

假设序列的确定性部分可以由过去 p 期的历史数据描述, 即序列可以表达为

$$x_t = \phi_1 x_{t-1} + \phi_2 x_{t-2} + \cdots + \phi_p x_{t-p} + \xi_t \tag{4.2}$$

式中, ξ_t 为序列的随机部分, $\xi_t \sim N(0, \sigma^2)$.

它的特征方程为

$$\lambda^p - \phi_1 \lambda^{p-1} - \phi_2 \lambda^{p-2} - \cdots - \phi_p = 0 \tag{4.3}$$

该特征方程的非零特征根不妨记作

$$\lambda_1, \lambda_2, \cdots, \lambda_p$$

如果所有特征根均在单位圆内, 即

$$|\lambda_i| < 1, i = 1, 2, \cdots, p$$

则序列 $\{x_t\}$ 平稳.

如果有一个单位根存在, 不妨假设

$$\lambda_1 = 1$$

则序列 $\{x_t\}$ 非平稳.

把 $\lambda_1 = 1$ 代入特征方程, 得到

$$1 - \phi_1 - \phi_2 - \cdots - \phi_p = 0 \Rightarrow \phi_1 + \phi_2 + \cdots + \phi_p = 1$$

这意味着, 如果序列非平稳, 存在单位根, 那么序列回归系数之和恰好等于 1. 因而, 对于式 (4.2) 的序列平稳性检验, 我们可以通过检验它的回归系数之和的性质进行判断.

二、 ADF 检验统计量

为了构造 ADF 检验统计量, 我们需要对式 (4.2) 进行等价变化. 首先等号两边同时减去 x_{t-1}, 得到

$$x_t - x_{t-1} = (\phi_1 - 1)x_{t-1} + \phi_2 x_{t-2} + \cdots + \phi_p x_{t-p} + \xi_t$$

然后在等号右边, 加一项 $\phi_p x_{t-p+1}$, 再减一项 $\phi_p x_{t-p+1}$, 得到式 (4.2) 的等价表达式

$$
\begin{aligned}
\nabla x_t &= (\phi_1 - 1)x_{t-1} + \phi_2 x_{t-2} + \cdots + \phi_{p-1}x_{t-p+1} + \phi_p x_{t-p+1} - \phi_p x_{t-p+1} + \\
&\quad \phi_p x_{t-p} + \xi_t \\
&= (\phi_1 - 1)x_{t-1} + \phi_2 x_{t-2} + \cdots + (\phi_{p-1} + \phi_p)x_{t-p+1} - \phi_p(x_{t-p+1} - x_{t-p}) + \xi_t \\
&= (\phi_1 - 1)x_{t-1} + \phi_2 x_{t-2} + \cdots + (\phi_{p-1} + \phi_p)x_{t-p+1} - \phi_p \nabla x_{t-p+1} + \xi_t
\end{aligned}
$$

同理, 在上式等号右边, 加一项 $(\phi_{p-1} + \phi_p)x_{t-p+2}$, 再减一项 $(\phi_{p-1} + \phi_p)x_{t-p+2}$, 得到

$$
\begin{aligned}
\nabla x_t &= (\phi_1 - 1)x_{t-1} + \phi_2 x_{t-2} + \cdots + (\phi_{p-2} + \phi_{p-1} + \phi_p)\,x_{t-p+2} + (\phi_{p-1} + \phi_p) \\
&\quad \nabla x_{t-p+2} - \phi_p \nabla x_{t-p+1} + \xi_t
\end{aligned}
$$

持续类似操作, 直至所有自变量都变为差分变量, 最后等价表达为

$$
\begin{aligned}
\nabla x_t &= (\phi_1 + \phi_2 + \cdots + \phi_p - 1)x_{t-1} - (\phi_2 + \phi_3 + \cdots + \phi_p)\nabla x_{t-1} - \cdots - (\phi_{p-1} + \phi_p) \\
&\quad \nabla x_{t-p+2} - \phi_p \nabla x_{t-p+1} + \xi_t
\end{aligned}
$$

记

$$\rho = \phi_1 + \phi_2 + \cdots + \phi_p - 1$$

$$\beta_j = \phi_{j+1} + \phi_{j+2} + \cdots + \phi_p, \ j = 1, 2, \cdots, p-1$$

式 (4.2) 可以简记为

$$\nabla x_t = \rho x_{t-1} - \beta_1 \nabla x_{t-1} - \cdots - \beta_{p-2} \nabla x_{t-p+2} - \beta_{p-1} \nabla x_{t-p+1} + \xi_t$$

若序列非平稳, 则至少存在一个单位根, 有 $\phi_1 + \phi_2 + \cdots + \phi_p = 1$, 即 $\rho = 0$.

反之, 如果序列平稳, 则 $\phi_1 + \phi_2 + \cdots + \phi_p < 1$, 即 $\rho < 0$.

通过这种序列的变换, 我们将式 (4.2) 的平稳性检验转变为对参数 ρ 的检验.

原假设: 序列非平稳. 备择假设: 序列平稳. 假设条件用参数 ρ 表达, 即为

$$H_0 : \rho \geqslant 0 \leftrightarrow H_1 : \rho < 0$$

构造 ADF 检验统计量

$$\tau = \frac{\hat{\rho}}{S(\hat{\rho})}$$

式中, $S(\hat{\rho})$ 为 $\hat{\rho}$ 的样本标准差.

和 DF 检验一样. 通过蒙特卡洛方法, 可以得到 ADF 检验 τ 统计量的临界值表. 当 τ 统计量小于 α 分位点, 或者等价的 τ 统计量的 P 值小于显著性水平 α 时, 可以认为该序列平稳.

显然 DF 检验是 ADF 检验在 $p=1$ 时的一个特例, 因此它们统称为 ADF 检验.

【例 2-5 续 (1)】 对 1900—1998 年全球 7.0 级以上地震发生次数序列进行 ADF 检验, 判断该序列的平稳性.

该序列我们在例 2-5 通过图检验, 判断该序列平稳. 现在基于 ADF 检验, 对序列的平稳性进行统计检验.

```
➤ 读入序列, 并使用 adf.test 函数进行 ADF 检验
number<-ts(A1_7$number,start=1900)
library(aTSA)
adf.test(number)
➤ ADF 检验输出结果
Augmented Dickey-Fuller Test
alternative:  stationary

Type 1:  no drift no trend
        lag    ADF    p.value
 [1,]    0    -1.585    0.109
 [2,]    1    -1.045    0.304
 [3,]    2    -0.653    0.445
Type 2:  with drift no trend
        lag    ADF    p.value
 [1,]    0    -5.35    0.0100
 [2,]    1    -3.92    0.0100
 [3,]    2    -3.18    0.0245
Type 3:  with drift and trend
        lag    ADF    p.value
 [1,]    0    -5.55    0.0100
 [2,]    1    -4.14    0.0100
 [3,]    2    -3.51    0.0448
----
Note:  in fact, p.value = 0.01 means p.value <= 0.01
```

检验结果显示, 类型二和类型三各种模型的 τ 统计量的 P 值均小于显著性水平 ($\alpha = 0.05$), 所以可以认为该序列显著平稳.

4.3　模型识别

一个观察值序列如果被识别为平稳非白噪声序列, 接下来我们将通过考察平稳序列样本自相关系数和偏自相关系数的性质选择适合的模型拟合观察值序列. 因此模型拟合的第一步是要根据观察值序列的取值求出该序列的样本自相关系数 $\{\widehat{\rho}_k, 0 \leqslant k < n\}$ 和样本偏自相关系数 $\{\widehat{\phi}_{kk}, 0 < k < n\}$ 的值.

样本自相关系数可以根据以下公式求得:

$$\widehat{\rho}_k = \frac{\displaystyle\sum_{t=1}^{n-k}(x_t - \overline{x})(x_{t+k} - \overline{x})}{\displaystyle\sum_{t=1}^{n}(x_t - \overline{x})^2}, \quad \forall 0 \leqslant k < n$$

样本偏自相关系数可以利用样本自相关系数的值, 根据以下公式求得:

$$\widehat{\phi}_{kk} = \frac{\widehat{D}_k}{\widehat{D}}, \forall 0 < k < n$$

式中,

$$\widehat{D} = \begin{vmatrix} 1 & \widehat{\rho}_1 & \cdots & \widehat{\rho}_{k-1} \\ \widehat{\rho}_1 & 1 & \cdots & \widehat{\rho}_{k-2} \\ \vdots & \vdots & & \vdots \\ \widehat{\rho}_{k-1} & \widehat{\rho}_{k-2} & \cdots & 1 \end{vmatrix}, \widehat{D}_k = \begin{vmatrix} 1 & \widehat{\rho}_1 & \cdots & \widehat{\rho}_1 \\ \widehat{\rho}_1 & 1 & \cdots & \widehat{\rho}_2 \\ \vdots & \vdots & & \vdots \\ \widehat{\rho}_{k-1} & \widehat{\rho}_{k-2} & \cdots & \widehat{\rho}_k \end{vmatrix}$$

计算出样本自相关系数和偏自相关系数的值之后, 就要根据它们表现出来的性质, 选择适当的 ARMA 模型拟合观察值序列. 这个过程实际上就是根据样本自相关系数和偏自相关系数的性质估计自相关阶数 $\widehat{p}$ 和移动平均阶数 $\widehat{q}$, 因此, 模型识别过程也称为模型定阶过程.

ARMA 模型定阶的基本原则如表 4–1 所示.

表 4–1

$\widehat{\rho}_k$	$\widehat{\phi}_{kk}$	模型定阶
拖尾	p 阶截尾	AR(p) 模型
q 阶截尾	拖尾	MA(q) 模型
拖尾	拖尾	ARMA(p, q) 模型

但是在实践中, 这个定阶原则在操作上具有一定的难度. 由于样本的随机性, 本应截尾的样本自相关系数或偏自相关系数不会呈现出理论截尾的完美情况, 仍会呈现出小值振荡. 同时, 由于平稳时间序列通常都具有短期相关性, 随着延迟阶数 $k \to \infty$, $\widehat{\rho}_k$ 与 $\widehat{\phi}_{kk}$ 都会衰减至零值附近作小值波动.

这种现象促使我们必须思考, 当样本自相关系数或偏自相关系数在延迟若干阶之后衰减为小值波动时, 什么情况下该看做相关系数截尾, 什么情况下该看做相关系数在延迟若干阶之后正常衰减到零值附近作拖尾波动?

这实际上没有绝对的标准, 在很大程度上依靠分析人员的主观经验. 但样本自相关系数和偏自相关系数的近似分布可以帮助缺乏经验的分析人员做出尽量合理的判断.

Jankins 和 Watts 于 1968 年证明

$$E(\widehat{\rho}_k) = \left(1 - \frac{k}{n}\right)\rho_k$$

也就是说, 该样本自相关系数是总体自相关系数的有偏估计值. 当 k 足够大时, 根据平稳序列自相关系数呈负指数衰减, 有 $\rho_k \to 0$.

根据 Bartlett 公式计算样本自相关系数的方差

$$\mathrm{Var}(\widehat{\rho}_k) \approx \frac{1}{n}\sum_{m=-j}^{j}\widehat{\rho}_m^2 = \frac{1}{n}\left(1 + 2\sum_{m=1}^{j}\widehat{\rho}_m^2\right), k > j$$

当样本容量 n 充分大时, 样本自相关系数近似服从正态分布:

$$\widehat{\rho}_k \overset{\bullet}{\sim} N\left(0, \frac{1}{n}\right)$$

Quenouille 证明, 样本偏自相关系数也同样近似服从这个正态分布:

$$\widehat{\phi}_{kk} \overset{\bullet}{\sim} N\left(0, \frac{1}{n}\right)$$

根据正态分布的性质, 有

$$Pr\left(-\frac{2}{\sqrt{n}} \leqslant \widehat{\rho}_k \leqslant \frac{2}{\sqrt{n}}\right) \geqslant 0.95$$

$$Pr\left(-\frac{2}{\sqrt{n}} \leqslant \widehat{\phi}_{kk} \leqslant \frac{2}{\sqrt{n}}\right) \geqslant 0.95$$

所以可以利用 2 倍标准差范围辅助判断.

如果样本自相关系数 (或偏自相关系数) 在最初的 R 阶明显超过 2 倍标准差范围, 而后几乎 95% 的自相关系数都落在 2 倍标准差的范围以内, 而且由非零自相关系数衰减为小值波动的过程非常突然, 这时, 通常视为自相关系数截尾. 截尾阶数为 R.

如果有超过 5% 的样本自相关系数落入 2 倍标准差范围之外, 或者由显著非零的自相关系数衰减为小值波动的过程比较缓慢或者非常连续, 这时, 通常视为自相关系数拖尾.

【例 4-1】 选择合适的模型拟合 1900—1998 年全球 7 级以上地震发生次数序列 (数据见表 A1–7).

➤ 绘制该序列自相关图和偏自相关图

```
acf(number)
pacf(number)     #结果如图 4-2 所示
```

➤ 自相关图和偏自相关图输出

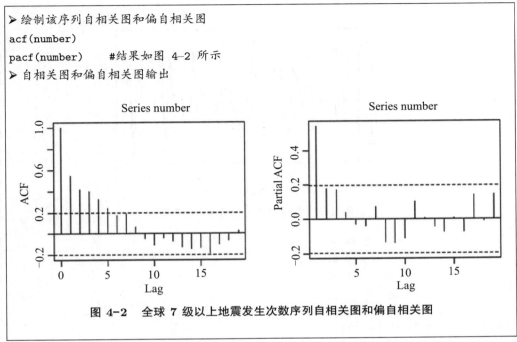

图 4-2 全球 7 级以上地震发生次数序列自相关图和偏自相关图

从本例的自相关图可以看出, 自相关系数是以一种有规律的方式, 按指数函数轨迹衰减的, 这说明自相关系数衰减到零不是一个突然截尾的过程, 而是一个连续渐变的过程, 这是自相关系数拖尾的典型特征, 我们可以把拖尾特征形象地描述为 "坐着滑梯落水".

从本例的偏自相关图可以看出, 除了 1 阶偏自相关系数在 2 倍标准差范围之外, 其他阶数的偏自相关系数都在 2 倍标准差范围内, 这是一个偏自相关系数 1 阶截尾的典型特征. 我们可以把这种截尾特征形象地描述为 "1 阶之后高台跳水".

本例中, 根据自相关系数拖尾, 偏自相关系数 1 阶截尾的属性, 我们可以初步确定拟合模型为 AR(1) 模型.

【例 4-2】   选择合适的模型拟合美国科罗拉多州某个加油站连续 57 天的盈亏 (overshort) 序列 (数据见表 A1-8).

➤ 读入数据文件后, 绘制时序图

```
overshort<-ts(A1_8$overshort)
plot(overshort)
```
➤ ADF 检验
```
adf.test(overshort)
```
➤ ADF 检验结果输出
```
Augmented Dickey-Fuller Test
alternative:  stationary
Type 1:  no drift no trend    #结果如图 4-3 所示
```

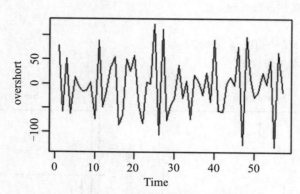

图 4-3　加油站每日盈亏序列时序图

	lag	ADF	p.value
[1,]	0	-13.04	0.01
[2,]	1	-7.32	0.01
[3,]	2	-7.01	0.01
[4,]	3	-6.04	0.01

Type 2: with drift no trend

	lag	ADF	p.value
[1,]	0	-13.10	0.01
[2,]	1	-7.46	0.01
[3,]	2	-7.38	0.01
[4,]	3	-6.61	0.01

Type 3: with drift and trend

	lag	ADF	p.value
[1,]	0	-12.99	0.01
[2,]	1	-7.39	0.01
[3,]	2	-7.34	0.01
[4,]	3	-6.60	0.01

Note: in fact, p.value = 0.01 means p.value <= 0.01

➢ 纯随机性检验

```
for(k in 1:2) print(Box.test(overshort,lag=6*k))
```

➢ 纯随机性检验结果输出

```
        Box-Ljung test

data: overshort
X-squared = 20.239, df = 6, p-value = 0.002511
X-squared = 31.366, df = 12, p-value = 0.001732
```

➢ 绘制自相关图和偏自相关图

```
acf(overshort)
pacf(overshort)    #结果如图 4-4 所示
```

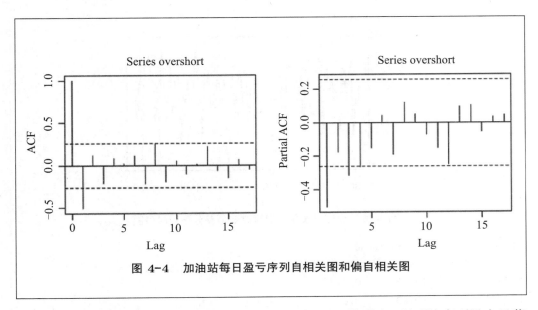

图 4-4　加油站每日盈亏序列自相关图和偏自相关图

时序图 (见图 4-3) 显示该序列没有明显的趋势或周期特征, 说明该序列没有显著的非平稳特征. 进一步进行 ADF 检验, 判断该序列的平稳性. ADF 检验结果显示, 该序列所有 ADF 检验统计量的 P 值均小于显著性水平 ($\alpha = 0.05$), 所以可以确认该序列为平稳序列. 再对平稳序列进行纯随机性检验. 纯随机性检验结果显示, 6 阶和 12 阶延迟的 LB 统计量的 P 值都小于显著性水平 ($\alpha = 0.05$), 所以可以判断该序列为平稳非白噪声序列, 可以使用 ARMA 模型拟合该序列. 最后考察该序列的样本自相关图和偏自相关图 (见图 4-4) 的特征, 给 ARMA 模型定阶.

自相关图显示除了延迟 1 阶的自相关系数在 2 倍标准差范围之外, 其他阶数的自相关系数都在 2 倍标准差范围内波动, 且自相关系数衰减没有显著的规律性. 偏自相关图显示出有规律的衰减, 这是偏自相关系数拖尾的特征, 综合该序列自相关系数 1 阶截尾和偏自相关系数拖尾的特征, 我们将该序列的拟合模型定阶为 MA(1).

【例 4-3】　选择合适的模型拟合 1880—1985 年全球气表平均温度改变值差分序列 (全球气表平均温度改变值序列见表 A1-9).

```
➤ 读入数据文件后, 对气表平均温度改变值序列进行差分运算, 对差分后序列绘制时序图
dif<-diff(A1_9$change)
dif<-ts(dif,start=1880)
plot(dif)
➤ ADF 检验
adf.test(dif)
➤ ADF 检验结果输出
Augmented Dickey-Fuller Test
alternative:  stationary      #结果如图 4-5 所示
```

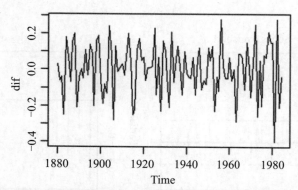

图 4-5　全球气表平均温度改变值差分序列时序图

```
Type 1:   no drift no trend
        lag      ADF    p.value
  [1,]    0   -13.13     0.01
  [2,]    1    -9.60     0.01
  [3,]    2    -8.97     0.01
  [4,]    3    -7.62     0.01
  [5,]    4    -7.68     0.01
Type 2:  with drift no trend
        lag      ADF    p.value
  [1,]    0   -13.08     0.01
  [2,]    1    -9.58     0.01
  [3,]    2    -8.98     0.01
  [4,]    3    -7.71     0.01
  [5,]    4    -7.85     0.01
Type 3:  with drift and trend
        lag      ADF    p.value
  [1,]    0   -13.01     0.01
  [2,]    1    -9.53     0.01
  [3,]    2    -8.94     0.01
  [4,]    3    -7.67     0.01
  [5,]    4    -7.82     0.01
----
Note:  in fact, p.value = 0.01 means p.value <= 0.01
```

➤ 纯随机性检验

```
for(k in 1:2) print(Box.test(dif,lag=6*k))
```

➤ 纯随机性检验结果输出

```
      Box-Ljung test

data:  dif
```

```
X-squared = 17.436, df = 6, p-value = 0.007807
X-squared = 26.266, df = 12, p-value =0.009841
```
➤ 绘制自相关图和偏自相关图
```
acf(dif)
pacf(dif)      #结果如图 4-6 所示
```

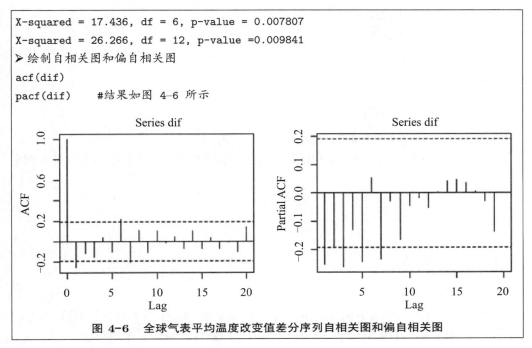

图 4-6　全球气表平均温度改变值差分序列自相关图和偏自相关图

时序图 (见图 4-5) 显示该序列没有明显的趋势或周期特征. 进一步进行 ADF 检验, 检验结果显示该序列显著平稳. 接下来检验序列的纯随机性, LB 检验结果显示该序列为非白噪声序列. 所以全球气表平均温度改变值差分序列是平稳非白噪声序列, 可以使用 ARMA 模型拟合该序列. 接下来, 序列的自相关图和偏自相关图 (见图 4-6) 均显示出不截尾的性质, 因此可以尝试使用 ARMA(1,1) 模型拟合该序列.

关于 ARMA 模型的定阶, 统计学家曾经研究过使用三角格子法进行准确定阶. 但三角格子法也不是精确的方法, 而且计算复杂, 所以现在很少有人再用该方法. 因为 ARMA 模型的阶数通常都不高, 所以实务中更常用的方法是从最小阶数 $p = 1, q = 1$ 开始尝试, 不断增加 p 和 q 的阶数, 直到模型精度达到研究要求.

自相关图和偏自相关图的特征可以帮助我们进行 ARMA 模型的阶数识别, 但显然图识别具有很大的主观性, 这可能会使部分研究人员产生焦虑, 怕自己识别错误, 造成很严重的系统性错误. 其实不必太担心这个问题. 因为平稳可逆 ARMA 模型整个的自洽性, 即 AR 模型可以转化为 MA 模型, MA 模型也可以转化为 AR 模型, 所以对于 ARMA 模型的阶数识别并没有唯一结果. 很可能出现同一个序列, 使用不同的阶数识别, 都能得到不错的拟合效果.

4.4　参数估计

模型识别之后, 下一步就是要利用序列的观察值确定该模型的口径, 即估计模型中未知参数的值.

对于一个非中心化 ARMA(p, q) 模型, 有

$$x_t = \mu + \frac{\Theta_q(B)}{\Phi_p(B)}\varepsilon_t$$

式中，$\varepsilon_t \sim \mathrm{WN}(0, \sigma_\varepsilon^2)$

$$\Theta_q(B) = 1 - \theta_1 B - \cdots - \theta_q B^q$$

$$\Phi_p(B) = 1 - \phi_1 B - \cdots - \phi_p B^p$$

该模型共含有 $p + q + 2$ 个未知参数：$\phi_1, \cdots, \phi_p, \theta_1, \cdots, \theta_q, \mu, \sigma_\varepsilon^2$.

参数 μ 是序列均值，通常采用矩估计方法，用样本均值估计总体均值即可得到它的估计值：

$$\widehat{\mu} = \overline{x} = \frac{\sum\limits_{i=1}^{n} x_i}{n}$$

对原序列中心化，有

$$y_t = x_t - \overline{x}$$

原 $p + q + 2$ 个待估参数减少为 $p + q + 1$ 个：$\phi_1, \cdots, \phi_p, \theta_1, \cdots, \theta_q, \sigma_\varepsilon^2$. 对这 $p + q + 1$ 个未知参数的估计方法有三种：矩估计、极大似然估计和最小二乘估计.

4.4.1 矩估计

运用 $p + q$ 个样本自相关系数估计总体自相关系数，构造 $p + q$ 个方程组成的 Yule-Walker 方程组

$$\begin{cases} \rho_1(\phi_1, \cdots, \phi_p, \theta_1, \cdots, \theta_q) = \widehat{\rho}_1 \\ \vdots \\ \rho_{p+q}(\phi_1, \cdots, \phi_p, \theta_1, \cdots, \theta_q) = \widehat{\rho}_{p+q} \end{cases}$$

从中解出的参数值 $\widehat{\phi}_1, \cdots, \widehat{\phi}_p, \widehat{\theta}_1, \cdots, \widehat{\theta}_q$ 就是 $\phi_1, \cdots, \phi_p, \theta_1, \cdots, \theta_q$ 的矩估计.

将参数估计值 $\widehat{\phi}_1, \widehat{\phi}_2 \cdots, \widehat{\phi}_p, \widehat{\theta}_1, \widehat{\theta}_2 \cdots, \widehat{\theta}_q$ 代入 ARMA(p, q) 表达式，利用历史观察值 (不可获得的历史观察值默认为零)，得到序列估计值 $\widehat{x}_t (t = 1, 2, \cdots, n)$. 序列观察值 x_t 减去序列估计值 $\widehat{x}_t$，就得到序列残差 $\varepsilon_t (t = 1, 2, \cdots, n)$. 即

$$\varepsilon_t = x_t - \widehat{x}_t$$

残差序列 ε_t 独立同分布，服从零均值、方差为 σ_ε^2 的正态分布，则方差的矩估计等于

$$\widehat{\sigma}_\varepsilon^2 = \frac{\sum\limits_{t=1}^{n} \varepsilon_t^2}{n}$$

【例 4-4】 求 AR(2) 模型 $x_t = \phi_1 x_{t-1} + \phi_2 x_{t-2} + \varepsilon_t$ 中未知参数 ϕ_1, ϕ_2 的矩估计.

根据 Yule-Walker 方程，有

$$\begin{cases} \rho_1 = \phi_1 \rho_0 + \phi_2 \rho_1 \\ \rho_2 = \phi_1 \rho_1 + \phi_2 \rho_0 \end{cases}$$

则

$$\widehat{\phi}_1 = \frac{1 - \widehat{\rho}_2}{1 - \widehat{\rho}_1^2} \widehat{\rho}_1, \quad \widehat{\phi}_2 = \frac{\widehat{\rho}_2 - \widehat{\rho}_1^2}{1 - \widehat{\rho}_1^2}$$

【例 4-5】　求 MA(1) 模型 $x_t = \varepsilon_t - \theta_1 \varepsilon_{t-1}$ 中未知参数 θ_1 的矩估计.

根据 MA(1) 模型自协方差函数的性质, 有

$$\begin{cases} \gamma_0 = (1 + \theta_1^2)\sigma_\varepsilon^2 \\ \gamma_1 = -\theta_1 \sigma_\varepsilon^2 \end{cases} \Rightarrow \rho_1 = \frac{\gamma_1}{\gamma_0} = \frac{-\theta_1}{1 + \theta_1^2}$$

解一元二次方程

$$\theta_1^2 \rho_1 + \theta_1 + \rho_1 = 0$$

得

$$\widehat{\theta}_1 = \frac{-1 \pm \sqrt{1 - 4\widehat{\rho}_1^2}}{2\widehat{\rho}_1}$$

考虑 MA(1) 模型的可逆性条件: $|\theta_1| < 1$, 可得到未知参数的唯一解:

$$\widehat{\theta}_1 = \frac{-1 + \sqrt{1 - 4\widehat{\rho}_1^2}}{2\widehat{\rho}_1}$$

【例 4-6】　求 ARMA(1, 1) 模型 $x_t = \phi_1 x_{t-1} + \varepsilon_t - \theta_1 \varepsilon_{t-1}$ 中未知参数 ϕ_1, θ_1 的矩估计.

根据 ARMA 模型 Green 函数的递推公式, 可以确定该 ARMA(1, 1) 模型的 Green 函数为:

$$G_0 = 1$$

$$G_k = (\phi_1 - \theta_1)\phi_1^{k-1}, k = 1, 2, \cdots$$

推导出

$$\begin{cases} \gamma_0 = \displaystyle\sum_{k=0}^{\infty} G_k^2 \sigma_\varepsilon^2 = \frac{1 + \theta_1^2 - 2\theta_1\phi_1}{1 - \phi_1^2} \sigma_\varepsilon^2 \\ \gamma_1 = \displaystyle\sum_{k=0}^{\infty} G_k G_{k+1} \sigma_\varepsilon^2 = \frac{(\phi_1 - \theta_1)(1 - \theta_1\phi_1)}{1 - \phi_1^2} \sigma_\varepsilon^2 \\ \gamma_2 = \displaystyle\sum_{k=0}^{\infty} G_k G_{k+2} \sigma_\varepsilon^2 = \phi_1 \gamma_1 \end{cases}$$

则

$$\begin{cases} \rho_1 = \dfrac{\gamma_1}{\gamma_0} = \dfrac{(\phi_1 - \theta_1)(1 - \theta_1\phi_1)}{1 + \theta_1^2 - 2\theta_1\phi_1} \\ \rho_2 = \phi_1 \rho_1 \end{cases} \tag{4.4}$$

整理方程组 (4.4), 得

$$\begin{cases} \theta_1^2 - \dfrac{1 + \phi_1^2 - 2\rho_2}{\phi_1 - \rho_1}\theta_1 + 1 = 0 \\ \phi_1 = \dfrac{\rho_2}{\rho_1} \end{cases}$$

考虑可逆条件: $|\theta_1| < 1$, 得到未知参数矩估计的唯一解

$$\begin{cases} \widehat{\phi}_1 = \dfrac{\widehat{\rho}_2}{\widehat{\rho}_1} \\ \widehat{\theta}_1 = \begin{cases} \dfrac{c + \sqrt{c^2 - 4}}{2}, c \leqslant -2 \\ \dfrac{c - \sqrt{c^2 - 4}}{2}, c \geqslant 2 \end{cases}, c = \dfrac{1 - \widehat{\phi}_1^2 - 2\widehat{\rho}_2}{\widehat{\phi}_1 - \widehat{\rho}_1} \end{cases}$$

矩估计方法, 尤其是低阶 ARMA 模型场合下的矩估计方法具有计算量小、估计思想简单直观, 且不需要假设总体分布的优点. 但是在这种估计方法中只用到了 $p + q$ 个样本自相关系数, 即样本二阶矩的信息, 观察值序列中的其他信息都被忽略了. 这导致矩估计方法是一种比较粗糙的估计方法, 它的估计精度一般不高, 因此常被用于确定极大似然估计和最小二乘估计迭代计算的初始值.

4.4.2 极大似然估计

在极大似然准则下, 认为样本来自使该样本出现概率最大的总体. 因此未知参数的极大似然估计就是使得似然函数 (即联合密度函数) 达到最大的参数值.

$$L(\widehat{\beta}_1, \widehat{\beta}_2, \cdots, \widehat{\beta}_k; x_1, x_2, \cdots, x_n) = \max\{p(x_1, x_2, \cdots, x_n); \beta_1, \beta_2, \cdots, \beta_k\}$$

使用极大似然估计必须已知总体的分布函数, 在时间序列分析中, 序列的总体分布通常是未知的. 为便于分析和计算, 通常假设序列服从多元正态分布.

$$x_t = \phi_1 x_{t-1} + \cdots + \phi_p x_{t-p} + \varepsilon_t - \theta_1 \varepsilon_{t-1} - \cdots - \theta_q \varepsilon_{t-q}$$

记

$$\widetilde{x} = (x_1, \cdots, x_n)$$
$$\widetilde{\beta} = (\phi_1, \cdots, \phi_p, \theta_1, \cdots, \theta_q)'$$
$$\Sigma_n = E(\widetilde{x}'\widetilde{x}) = \Omega \sigma_\varepsilon^2$$

式中,

$$\Omega = \begin{pmatrix} \displaystyle\sum_{i=0}^{\infty} G_i^2 & \cdots & \displaystyle\sum_{i=0}^{\infty} G_i G_{i+n-1} \\ \vdots & & \vdots \\ \displaystyle\sum_{i=0}^{\infty} G_i G_{i+n-1} & \cdots & \displaystyle\sum_{i=0}^{\infty} G_i^2 \end{pmatrix}$$

$\widetilde{x}$ 的似然函数为:

$$L(\widetilde{\beta}; \widetilde{x}) = p(x_1, x_2, \cdots, x_n; \widetilde{\beta})$$

$$= (2\pi)^{-\frac{n}{2}} |\Sigma_n|^{-\frac{1}{2}} \exp\left\{-\frac{\widetilde{x}' \Sigma_n^{-1} \widetilde{x}}{2}\right\}$$

$$= (2\pi)^{-\frac{n}{2}} (\sigma_\varepsilon^2)^{-\frac{n}{2}} |\Omega|^{-\frac{1}{2}} \exp\left\{-\frac{\widetilde{x}' \Omega^{-1} \widetilde{x}}{2\sigma_\varepsilon^2}\right\}$$

对数似然函数为:

$$l(\widetilde{\beta}; \widetilde{x}) = -\frac{n}{2}\ln(2\pi) - \frac{n}{2}\ln(\sigma_\varepsilon^2) - \frac{1}{2}\ln|\Omega| - \frac{1}{2\sigma_\varepsilon^2}[\widetilde{x}' \Omega^{-1} \widetilde{x}]$$

对对数似然函数中的未知参数求偏导数, 得到似然方程组

$$\begin{cases} \dfrac{\partial}{\partial \sigma_\varepsilon^2} l(\widetilde{\beta}; \widetilde{x}) = -\dfrac{n}{2\sigma_\varepsilon^2} + \dfrac{S(\widetilde{\beta})}{2\sigma_\varepsilon^4} = 0 \\[3mm] \dfrac{\partial}{\partial \widetilde{\beta}} l(\widetilde{\beta}; \widetilde{x}) = -\dfrac{1}{2}\dfrac{\partial \ln|\Omega|}{\partial \widetilde{\beta}} - \dfrac{1}{\sigma_\varepsilon^2}\dfrac{\partial S(\widetilde{\beta})}{2\partial \widetilde{\beta}} = 0 \end{cases} \tag{4.5}$$

式中, $S(\widetilde{\beta}) = \widetilde{x}' \Omega^{-1} \widetilde{x}$.

理论上, 求解方程组 (4.5) 即得到未知参数的极大似然估计值. 但是, 由于 $S(\widetilde{\beta})$ 和 $\ln|\Omega|$ 都不是 $\widetilde{\beta}$ 的显式表达式, 因此似然方程组 (4.5) 实际上是由 $p + q + 1$ 个超越方程构成的, 通常需要利用迭代算法才能求出未知参数的极大似然估计值.

幸运的是, 目前计算机技术比较发达, 有许多统计软件可以辅助分析, 使得求 ARMA 模型的极大似然估计值成为一件很容易实现的事情.

极大似然估计充分利用了每一个观察值所提供的信息, 因而它的估计精度高, 同时具有估计的一致性、渐近正态性和渐近有效性等许多优良的统计性质, 是一种非常优良的参数估计方法. 但它的缺点是需要事先假定序列的分布.

4.4.3 最小二乘估计

在 ARMA(p, q) 模型场合, 记

$$\widetilde{\beta} = (\phi_1, \cdots, \phi_p, \theta_1, \cdots, \theta_q)'$$

$$F_t(\widetilde{\beta}) = \phi_1 x_{t-1} + \cdots + \phi_p x_{t-p} - \theta_1 \varepsilon_{t-1} - \cdots - \theta_q \varepsilon_{t-q}$$

残差项为:

$$\varepsilon_t = x_t - F_t(\widetilde{\beta})$$

残差平方和为:

$$Q(\widetilde{\beta}) = \sum_{t=1}^{n} \varepsilon_t^2$$

$$= \sum_{t=1}^{n} (x_t - \phi_1 x_{t-1} - \cdots - \phi_p x_{t-p} + \theta_1 \varepsilon_{t-1} + \cdots + \theta_q \varepsilon_{t-q})^2$$

使残差平方和达到最小的那组参数值即为 $\widetilde{\beta}$ 的最小二乘估计值.

由于随机扰动 $\varepsilon_{t-1}, \varepsilon_{t-2}, \cdots$ 不可观测, 所以 $Q(\widetilde{\beta})$ 也不是 $\widetilde{\beta}$ 的显性函数, 未知参数的最小二乘估计值通常也得借助迭代法求出. 由于充分利用了序列观察值的信息, 因此最小二乘估计的精度很高.

在实际中, 最常用的是条件最小二乘估计方法. 它假定过去未观测到的序列值等于零, 即

$$x_t = 0, t \leqslant 0$$

根据这个假定可以得到残差序列的有限项表达式:

$$\varepsilon_t = \frac{\Phi(B)}{\Theta(B)} x_t = x_t - \sum_{i=1}^{t} \pi_i x_{t-i}$$

于是残差平方和为:

$$Q(\widetilde{\beta}) = \sum_{t=1}^{n} \varepsilon_t^2$$

$$= \sum_{t=1}^{n} \left[x_t - \sum_{i=1}^{t} \pi_i x_{t-i} \right]^2 \tag{4.6}$$

通过迭代法, 使式 (4.6) 达到最小值的估计值, 即参数 β 的条件最小二乘估计.

R 语言中, ARMA 模型的参数估计可以通过调用 arima 函数完成, 该函数的命令格式为:

```
    arima(x, order= ,include.mean= ,method=)
式中:
-x:  要进行模型拟合的序列名;
-order=c(p,d,q):  指定模型阶数.
(1) p 为自回归阶数.
(2) d 为差分阶数, 本章不涉及差分问题, 所以 d=0.
(3) q 为移动平均阶数.
-include.mean:  模型中要不要包含均值.
(1) include.mean=T, 模型中需要拟合均值, 这也是系统默认设置.
(2) include.mean=F, 模型中不需要拟合均值.
-method:  指定参数估计方法.
(1) method="CSS-ML", 默认的是条件最小二乘与极大似然估计混合方法.
(2) method="ML", 极大似然估计方法.
(3) method="CSS", 条件最小二乘估计方法.
```

【例 4-1 续 (1)】 使用极大似然估计方法确定 1900—1998 年全球 7 级以上地震发生次数序列拟合模型的口径.

根据该序列自相关图和偏自相关图, 我们将该序列定阶为 AR(1) 模型, 使用极大似然估计确定该模型的口径, 相关命令和输出结果如下:

```
➤ 拟合 AR(1) 模型
fit1<-arima(number,order=c(1,0,0),method="ML")
fit1
➤ 模型拟合结果
Call:
arima(x = number, order = c(1, 0, 0), method = "ML")

Coefficients:
          ar1    intercept
       0.5432    19.8911
 s.e.  0.0840     1.3179

sigma^2 estimated as 36.7:  log likelihood = -318.98, aic = 643.97
```

输出结果分为三部分:

(1) 说明拟合变量和拟合模型.

(2) 输出参数估计结果. 第一行输出的是参数估计值, 第二行输出的是对应参数样本标准差.

(3) 输出残差序列方差估计值, 对数似然函数值和 AIC 信息量.

根据输出结果, 我们确定该模型口径为:

$$x_t - 19.891\,1 = \frac{\varepsilon_t}{1 - 0.543\,2B}, \quad \text{Var}(\varepsilon_t) = 36.7$$

或者对输出参数进行适当变换

$$\phi_0 = \mu(1 - \phi_1) = 19.891\,1 \times (1 - 0.543\,2) = 9.086\,3$$

该 AR(1) 模型可以等价表达为:

$$x_t = 9.086\,3 + 0.543\,2x_{t-1} + \varepsilon_t, \text{Var}(\varepsilon_t) = 36.7$$

【例 4-2 续 (1)】 确定美国科罗拉多州某个加油站连续 57 天的盈方序列拟合模型的口径.

在例 4-2 中, 我们将该序列的拟合模型定阶为 MA(1) 模型, 使用条件最小二乘估计方法确定该模型的口径, 相关命令和输出结果如下:

```
➤ 拟合 MA(1) 模型
fit2<-arima(overshort,order=c(0,0,1),method="CSS")
fit2
➤ 模型拟合结果
Call:  arima(x = overshort, order = c(0, 0, 1), method = "CSS")

Coefficients:
           ma1    intercept
       -0.8208    -4.4095
 s.e.   0.0996     1.1655

sigma^2 estimated as 2105:  part log likelihood = -298.96
```

根据输出结果, 我们确定该模型口径为:

$$x_t = -4.409\ 5 + \varepsilon_t - 0.820\ 8\varepsilon_{t-1}, \mathrm{Var}(\varepsilon_t) = 2\ 105$$

【例 4-3 续 (1)】 确定 1880—1985 年全球气表平均温度改变值差分序列拟合模型的口径.

在例 4-3 中, 我们将该序列的拟合模型定阶为 ARMA(1,1) 模型, 使用条件最小二乘估计确定该模型的口径, 相关命令和输出结果如下:

```
➤ 拟合 ARMA(1,1) 模型
fit3<-arima(dif,order=c(1,0,1))
fit3
➤ 模型拟合结果
Call:
arima(x = dif, order = c(1, 0, 1))

Coefficients:
          ar1       ma1    intercept
       0.3926   -0.8867      0.0053
 s.e.  0.1180    0.0604      0.0024

sigma^2 estimated as 0.01541:  log likelihood = 69.66, aic = -131.32
```

根据输出结果, 我们确定该模型口径为:

$$x_t - 0.005\ 3 = \frac{1 - 0.886\ 7B}{1 - 0.392\ 6B}\varepsilon_t, \mathrm{Var}(\varepsilon_t) = 0.015\ 41$$

或者对输出参数进行适当变换

$$\phi_0 = \mu(1 - \phi_1) = 0.005\ 3 \times (1 - 0.392\ 6) = 0.003\ 2$$

该 ARMA(1,1) 模型可以等价表达为:

$$x_t = 0.003\ 2 + 0.392\ 6x_{t-1} + \varepsilon_t - 0.886\ 7\varepsilon_{t-1}, \mathrm{Var}(\varepsilon_t) = 0.015\ 41$$

4.5 模型检验

确定了拟合模型的口径之后, 我们还要对该拟合模型进行必要的检验.

4.5.1 模型的显著性检验

模型的显著性检验主要是检验模型的有效性. 一个模型是否显著有效主要看它提取的信息是否充分. 一个好的拟合模型应该能够提取观察值序列中几乎所有的样本相

关信息, 换言之, 拟合残差项中将不再蕴含任何相关信息, 即残差序列应该为白噪声序列, 这样的模型称为显著有效模型.

反之, 如果残差序列为非白噪声序列, 那就意味着残差序列中还残留着相关信息未被提取, 这就说明拟合模型不够有效, 通常需要选择其他模型重新拟合.

因此, 模型的显著性检验即残差序列的白噪声检验, 原假设和备择假设分别为:

$$H_0: \rho_1 = \rho_2 = \cdots = \rho_m = 0, \forall m \geqslant 1$$

$$H_1: 至少存在某个 \ \rho_k \neq 0, \forall m \geqslant 1, k \leqslant m$$

检验统计量为 LB(Ljung-Box):

$$\mathrm{LB} = n(n+2) \sum_{k=1}^{m} \frac{\widehat{\rho}_k^2}{n-k} \sim \chi^2(m), \forall m > 0$$

如果拒绝原假设, 就说明残差序列中还残留着相关信息, 拟合模型不显著. 如果不能拒绝原假设, 就认为拟合模型显著有效.

调用 R 语言 aTSA 包中的 ts.diag 函数, 可以进行 ARMA 模型显著性检验. 该函数的命令格式为:

```
ts.diag(object)
式中:
-object:指 ARIMA 函数拟合结果. 调用 ts.diag 函数会输出四个图:
(1) 左上:残差序列自相关图.
(2) 右上:残差序列偏自相关图.
如果该拟合模型不能通过显著性检验, 这两个相关图可以帮助用户重新定阶.
(3) 左下:残差序列白噪声检验图.这个图的横轴是延迟阶数, 纵轴是该延迟阶数纯随机性检验 (Q 统计量) 的 P 值. 这个图可以帮助我们直观判断拟合模型是否显著成立.
如果所有 Q 统计量的 P 值都在 0.05 显著性参考线之上, 可以认为该模型显著成立.
(4) 右下:残差序列正态性检验 QQ 图.我们可以利用 QQ 图来对序列进行正态分布假定的检验. QQ 图横轴为正态分布的分位数, 纵轴为样本分位数, 如果这两者构成的点密集地分布在对角线左右, 就认为该序列近似服从正态分布.
```

【例 4-1 续 (2)】　检验 1900—1998 年全球 7 级以上地震发生次数序列拟合模型的显著性 ($\alpha = 0.05$).

我们对该序列拟合了 AR(1) 模型, 拟合模型显著性检验的相关命令和输出结果如下 (全球 7 级以上地震发生次数序列拟合模型显著性检验图见图 4-7):

```
➤ 拟合模型显著性检验
library(aTSA)
ts.diag(fit1)
➤ 检验结果
```

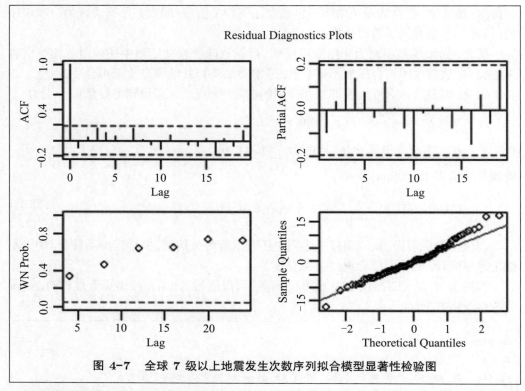

图 4-7　全球 7 级以上地震发生次数序列拟合模型显著性检验图

考察残差序列的白噪声检验结果 (图 4-7 的左下图), 可以看出各阶延迟下白噪声检验统计量的 P 值都显著大于 0.05 (虚线为 0.05 参考线). 我们可以认为这个拟合模型的残差序列属于白噪声序列, 即该拟合模型显著成立.

4.5.2　参数的显著性检验

参数的显著性检验就是要检验每一个未知参数是否显著非零. 这个检验的目的是使模型精简.

如果某个参数不显著非零, 即表示该参数所对应的那个自变量对因变量的影响不明显, 该自变量就可以从拟合模型中剔除. 最终模型将由一系列参数显著非零的自变量表示.

检验假设:

$$H_0 : \beta_j = 0 \leftrightarrow H_1 : \beta_j \neq 0, \forall 1 \leqslant j \leqslant m$$

$$E(\widehat{\beta}) = E[(X'X)^{-1}X'\widehat{y}] = (X'X)^{-1}X'X\widetilde{\beta} = \widetilde{\beta}$$

$$\mathrm{Var}(\widehat{\beta}) = \mathrm{Var}[(X'X)^{-1}X'\widehat{y}] = (X'X)^{-1}X'X(X'X)^{-1}\sigma_\varepsilon^2$$

$$= (X'X)^{-1}\sigma_\varepsilon^2$$

对于线性拟合模型, 记 $\widehat{\beta}$ 为 $\widetilde{\beta}$ 的最小二乘估计, 有

$$\Omega = (X'X)^{-1} = \begin{pmatrix} a_{11} & \cdots & a_{1m} \\ \vdots & & \vdots \\ a_{m1} & \cdots & a_{mm} \end{pmatrix}$$

在正态分布假定下, 第 j 个未知参数的最小二乘估计值 $\widehat{\beta}_j$ 服从正态分布:

$$\widehat{\beta}_j \sim N(0, a_{jj}\sigma_\varepsilon^2), 1 \leqslant j \leqslant m \tag{4.7}$$

由于 σ_ε^2 不可观测, 用最小残差平方和估计 σ_ε^2:

$$\widehat{\sigma}_\varepsilon^2 = \frac{Q(\widetilde{\beta})}{n-m}$$

根据正态分布的性质, 有

$$\frac{Q(\widetilde{\beta})}{\sigma_\varepsilon^2} \sim \chi^2(n-m) \tag{4.8}$$

式中, n 为序列长度; m 为待估参数个数.

由式 (4.7) 和式 (4.8) 可以构造出用于检验未知参数显著性的 t 检验统计量

$$T = \sqrt{n-m} \frac{\widehat{\beta}_j}{\sqrt{a_{jj}Q(\widetilde{\boldsymbol{\beta}})}} \sim t(n-m)$$

当该检验统计量的绝对值大于自由度为 $n-m$ 的 t 分布的 $1-\alpha/2$ 分位点, 即

$$|T| \geqslant t_{1-\alpha/2}(n-m)$$

或者该检验统计量的 P 值小于 α 时, 拒绝原假设, 认为该参数显著非零. 如果参数显著性检验不能拒绝原假设, 就应该剔除不显著参数, 重新拟合结构更精练的模型.

我们使用 arima 函数为该序列拟合 AR(1) 模型, 系统会输出各参数的估计值和系数估计值的样本标准差, 但输出内容不包括各参数的 t 统计的值和检验 P 值. 如果用户想获得参数检验统计量的 P 值, 可以自己计算参数的 t 统计量的值及统计量的 P 值.

根据 t 统计量的定义, 参数估计值除以参数标准差即为该参数的 t 统计量

$$t = \frac{\widehat{\phi}_j}{\widehat{\sigma}_j} \dot{\sim} t(n-m)$$

式中, $\widehat{\sigma}_j = \sqrt{\dfrac{a_{jj}Q\left(\tilde{\beta}\right)}{n-m}}$.

调用 t 统计量积累分布函数 pt 即可求得该统计量的 P 值. pt 函数的命令格式为:

```
    pt(t , df= ,lower.tail= )
式中:
-t:  t 统计量的值.
-df:  自由度.
-lower.tail:  确定计算概率的方向.
(1) lower.tail=T, 计算 Pr(X ⩽ x).  对于参数显著性检验, 如果参数估计值为负, 选择
lower.tail=T.
(2) lower.tail=F, 计算 Pr(X ⩾ x).  对于参数显著性检验, 如果参数估计值为正, 选择
lower.tail=F.
```

如果序列长度足够大时 (大于 25), t 分布会近似服从标准正态分布, 即

$$\frac{\widehat{\phi}_j}{\widehat{\sigma}_j} \sim N(0,1)$$

根据正态分布的特征, 我们能得到参数显著性检验近似判断.

因为标准正态分布 97.5% 的分位点等于 1.96, 近似取 2, 那么只要参数估计值的绝对值大于它的 2 倍标准差, 即 $|\widehat{\phi}_j| > 2\widehat{\sigma}_j$, 我们就可以基于 95% 的显著性水平, 判断该参数显著非零.

【例 4-1 续 (3)】 检验 1900—1998 年全球 7 级以上地震发生次数序列拟合模型参数的显著性 ($\alpha = 0.05$).

参数显著性检验方法一: 因为该序列样本容量足够大 (序列长度 99), 所以我们可以基于近似正态分布, 非常便捷地得到参数显著性检验结果.

```
➤ 调用模型拟合结果
fit1
➤ 输出结果
Coefficients:
          ar1     intercept
        0.5432     19.8911
 s.e.   0.0840      1.3179
```

因为参数 ϕ_1 的估计值大于它的两倍标准差 (0.543 2 > 2 × 0.084 0), 所以参数 ϕ_1 显著非零. 同理, 因为 19.891 1 > 2 × 1.317 9, 所以参数 μ 也显著非零. 即我们为 1900—1998 年全球 7 级以上地震发生次数序列拟合的 AR(1) 模型两参数都显著非零.

参数显著性检验方法二: 我们也可以构造参数显著性检验 t 统计量, 调用 pt 函数求检验 P 值. 相关命令和输出结果如下:

```
➤ 构造 t 统计量, 调用 pt 函数求 P 值
t=abs(fit1$coef)/sqrt(diag(fit1$var.coef))
pt(t,length(number)-length(fit1$coef),lower.tail=F)
➤ 输出两参数显著性检验 P 值
          ar1      intercept
 2.002272e-09   1.687781e-27
```

　　因为两参数 t 统计量的 P 值都远远小于 0.05, 所以可以判断我们为 1900—1998 年全球 7 级以上地震发生次数序列拟合的 AR(1) 模型两参数都显著非零.

【**例 4-2 续 (2)**】　对盈亏序列的拟合模型进行检验.

> 模型显著性检验

```
ts.diag(fit2)     #结果如图 4-8 所示
```

> 模型显著性检验结果

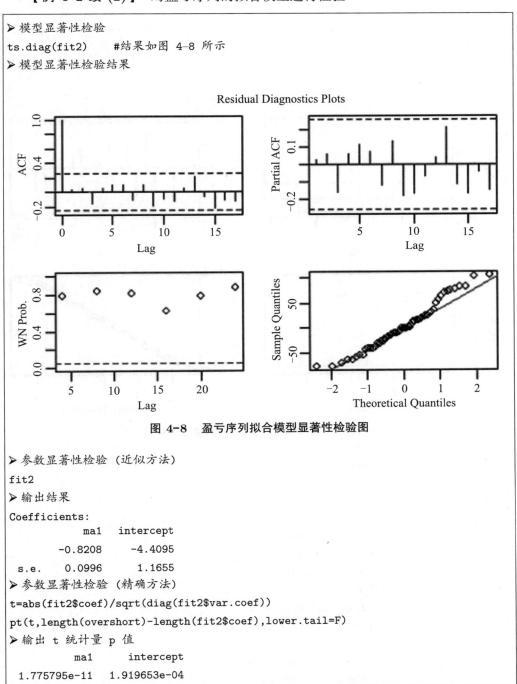

图 4-8　盈亏序列拟合模型显著性检验图

> 参数显著性检验 (近似方法)

```
fit2
```

> 输出结果

```
Coefficients:
          ma1    intercept
      -0.8208      -4.4095
 s.e.  0.0996       1.1655
```

> 参数显著性检验 (精确方法)

```
t=abs(fit2$coef)/sqrt(diag(fit2$var.coef))
pt(t,length(overshort)-length(fit2$coef),lower.tail=F)
```

> 输出 t 统计量 p 值

```
          ma1      intercept
 1.775795e-11   1.919653e-04
```

　　模型的显著性检验结果显示残差序列可以视为白噪声序列, 所以拟合模型显著成立.

　　参数的显著性检验结果显示, 无论使用近似方法还是精确方法, 都能得出两参数显著非零的结论.

　　【例 4-3 续 (2)】　对 1880—1985 年全球气表平均温度改变值差分序列拟合模型进行检验.

➤ 模型显著性检验

ts.diag(fit3)　　#结果如图 4-9 所示

➤ 模型显著性检验结果

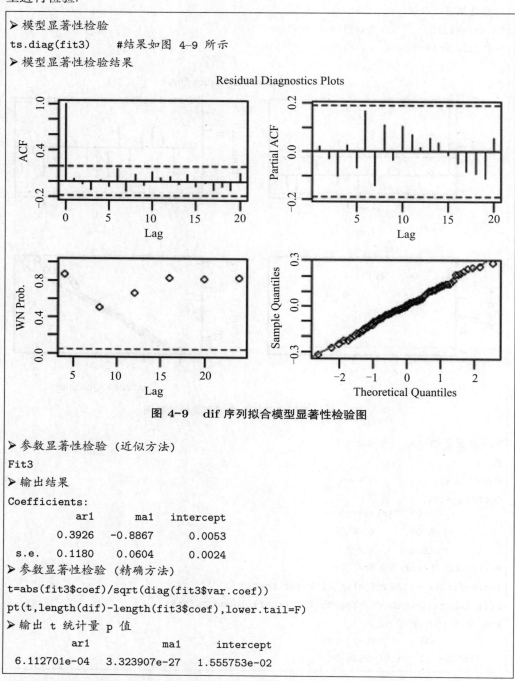

图 4-9　dif 序列拟合模型显著性检验图

➤ 参数显著性检验 (近似方法)

Fit3

➤ 输出结果

Coefficients:

```
         ar1       ma1    intercept
      0.3926   -0.8867     0.0053
 s.e. 0.1180    0.0604     0.0024
```

➤ 参数显著性检验 (精确方法)

t=abs(fit3$coef)/sqrt(diag(fit3$var.coef))

pt(t,length(dif)-length(fit3$coef),lower.tail=F)

➤ 输出 t 统计量 p 值

```
         ar1          ma1        intercept
 6.112701e-04   3.323907e-27   1.555753e-02
```

　　模型的显著性检验结果显示残差序列可以视为白噪声序列, 所以拟合模型显著成立.

参数的显著性检验结果显示, 无论使用近似方法还是精确方法, 都能得出三参数显著非零的结论.

4.6　模型优化

4.6.1　问题的提出

若一个拟合模型通过了检验, 说明在一定的置信水平下, 该模型能有效拟合观察值序列的波动, 但这种有效模型并不一定是唯一的.

【例 4-7】　等时间间隔连续读取 70 个某次化学反应的过程数据, 构成一时间序列 (数据见表 A1–10). 试对该序列进行拟合 ($\alpha = 0.05$).

一、序列预处理

➤ 绘制时序图
```
x<-ts(A1_10$x)
plot(x)      #结果如图 4-10 所示
```

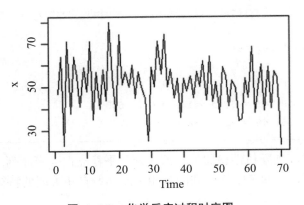

图 4-10　化学反应过程时序图

➤ 平稳性检验
```
library(aTSA)
adf.test(x)

Augmented Dickey-Fuller Test
alternative:  stationary
```

```
Type 1:  no drift no trend
        lag     ADF    p.value
 [1,]    0    -1.657    0.093
 [2,]    1    -0.872    0.365
 [3,]    2    -0.452    0.512
 [4,]    3    -0.525    0.489
Type 2:  with drift no trend
        lag     ADF    p.value
 [1,]    0    -12.25    0.01
 [2,]    1    -5.38     0.01
 [3,]    2    -4.36     0.01
 [4,]    3    -3.91     0.01
Type 3:  with drift and trend
        lag     ADF    p.value
 [1,]    0    -12.61    0.01
 [2,]    1    -5.61     0.01
 [3,]    2    -4.83     0.01
 [4,]    3    -4.41     0.01
----
Note:  in fact, p.value = 0.01 means p.value <= 0.01
➢ 纯随机性检验
for(k in 1:2) print(Box.test(x,lag=6*k,type="Ljung-Box"))


              Box-Ljung test

data:  x
X-squared = 21.319, df = 6, p-value = 0.001608
X-squared = 23.035, df = 12, p-value = 0.02743
```

　　平稳性检验和纯随机性检验显示该序列为平稳非白噪声序列. 可以使用 ARMA 模型拟合该序列. 下面考察该序列的自相关图和偏自相关图的特征, 给 ARMA 模型定阶.

二、模型定阶

```
➢ 绘制自相关图和偏自相关图
par(mfrow=c(1,2))
acf(x)
pacf(x)     #结果如图 4-11 所示
```

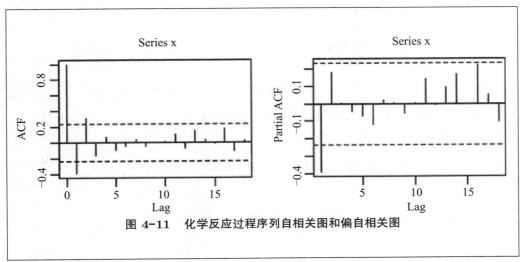

图 4-11　化学反应过程序列自相关图和偏自相关图

　　根据自相关图的特征, 可能有人会认为自相关系数 2 阶截尾, 那么可以对序列拟合 MA(2) 模型.

　　根据偏自相关图的特征, 可能有人认为偏自相关系数 1 阶截尾, 那么可以对序列拟合 AR(1) 模型.

　　下面分别拟合 MA(2) 模型和 AR(1) 模型.

三、模型拟合

```
➤ 拟合 MA(2) 模型
x.fit1<-arima(x,order=c(0,0,2))
x.fit1

Call:
arima(x = x, order = c(0, 0, 2))

Coefficients:
          ma1      ma2    intercept
       -0.3194   0.3019    51.1695
 s.e.   0.1160   0.1233     1.2516

sigma^2 estimated as 114.4:  log likelihood = -265.35, aic = 538.71
➤ 拟合 AR(1) 模型
x.fit2<-arima(x,order=c(1,0,0))
x.fit2

Call:
arima(x = x, order = c(1, 0, 0))

Coefficients:
```

```
         ar1    intercept
      -0.4191     51.2658
s.e.   0.1129      0.9137

sigma^2 estimated as 116.6:  log likelihood = -265.98, aic = 537.96
```

根据系统输出结果, 我们对该序列拟合了两个模型.

MA(2) 模型的口径为:

$$x_t = 51.169\,5 + \varepsilon_t - 0.319\,4\varepsilon_{t-1} + 0.301\,9\varepsilon_{t-2}, \mathrm{Var}(\varepsilon_t) = 114.4$$

AR(1) 模型的口径为:

$$x_t - 51.265\,8 = \frac{\varepsilon_t}{1 + 0.419\,1B}, \mathrm{Var}(\varepsilon_t) = 116.6$$

四、拟合检验

对上述两个拟合模型分别进行模型显著性检验.

➤ MA(2) 模型显著性检验

```
ts.diag(x.fit1)      #结果如图 4-12 所示
```

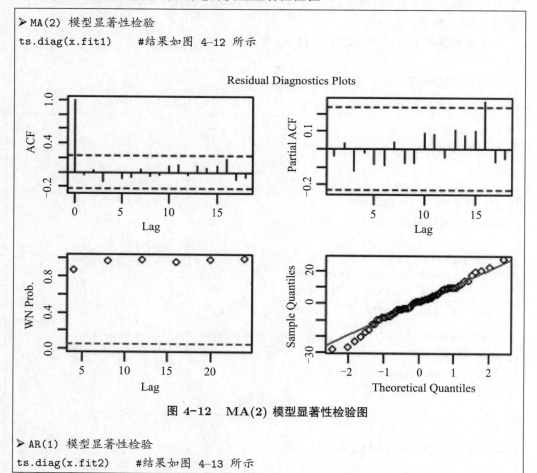

图 4-12   MA(2) 模型显著性检验图

➤ AR(1) 模型显著性检验

```
ts.diag(x.fit2)      #结果如图 4-13 所示
```

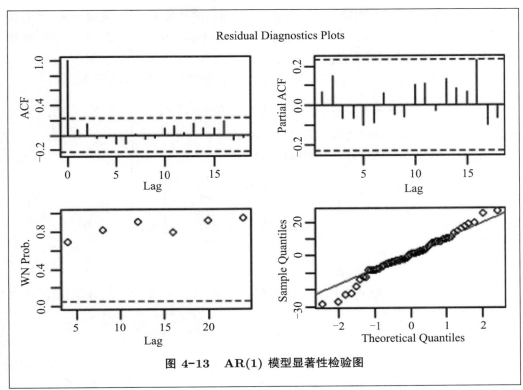

图 4-13　AR(1) 模型显著性检验图

模型显著性检验结果显示, 这两个拟合模型的残差序列都可以视为白噪声序列. 所以这两个拟合模型均显著成立.

由于这个化学反应序列的序列长度为 70, 我们可以基于近似方法判断参数显著性. 根据模型拟合输出结果, 可以发现无论是 MA(2) 模型还是 AR(1) 模型, 每个参数估计值的绝对值都大于该参数的 2 倍标准差, 所以这两个模型的每个参数均显著非零.

上述分析说明 MA(2) 模型和 AR(1) 模型都是这个化学反应序列的有效拟合模型.

同一个序列可以构造两个甚至更多个拟合模型, 多个模型都显著有效, 那么到底该选哪个模型用于统计推断呢? 为了解决这个问题, 引进 AIC 和 BIC 信息准则的概念, 进行模型优化.

4.6.2　AIC 准则

AIC 准则 (Akaike information criterion) 是由日本统计学家 Akaike 于 1973 年提出的, 它的全称是最小信息量准则.

该准则的指导思想是一个拟合模型的优劣可以从两方面去考察: 一方面是常用来衡量拟合程度的似然函数值; 另一方面是模型中未知参数的个数.

通常似然函数值越大, 说明模型拟合效果越好. 模型中未知参数个数越多, 说明模型中包含的自变量越多, 自变量越多, 模型变化越灵活, 模型拟合的准确度就会越高. 模型拟合程度高是我们所希望的, 但是我们又不能单纯地以拟合精度来衡量模型的优劣, 因为这样势必会导致未知参数的个数越多越好.

　　未知参数越多, 说明模型中自变量越多, 未知的风险越多, 而且参数越多, 参数估计的难度就越大, 估计的精度也越差. 因此, 一个好的拟合模型应该是一个拟合精度和未知参数个数的综合最优配置.

　　AIC 准则就是在这种考虑下提出的, 它是拟合精度和参数个数的加权函数:

$$\text{AIC} = -2\ln(\text{模型的极大似然函数值}) + 2(\text{模型中未知参数个数})$$

使 AIC 函数达到最小的模型被认为是最优模型.

　　在 ARMA(p,q) 模型场合, 对数似然函数为:

$$l(\widetilde{\beta}; x_1, \cdots, x_n) = -\left[\frac{n}{2}\ln\sigma_\varepsilon^2 + \frac{1}{2}\ln|\Omega| + \frac{1}{2\sigma_\varepsilon^2}S(\widetilde{\beta})\right]$$

因为 $\frac{1}{2}\ln|\Omega|$ 有界, $\frac{1}{2\sigma_\varepsilon^2}S(\widetilde{\beta}) \to \frac{n}{2}$, 所以对数似然函数与 $-\frac{n}{2}\ln(\sigma_\varepsilon^2)$ 成正比.

$$l(\widetilde{\beta}; x_1, \cdots, x_n) \propto -\frac{n}{2}\ln\sigma_\varepsilon^2$$

　　中心化 ARMA(p,q) 模型的未知参数个数为 $p+q+1$, 非中心化 ARMA(p,q) 模型的未知参数个数为 $p+q+2$.

　　所以, 中心化 ARMA(p,q) 模型的 AIC 函数也可以这样计算:

$$\text{AIC} = n\ln\widehat{\sigma}_\varepsilon^2 + 2(p+q+1)$$

　　非中心化 ARMA(p,q) 模型的 AIC 函数为:

$$\text{AIC} = n\ln\widehat{\sigma}_\varepsilon^2 + 2(p+q+2)$$

4.6.3　BIC 准则

　　AIC 准则为选择最优模型提供了有效的规则, 但它也有不足之处. 对于一个观察值序列而言, 序列越长, 相关信息就越分散, 要很充分地提取其中的有用信息, 或者说要使拟合精度比较高, 通常需要包含多个自变量的复杂模型. 在 AIC 准则中拟合误差提供的信息会因样本容量而放大, 它等于 $n\ln\widehat{\sigma}_\varepsilon^2$, 但参数个数的惩罚因子和样本容量没关系, 它的权重始终是常数 2. 因此, 在样本容量趋于无穷大时, 由 AIC 准则选择的模型不收敛于真实模型, 它通常比真实模型所含的未知参数个数要多.

　　为了弥补 AIC 准则的不足, Akaike 于 1976 年提出 BIC 准则. Schwartz 在 1978 年根据 Bayes 理论也得出同样的判别准则, 所以 BIC 准则也称为 SBC 准则. BIC 准则定义为:

$$\text{BIC} = -2\ln(\text{模型的极大似然函数值}) + (\ln n)(\text{模型中未知参数个数})$$

　　BIC 准则对 AIC 准则的改进就是将未知参数个数的惩罚权重由常数 2 变成了样本容量的对数函数 $\ln n$. 理论上已证明, BIC 准则是最优模型的真实阶数的相合估计.

　　容易得到, 中心化 ARMA(p,q) 模型的 BIC 函数为:

$$\text{BIC} = n\ln\widehat{\sigma}_\varepsilon^2 + (\ln n)(p+q+1)$$

非中心化 ARMA(p, q) 模型的 BIC 函数为:

$$\text{BIC} = n \ln \widehat{\sigma}_{\varepsilon}^2 + (\ln n)(p + q + 2)$$

在所有通过检验的模型中使得 AIC 函数或 BIC 函数达到最小的模型为相对最优模型. 之所以称为相对最优模型而不是绝对最优模型, 是因为我们不可能比较所有模型的 AIC 函数值和 BIC 函数值, 我们总是在尽可能全面的范围里考察有限多个模型的 AIC 函数值和 BIC 函数值, 再选择其中 AIC 函数值和 BIC 函数值最小的那个模型作为最终的拟合模型, 因而这样得到的最优模型就是一个相对最优模型.

【例 4-7 续 (1)】　用 AIC 准则和 BIC 准则评判例 4–7 中两个拟合模型的相对优劣.

```
▶ 将两个模型的 AIC 和 BIC 信息量合成一个数据框输出
data.frame(AIC(x.fit1),AIC(x.fit2),BIC(x.fit1),BIC(x.fit2))
▶ 输出结果
      AIC.x.fit1.   AIC.x.fit2.   BIC.x.fit1.   BIC.x.fit2.
1      538.7055      537.9579      547.6995      544.7033
```

最小信息量检验显示, 无论是使用 AIC 准则还是使用 BIC 准则, AR(1) 模型都要优于 MA(2) 模型, 所以本例中 AR(1) 模型是相对最优模型.

AIC 准则和 BIC 准则的提出可以有效弥补根据自相关图和偏自相关图定阶的主观性, 在有限的阶数范围内帮助我们寻找相对最优拟合模型.

仔细考虑一下, 模型定阶和模型优化其实是在做同一件事情 —— 为序列选出最优拟合模型. R 语言的 forecast 包提供了 auto.arima 函数. 该函数基于信息量最小原则, 可以帮助用户在一定的范围内自动识别最优模型的阶数. 在模型定阶时, 调用这个函数, 可以尽量避免因个人经验不足导致的模型识别不准确的问题, 也可以简化模型最优化比较的问题.

auto.arima 函数的命令格式如下:

```
    auto.arima(x, max.p= ,max.q= ic= )
式中:
-x:     需要定阶的序列名.
-max.p:  自相关系数最高阶数, 不特殊指定的话, 系统默认值为 5.
-max.q:  移动平均系数最高阶数, 不特殊指定的话, 系统默认值为 5.
-ic:    指定信息量准则. 有"aic", "bic", "aicc" 三个选项, 系统默认 AIC 准则.
```

有时选择不同的信息量准则会导致模型的识别阶数不同. 另外 auto.arima 函数没有考虑系数不显著需要剔除的问题, 有时它指定的最优模型阶数会高于真实阶数. 因此, auto.arima 函数是给用户作为定阶的参考信息, 而不是最优模型的准确信息. 用户需要自己结合自相关图、偏自相关图、参数显著性检验等多方面的信息综合分析, 合理定阶.

【例 4-7 续 (2)】　使用 auto.arima 函数对化学反应序列进行定价.

```
➤ 下载 forecast 包
install.packages("forecast")
➤ 调用 forecast 包
library(forecast)
➤ 调用 auto.arima 函数
auto.arima(x)
➤ 输出结果
Series:  x
ARIMA(2,0,0) with non-zero mean

Coefficients:
          ar1      ar2      mean
      -0.3407   0.1873   51.2263
 s.e.   0.1218   0.1223    1.1007

sigma^2 estimated as 117.8:  log likelihood=-264.83
AIC=537.66 AICc=538.27 BIC=546.65
```

　　输出结果显示, 基于 AIC 准则, 系统推荐的最优模型为 AR(2) 模型. 但是考虑到该序列偏自相关图 1 阶截尾, 再看上面输出结果中显示的 ar2 的参数估计值为 0.187 3, 它的样本标准差为 0.122 3, 参数估计值小于 2 倍的样本标准差, 所以 ar2 的参数不能认为显著非零. 综上考虑, 基于 AIC 准则, 系统推荐的最优模型阶数偏高了, 我们应该给该序列拟合 AR(1) 模型.

　　如果修改命令, 指定使用 BIC 准则, 则系统推荐的最优模型为 AR(1) 模型. 相关命令和输出结果如下:

```
➤ 基于 BIC 准则, 选择最优拟合模型
auto.arima(x,ic="bic")
输出结果
Series:  x
ARIMA(1,0,0) with non-zero mean

Coefficients:
          ar1      mean
      -0.4191   51.2658
 s.e.   0.1129    0.9137
sigma^2 estimated as 120:  log likelihood=-265.98
AIC=537.96 AICc=538.32 BIC=544.7
```

4.7　序列预测

　　到目前为止, 我们对观察值序列做了许多工作, 包括平稳性判别、白噪声判别、模

型选择、参数估计及模型检验. 这些工作的最终目的常常就是要利用这个拟合模型对随机序列的未来发展进行预测.

　　所谓预测, 就是利用序列已观测到的样本值对序列在未来某个时刻的取值进行估计. 目前对平稳序列最常用的预测方法是线性最小方差预测. 线性是指预测值为观察值序列的线性函数, 最小方差是指预测方差达到最小.

4.7.1　线性预测函数

　　根据平稳 ARMA 模型的可逆性, 可以用 AR 结构表达任意一个平稳 ARMA 模型

$$\sum_{j=0}^{\infty} I_j x_{t-j} = \varepsilon_t$$

式中, $I_j(j = 0, 1, 2, \cdots)$ 为逆函数, 它的递推公式如式 (3.42) 所示.

　　这意味着使用递推法, 基于现有的序列观察值 $x_t, x_{t-1}, x_{t-2}, \cdots$, 可以预测未来任意时刻的序列值

$$\widehat{x}_{t+1} = -I_1 x_t - I_2 x_{t-1} - I_3 x_{t-2} - \cdots$$

$$\widehat{x}_{t+2} = -I_1 \widehat{x}_{t+1} - I_2 x_t - I_3 x_{t-1} - \cdots$$

$$\widehat{x}_{t+3} = -I_1 \widehat{x}_{t+2} - I_2 \widehat{x}_{t+1} - I_3 x_t - \cdots$$

$$\vdots$$

$$\widehat{x}_{t+l} = -I_1 \widehat{x}_{t+l-1} - I_2 \widehat{x}_{t+l-2} - I_3 \widehat{x}_{t+l-3} - \cdots$$

【例 4-8】　假设序列 $\{x_t\}$ 可以用如下 ARMA(1, 1) 模型拟合:

$$x_t = 0.8 x_t + \varepsilon_t - 0.2 \varepsilon_{t-1}$$

请确定该序列未来 2 期预测值 $\widehat{x}_{t+1}$ 和 $\widehat{x}_{t+2}$ 中第 t 期和第 $t-1$ 期序列值的权重.
根据式 (3.42), 本例 ARMA(1, 1) 模型的逆函数为:

$$I_0 = 1$$

$$I_1 = \theta_1 - \phi_1 = 0.2 - 0.8 = -0.6$$

$$I_2 = \theta_1 I_1 = -0.2 \times 0.6 = -0.12$$

$$I_3 = \theta_1 I_2 = -0.2 \times 0.12 = -0.024$$

则未来 2 期的预测值递推公式为:

$$\widehat{x}_{t+1} = 0.6 x_t + 0.12 x_{t-1} + 0.024 x_{t-2} - \cdots$$

$$\widehat{x}_{t+2} = 0.6 \widehat{x}_{t+1} + 0.12 x_t + 0.024 x_{t-1} - \cdots$$

$$= 0.6(0.6 x_t + 0.12 x_{t-1} + 0.024 x_{t-2} - \cdots) + 0.12 x_t + 0.024 x_{t-1} - \cdots$$

$$= (0.36 + 0.12) x_t + (0.072 + 0.024) x_{t-1} + \cdots$$

所以, 该序列未来 1 期预测值 $\widehat{x}_{t+1}$ 中, 第 t 期序列值 x_t 的权重是 0.6, 第 $t-1$ 期序列值 x_{t-1} 的权重是 0.12. 该序列未来 2 期预测值 $\widehat{x}_{t+2}$ 中, 第 t 期序列值 x_t 的权重是 $0.48(0.36 + 0.12)$, 第 $t-1$ 期序列值 x_{t-1} 的权重是 $0.096(0.072 + 0.024)$.

4.7.2 预测方差最小原则

用 $e_t(l)$ 衡量预测误差

$$e_t(l) = x_{t+l} - \widehat{x}_t(l)$$

显然, 预测误差越小, 预测精度就越高. 因此, 目前最常用的预测原则是预测方差最小原则, 即

$$\text{Var}[e_t(l)] = \min\{\text{Var}[e_t(l)]\}$$

因为 $\widehat{x}_t(l)$ 为 $x_t, x_{t-1}, \cdots$ 的线性函数, 所以该原则也称为线性预测方差最小原则.

为便于分析, 使用传递形式来描述序列值, 根据 $\text{ARMA}(p, q)$ 平稳模型的性质和线性函数的可加性, 显然有

$$\begin{cases} x_{t+l} = \displaystyle\sum_{i=0}^{\infty} G_i \varepsilon_{t+l-i} \\ \widehat{x}_t(l) = \displaystyle\sum_{i=0}^{\infty} D_i x_{t-i} = \sum_{i=0}^{\infty} D_i \left(\sum_{j=0}^{\infty} G_j \varepsilon_{t-i-j} \right) \triangleq \sum_{i=0}^{\infty} W_i \varepsilon_{t-i} \end{cases}$$

则

$$\begin{aligned} e_t(l) &= x_{t+l} - \widehat{x}_t(l) \\ &= \sum_{i=0}^{\infty} G_i \varepsilon_{t+l-i} - \sum_{i=0}^{\infty} W_i \varepsilon_{t-i} = \sum_{i=0}^{l-1} G_i \varepsilon_{t+l-i} + \sum_{i=0}^{\infty} (G_{l+i} - W_i) \varepsilon_{t-i} \end{aligned}$$

预测方差为:

$$\text{Var}[e_t(l)] = \left[\sum_{i=0}^{l-1} G_i^2 + \sum_{i=0}^{\infty} (G_{l+i} - W_i)^2 \right] \sigma_\varepsilon^2 \geqslant \sum_{i=0}^{l-1} G_i^2 \sigma_\varepsilon^2$$

显然, 要使得预测方差达到最小, 必须有

$$W_i = G_{l+i}, i = 0, 1, 2, \cdots$$

这时, x_{t+l} 的预测值为:

$$\widehat{x}_t(l) = \sum_{i=0}^{\infty} G_{l+i} \varepsilon_{t-i}, \forall l \geqslant 1$$

预测误差为:

$$e_t(l) = \sum_{i=0}^{l-1} G_i \varepsilon_{t+l-i}$$

由于 $\{\varepsilon_t\}$ 为白噪声序列, 所以

$$E[e_t(l)] = 0$$

$$\mathrm{Var}[e_t(l)] = \sum_{i=0}^{l-1} G_i^2 \sigma_\varepsilon^2, \forall l \geqslant 1$$

4.7.3　线性最小方差预测的性质

一、条件无偏最小方差估计值

序列值 x_{t+l} 可以如下分解:

$$x_{t+l} = (\varepsilon_{t+l} + G_1\varepsilon_{t+l-1} + \cdots + G_{l-1}\varepsilon_{t+1}) + (G_l\varepsilon_t + G_{l+1}\varepsilon_{t-1} + \cdots)$$
$$= \qquad\qquad e_t(l) \qquad\qquad + \qquad \widehat{x}_t(l)$$

未来任意 l 期的序列值最终都可以表示成已知历史信息的线性函数, 不妨记作:

$$\widehat{x}_t(l) = \sum_{i=0}^{\infty} D_i x_{t-i}$$

即在 $x_t, x_{t-1}, \cdots$ 已知的条件下, $\widehat{x}_t(l)$ 为常数, 有

$$E(\widehat{x}_t(l)|x_t, x_{t-1}, \cdots) = \widehat{x}_t(l), \mathrm{Var}(\widehat{x}_t(l)|\ x_t, x_{t-1}, \cdots) = 0$$

推导出

$$E(x_{t+l}|\ x_t, x_{t-1}, \cdots) = E[e_t(l)|\ x_t, x_{t-1}, \cdots] + E[\widehat{x}_t(l)|\ x_t, x_{t-1}, \cdots] = \widehat{x}_t(l)$$

$$\mathrm{Var}(x_{t+l}|x_t, x_{t-1}, \cdots) = \mathrm{Var}[e_t(l)|x_t, x_{t-1}, \cdots] + \mathrm{Var}[\widehat{x}_t(l)|x_t, x_{t-1}, \cdots]$$
$$= \mathrm{Var}[e_t(l)]$$

这说明在预测方差最小原则下得到的估计值 $\widehat{x}_t(l)$ 是序列值 x_{t+l} 在 $x_t, x_{t-1}, \cdots$ 已知的情况下得到的条件无偏最小方差估计值, 且预测方差只与预测步长 l 有关, 而与预测起始点 t 无关. 但预测步长 l 越大, 预测值的方差也越大, 因而为了保证预测的精度, ARMA 模型通常只适合做短期预测.

在正态假定下, 有

$$x_{t+l}|x_t, x_{t-1}, \cdots \sim N(\widehat{x}_t(l), \mathrm{Var}[e_t(l)])$$

式中, $x_{t+l}|x_t, x_{t-1}, \cdots$ 的置信水平为 $1 - \alpha$ 的置信区间为:

$$\left(\widehat{x}_t(l) \mp z_{1-\alpha/2}(1 + G_1^2 + \cdots + G_{l-1}^2)^{\frac{1}{2}}\sigma_\varepsilon\right)$$

其中, $z_{1-\alpha/2}$ 为标准正态分布的 $1 - \alpha/2$ 分位点的值.

二、AR(p) 序列预测

在 AR(p) 序列场合

$$\widehat{x}_t(l) = E(x_{t+l}|\ x_t, x_{t-1}, \cdots)$$

$$= E(\phi_1 x_{t+l-1} + \cdots + \phi_p x_{t+l-p} + \varepsilon_{t+l} | x_t, x_{t-1}, \cdots)$$

$$= \phi_1 \widehat{x}_t(l-1) + \cdots + \phi_p \widehat{x}_t(l-p)$$

式中, $\widehat{x}_t(k) = \begin{cases} \widehat{x}_t(k), & k \geqslant 1 \\ x_{t+k}, & k \leqslant 0 \end{cases}$

预测方差为:

$$\mathrm{Var}[e_t(l)] = (1 + G_1^2 + \cdots + G_{l-1}^2)\sigma_\varepsilon^2$$

【例 4-9】 已知某超市月销售额近似服从 AR(2) 模型 (单位: 万元/每月):

$$x_t = 10 + 0.6x_{t-1} + 0.3x_{t-2} + \varepsilon_t, \varepsilon_t \sim N(0, 36)$$

某年第一季度该超市月销售额分别为: 101 万元、96 万元、97.2 万元. 请确定该超市第二季度每月销售额的 95% 的置信区间.

(1) 预测值的计算.

4 月: $\widehat{x}_3(1) = 10 + 0.6x_3 + 0.3x_2 = 97.12$

5 月: $\widehat{x}_3(2) = 10 + 0.6\widehat{x}_3(1) + 0.3x_3 = 97.432$

6 月: $\widehat{x}_3(3) = 10 + 0.6\widehat{x}_3(2) + 0.3\widehat{x}_3(1) = 97.595\ 2$

(2) 预测方差的计算.

首先, 根据 Green 函数的递推公式, 算得

$$G_0 = 1$$

$$G_1 = \phi_1 G_0 = 0.6$$

$$G_2 = \phi_1 G_1 + \phi_2 G_0 = 0.36 + 0.3 = 0.66$$

则 $\quad \mathrm{Var}[e_3(1)] = G_0^2 \sigma_\varepsilon^2 = 36$

$$\mathrm{Var}[e_3(2)] = (G_0^2 + G_1^2)\sigma_\varepsilon^2 = 48.96$$

$$\mathrm{Var}[e_3(3)] = (G_0^2 + G_1^2 + G_2^2)\sigma_\varepsilon^2 = 64.641\ 6$$

(3) l 步预测销售额的 95% 的置信区间为:

$$(\widehat{x}_3(l) - 1.96\sqrt{\mathrm{Var}[e_3(l)]}, \widehat{x}_3(l) + 1.96\sqrt{\mathrm{Var}[e_3(l)]})$$

计算结果如表 4-2 所示.

表 4-2

预测时期	95% 的置信区间
4 月	(85.36, 108.88)
5 月	(83.72, 111.15)
6 月	(81.84, 113.35)

R 语言中有多个函数可以进行 ARMA 模型预测. 我们介绍最常用的一个函数, forecast 包中的 forecast 函数. forecast 函数的命令格式为:

```
    forecast(object, h= ,level= )
```
式中:
-object:　拟合模型对象名.
-h:　预测期数.
-level:　置信区间的置信水平. 不特殊指定的话, 系统会自动给出置信水平分别为
80%和95%的双层置信区间.
注:　若aTSA 包同时打开, 需要使用 forecast::forecast 格式调用 forecast 包中的
forecast 函数.

【例 4-1 续 (4)】　根据 1900—1998 年全球 7 级以上地震发生次数的观察值, 预
测 1999—2008 年全球 7 级以上地震发生次数.

➤ 调用 forecast 函数, 做 10 期预测
```
library(forecast)
fore1<-forecast::forecast (fit1,h=10)
fore1
```
➤ 输出预测结果

	Point Forecast	Lo 80	Hi 80	Lo 95	Hi 95
1999	17.77725	10.013811	25.54069	5.904094	29.65041
2000	18.74274	9.907694	27.57778	5.230705	32.25477
2001	19.26723	10.139955	28.39451	5.308265	33.22620
2002	19.55217	10.340414	28.76392	5.464007	33.64032
2003	19.70695	10.470420	28.94349	5.580895	33.83301
2004	19.79104	10.547207	29.03487	5.653817	33.92826
2005	19.83672	10.590734	29.08271	5.696204	33.97724
2006	19.86154	10.614915	29.10816	5.720048	34.00303
2007	19.87502	10.628208	29.12183	5.733243	34.01679
2008	19.88234	10.635476	29.12921	5.740482	34.02420

➤ 输出预测图
```
plot(fore1,lty=2)
lines(fore1$fitted,col=4)    #结果如图 4-14 所示
```

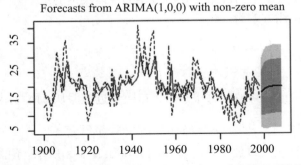

图 4-14　全球 7 级以上地震发生次数序列拟合与预测效果图

图中: 虚线为观察值, 实线为拟合值, 深色阴影部分为置信水平为 80% 的预测值置信区间, 浅色阴影部分为置信水平为95% 的预测值置信区间.

三、MA(q) 序列预测

对一个 MA(q) 序列 $x_t = \mu + \varepsilon_t - \theta_1 \varepsilon_{t-1} - \cdots - \theta_q \varepsilon_{t-q}$ 而言, 有

$$x_{t+l} = \mu + \varepsilon_{t+l} - \theta_1 \varepsilon_{t+l-1} - \cdots - \theta_q \varepsilon_{t+l-q}$$

在 $x_t, x_{t-1}, \cdots$ 已知的条件下求 x_{t+l} 的估计值, 就等价于在 $\varepsilon_t, \varepsilon_{t-1}, \cdots$ 已知的条件下求 x_{t+l} 的估计值, 未来时刻的随机扰动 $\varepsilon_{t+1}, \varepsilon_{t+2}, \cdots$ 是不可观测的, 属于预测误差. 所以当预测步长小于等于 MA 模型的阶数 ($l \leqslant q$) 时, x_{t+l} 可以分解为:

$$
\begin{aligned}
x_{t+l} &= \mu + \varepsilon_{t+l} - \theta_1 \varepsilon_{t+l-1} - \cdots - \theta_q \varepsilon_{t+l-q} \\
&= (\varepsilon_{t+l} - \theta_1 \varepsilon_{t+l-1} - \cdots - \theta_{l-1} \varepsilon_{t+1}) + (\mu - \theta_l \varepsilon_t - \cdots - \theta_q \varepsilon_{t+l-q}) \\
&= e_t(l) + \widehat{x}_t(l)
\end{aligned}
$$

当预测步长大于 MA 模型的阶数 ($l > q$) 时, x_{t+l} 可以分解为:

$$
\begin{aligned}
x_{t+l} &= \mu + \varepsilon_{t+l} - \theta_1 \varepsilon_{t+l-1} - \cdots - \theta_q \varepsilon_{t+l-q} \\
&= (\varepsilon_{t+l} - \theta_1 \varepsilon_{t+l-1} - \cdots - \theta_q \varepsilon_{t+l-q}) + \mu \\
&= e_t(l) + \widehat{x}_t(l)
\end{aligned}
$$

即 MA(q) 序列 l 步的预测值为:

$$
\widehat{x}_t(l) = \begin{cases} \mu - \sum_{i=l}^{q} \theta_i \varepsilon_{t+l-i}, & l \leqslant q \\ \mu, & l > q \end{cases}
$$

这说明 MA(q) 序列理论上只能预测 q 步之内的序列走势, 超过 q 步预测值恒等于序列均值. 这是由 MA(q) 序列自相关 q 步截尾的性质决定的.

MA(q) 序列预测方差为:

$$
\mathrm{Var}[e_t(l)] = \begin{cases} (1 + \theta_1^2 + \cdots + \theta_{l-1}^2)\sigma_\varepsilon^2, & l \leqslant q \\ (1 + \theta_1^2 + \cdots + \theta_q^2)\sigma_\varepsilon^2, & l > q \end{cases}
$$

【例 4-10】 已知某地区每年常住人口数量近似服从 MA(3) 模型:

$$x_t = 100 + \varepsilon_t - 0.8\varepsilon_{t-1} + 0.6\varepsilon_{t-2} - 0.2\varepsilon_{t-3}, \sigma_\varepsilon^2 = 25$$

最近 3 年的常住人口数量及一步预测数量如表 4-3 所示. 预测未来 5 年该地区常住人口的 95% 的置信区间.

	表 4-3	单位: 万人
年份	统计人数	预测人数
2002	104	110
2003	108	100
2004	105	109

(1) 随机扰动项的计算:

$$\varepsilon_{t-2} = x_{2002} - \widehat{x}_{2001}(1) = 104 - 110 = -6$$

$$\varepsilon_{t-1} = x_{2003} - \widehat{x}_{2002}(1) = 108 - 100 = 8$$

$$\varepsilon_t = x_{2004} - \widehat{x}_{2003}(1) = 105 - 109 = -4$$

(2) 未来常住人口预测值的计算:

$$\widehat{x}_t(1) = 100 - 0.8\varepsilon_t + 0.6\varepsilon_{t-1} - 0.2\varepsilon_{t-2} = 109.2$$

$$\widehat{x}_t(2) = 100 + 0.6\varepsilon_t - 0.2\varepsilon_{t-1} = 96$$

$$\widehat{x}_t(3) = 100 - 0.2\varepsilon_t = 100.8$$

$$\widehat{x}_t(4) = 100$$

$$\widehat{x}_t(5) = 100$$

(3) 预测方差的计算:

$$\mathrm{Var}[e_t(1)] = \sigma_\varepsilon^2 = 25$$

$$\mathrm{Var}[e_t(2)] = (1 + \theta_1^2)\sigma_\varepsilon^2 = 41$$

$$\mathrm{Var}[e_t(3)] = (1 + \theta_1^2 + \theta_2^2)\sigma_\varepsilon^2 = 50$$

$$\mathrm{Var}[e_t(4)] = (1 + \theta_1^2 + \theta_2^2 + \theta_3^2)\sigma_\varepsilon^2 = 51$$

$$\mathrm{Var}[e_t(5)] = (1 + \theta_1^2 + \theta_2^2 + \theta_3^2)\sigma_\varepsilon^2 = 51$$

(4) 95% 的置信区间的计算:

$$(\widehat{x}_t(l) - 1.96\sqrt{\mathrm{Var}[e_t(l)]}, \widehat{x}_t(l) + 1.96\sqrt{\mathrm{Var}[e_t(l)]})$$

容易计算未来 5 年该地区常住人口 95% 的置信区间, 如表 4-4 所示.

表 4-4

预测年份	95% 的置信区间
2005	(99, 119)
2006	(83, 109)
2007	(87, 115)
2008	(86, 114)
2009	(86, 114)

四、ARMA(p, q) 序列预测

在 ARMA(p, q) 模型场合

$$x_t(l) = E(\phi_1 x_{t+l-1} + \cdots + \phi_p x_{t+l-p} + \varepsilon_{t+l} - \theta_1 \varepsilon_{t+l-1} - \cdots - \theta_q \varepsilon_{t+l-q} | x_t, x_{t-1}, \cdots)$$

$$= \begin{cases} \phi_1 \widehat{x}_t(l-1) + \cdots + \phi_p \widehat{x}_t(l-p) - \sum_{i=l}^{q} \theta_i \varepsilon_{t+l-i}, & l \leqslant q \\ \phi_1 \widehat{x}_t(l-1) + \cdots + \phi_p \widehat{x}_t(l-p), & l > q \end{cases}$$

式中, $\widehat{x}_t(k) = \begin{cases} \widehat{x}_t(k), & k \geqslant 1 \\ x_{t+k}, & k \leqslant 0 \end{cases}$

预测方差为:

$$\mathrm{Var}[e_t(l)] = (G_0^2 + G_1^2 + \cdots + G_{l-1}^2)\sigma_\varepsilon^2$$

【例 4-11】 已知 ARMA$(1, 1)$ 模型为:

$$x_t = 0.8 x_{t-1} + \varepsilon_t - 0.6 \varepsilon_{t-1}, \sigma_\varepsilon^2 = 0.002\,5$$

且 $x_{100} = 0.3, \varepsilon_{100} = 0.01$, 预测未来 3 期序列值的 95% 的置信区间.

(1) 预测值的计算:

$$\widehat{x}_{100}(1) = 0.8 x_{100} - 0.6 \varepsilon_{100} = 0.234$$

$$\widehat{x}_{100}(2) = 0.8 \widehat{x}_{100}(1) = 0.187\,2$$

$$\widehat{x}_{100}(3) = 0.8 \widehat{x}_{100}(2) = 0.149\,76$$

(2) 预测方差的计算:

首先, 根据 Green 函数的递推公式, 算得

$$G_0 = 1$$

$$G_1 = \phi_1 G_0 - \theta_1 = 0.2$$

$$G_2 = \phi_1 G_1 = 0.16$$

则 $\quad \mathrm{Var}[e_{100}(1)] = G_0^2 \sigma_\varepsilon^2 = 0.0025$

$$\mathrm{Var}[e_{100}(2)] = (G_0^2 + G_1^2)\sigma_\varepsilon^2 = 0.002\,6$$

$$\mathrm{Var}[e_{100}(3)] = (G_0^2 + G_1^2 + G_2^2)\sigma_\varepsilon^2 = 0.002\,664$$

(3) 95% 的置信区间的计算:

$$(\widehat{x}_{100}(l) - 1.96\sqrt{\mathrm{Var}[e_{100}(l)]},\ \widehat{x}_{100}(l) + 1.96\sqrt{\mathrm{Var}[e_{100}(l)]})$$

计算结果如表 4–5 所示.

表 4-5

预测时期	95% 的置信区间
101	(0.136, 0.332)
102	(0.087, 0.287)
103	(0.049, 0.251)

4.7.4　修正预测

对平稳时间序列的预测, 实质就是根据所有的已知历史信息 $x_t, x_{t-1}, \cdots$ 对序列未来某个时期的发展水平 $x_{t+l}(l = 1, 2, \cdots)$ 做出估计. 需要估计的时期越长, 未知信息就越多. 未知信息越多, 估计的精度就越低.

随着时间的推移, 在原有观察值 $x_t, x_{t-1}, \cdots$ 的基础上, 我们会不断获得新的观察值 $x_{t+1}, x_{t+2}, \cdots$. 每获得一个新的观察值就意味着减少了未知信息, 显然, 如果把新的信息加进来, 就能够提高对 x_{t+l} 的估计精度. 所谓的修正预测, 就是研究如何利用新的信息去获得精度更高的预测值.

一个最简单的想法就是把新信息加入旧的信息中, 重新拟合模型, 再利用拟合后的模型预测 x_{t+l} 的序列值. 在新的信息量比较大且使用统计软件很便利的时候, 这不失为一种可行的修正办法.

但是在新的数据量不大或使用统计软件不是很方便的时候, 这种重新拟合是一种非常麻烦的修正方法. 我们可以根据平稳时序预测的性质, 寻找更为简便的修正预测方法.

已知在旧信息 $x_t, x_{t-1}, \cdots$ 的基础上, x_{t+l} 的预测值为:

$$\widehat{x}_t(l) = G_l\varepsilon_t + G_{l+1}\varepsilon_{t-1} + \cdots$$

假如获得新的信息 x_{t+1}, 则在 $x_{t+1}, x_t, x_{t-1}, \cdots$ 的基础上, 重新预测 x_{t+l} 为:

$$\widehat{x}_{t+1}(l-1) = G_{l-1}\varepsilon_{t+1} + G_l\varepsilon_t + G_{l+1}\varepsilon_{t-1} + \cdots$$

$$= G_{l-1}\varepsilon_{t+1} + \widehat{x}_t(l)$$

式中, $\varepsilon_{t+1} = x_{t+1} - \widehat{x}_t(1)$, 是 x_{t+1} 的一步预测误差. 它的可测源于 x_{t+1} 提供的新信息.

此时, 修正预测误差为:

$$e_{t+1}(l-1) = G_0\varepsilon_{t+l} + \cdots + G_{l-2}\varepsilon_{t+2}$$

因而, 预测方差为:

$$\text{Var}[e_{t+1}(l-1)] = (G_0^2 + \cdots + G_{l-2}^2)\sigma_\varepsilon^2$$

$$= \text{Var}[e_t(l-1)]$$

一期修正后第 l 步预测方差就等于修正前第 $l-1$ 步预测方差. 它比修正前的同期预测方差减少了 $G_{l-1}^2\sigma_\varepsilon^2$, 提高了预测精度.

上面的分析说明, 当我们获得新的观察值时, 要获得 x_{t+l} 更精确的预测值并不需要重新对所有的历史数据进行计算, 只需利用新的观察值所带来的新的信息对旧的预测值进行修正即可.

更一般的情况, 假如重新获得 p 个新观察值 $x_{t+1}, \cdots, x_{t+p}(1 \leqslant p \leqslant l)$, 则 x_{t+l} 的修正预测值为:

$$\widehat{x}_{t+p}(l-p) = G_{l-p}\varepsilon_{t+p} + \cdots + G_{l-1}\varepsilon_{t+1} + G_l\varepsilon_t + G_{l+1}\varepsilon_{t-1} + \cdots$$

$$= G_{l-p}\varepsilon_{t+p} + \cdots + G_{l-1}\varepsilon_{t+1} + \widehat{x}_t(l)$$

式中, $\varepsilon_{t+i} = x_{t+i} - \widehat{x}_{t+i-1}(1)$, 是 $x_{t+i}(i=1,2,\cdots,p)$ 的一步预测误差.

此时, 修正预测误差为:

$$e_{t+p}(l-p) = G_0\varepsilon_{t+l} + \cdots + G_{l-p-1}\varepsilon_{t+p+1}$$

预测方差为:

$$\text{Var}[e_{t+p}(l-p)] = (G_0^2 + \cdots + G_{l-p-1}^2)\sigma_\varepsilon^2 = \text{Var}[e_t(l-p)]$$

【例 4-9 续】 假如一个月后知道 4 月的真实销售额为 100 万元, 求第二季度后两个月销售额的修正预测值.

(1) 计算 4 月销售额的一步预测误差:

$$\varepsilon_4 = x_4 - \widehat{x}_3(1) = 100 - 97.12 = 2.88$$

(2) 计算修正预测值, 如表 4-6 所示.

表 4-6

预测时期	预测值 $\widehat{x}_3(l)$	新获得观察值	修正预测 $\widehat{x}_4(l-1)$
1	97.12	100	
2	97.43		$\widehat{x}_4(1) = G_1\varepsilon_4 + \widehat{x}_3(2) = 99.16$
3	97.60		$\widehat{x}_4(2) = G_2\varepsilon_4 + \widehat{x}_3(3) = 99.50$

(3) 修正预测方差的计算:

$$\text{Var}[e_4(1)] = \text{Var}[e_3(1)] = G_0^2\sigma_\varepsilon^2 = 36$$

$$\text{Var}[e_4(2)] = \text{Var}[e_3(2)] = (G_0^2 + G_1^2)\sigma_\varepsilon^2 = 48.96$$

(4) l 步预测销售额的 95% 的置信区间为:

$$(\widehat{x}_4(l) - 1.96\sqrt{\text{Var}[e_4(l)]}, \widehat{x}_4(l) + 1.96\sqrt{\text{Var}[e_4(l)]})$$

计算结果如表 4–7 所示.

表 4–7

预测时期	修正前的置信区间	修正后的置信区间
4 月	(85.36, 108.88)	
5 月	(83.72, 111.15)	(87.40, 110.92)
6 月	(81.84, 113.35)	(85.79, 113.21)

由修正前后的置信区间范围可以看出, 修正以后置信区间的宽度变小, 即估计的精度提高了.

4.8　习　题

1. 某公司过去 50 个月每月盈亏情况如表 4–8 所示 (行数据).

表 4–8　　　　　　　　　　　单位: 万元

−2.000	−0.703	−2.232	−2.535	−1.662	−0.152	2.155	2.298	0.886	1.871	1.933
2.221	0.328	−0.103	0.337	1.334	0.864	0.205	0.555	0.883	1.734	0.824
−1.054	1.015	1.479	1.158	1.002	−0.415	−0.193	−0.502	−0.316	−0.421	−0.448
−2.115	0.271	−0.558	−0.045	−0.221	−0.875	−0.014	1.746	1.481	0.950	1.714
0.220	−1.924	−1.217	−1.907	0.200	−0.237					

(1) 绘制该序列时序图.
(2) 判断该序列的平稳性与纯随机性.
(3) 考察该序列的自相关系数和偏自相关系数的性质.
(4) 选择适当模型拟合该序列的发展.
(5) 利用拟合模型预测该公司未来 5 年的盈亏情况.

2. 某城市过去四年每个月人口净流入数量如表 4–9 所示 (行数据).

表 4–9　　　　　　　　　　　单位: 万人

4.101	3.297	3.533	5.687	6.778	4.873	3.592	3.973	2.731	3.557	2.863	4.170
4.225	2.581	1.965	4.257	4.373	3.573	3.320	2.257	3.110	4.574	5.328	2.645
2.859	3.721	3.836	2.417	3.074	3.483	3.847	3.250	3.735	4.842	3.564	3.109
2.463	1.778	1.450	1.956	2.196	4.584	3.715	1.853	2.543	2.123	2.756	3.690

(1) 绘制该序列时序图.

(2) 判断该序列的平稳性与纯随机性.

(3) 考察该序列的自相关系数和偏自相关系数的性质.

(4) 选择适当模型拟合该序列的发展.

(5) 利用拟合模型预测该城市未来 5 年的人口净流入情况.

3. 某公司过去三年每月缴纳的税收金额如表 4–10 所示 (行数据).

表 4-10　　　　　　　　　　单位: 万元

12.373	12.871	11.799	8.850	8.070	7.886	6.920	7.593	7.574	8.230
10.347	9.549	7.461	8.159	9.243	9.160	10.683	10.516	9.077	8.104
7.700	8.640	8.736	9.027	9.380	9.783	9.648	8.135	8.222	9.155
8.941	9.682	10.331	10.601	10.693	8.311				

(1) 绘制该序列时序图.

(2) 判断该序列的平稳性与纯随机性.

(3) 考察该序列的自相关系数和偏自相关系数的性质.

(4) 尝试用多个模型拟合该序列的发展, 并考察该序列的拟合模型优化问题.

(5) 利用最优拟合模型预测该公司未来一年的税收缴纳情况.

4. 某城市过去 45 年中每年的人口死亡率如表 4—11 所示 (行数据).

表 4-11　　　　　　　　　　单位: ‰

3.665	4.247	4.674	3.669	4.752	4.785	5.929	4.468	5.102	4.831	6.899	5.337
5.086	5.603	4.153	4.945	5.726	4.965	1.820	3.723	5.663	4.739	4.845	4.535
4.774	5.962	6.614	5.255	5.355	6.144	5.590	4.388	3.447	4.615	6.032	5.740
4.391	3.128	3.436	4.964	6.332	7.665	5.277	4.904	4.830			

(1) 绘制该序列时序图.

(2) 判断该序列的平稳性与纯随机性.

(3) 考察该序列的自相关系数和偏自相关系数的性质.

(4) 尝试用多个模型拟合该序列的发展, 并考察该序列的拟合模型优化问题.

(5) 利用最优拟合模型预测该城市未来 5 年的人口死亡率情况.

5. 对于 AR(1) 模型: $x_t - \mu = \phi_1(x_{t-1} - \mu) + \varepsilon_t$, 根据 t 个历史观察值数据: $\cdots$, 10.1, 9.6, 已求出 $\hat{\mu} = 10, \hat{\phi}_1 = 0.3, \hat{\sigma}_\varepsilon^2 = 9$.

(1) 求 x_{t+3} 的 95% 的置信区间.

(2) 假定新获得观察值数据 $x_{t+1} = 10.5$, 用更新数据求 x_{t+3} 的 95% 的置信区间.

6. 某城市过去 63 年中每年降雪量数据如表 4–12 所示 (行数据).

表 4-12   单位: mm

126.4	82.4	78.1	51.1	90.9	76.2	104.5	87.4
110.5	25	69.3	53.5	39.8	63.6	46.7	72.9
79.6	83.6	80.7	60.3	79	74.4	49.6	54.7
71.8	49.1	103.9	51.6	82.4	83.6	77.8	79.3
89.6	85.5	58	120.7	110.5	65.4	39.9	40.1
88.7	71.4	83	55.9	89.9	84.8	105.2	113.7
124.7	114.5	115.6	102.4	101.4	89.8	71.5	70.9
98.3	55.5	66.1	78.4	120.5	97	110	

(1) 判断该序列的平稳性与纯随机性.

(2) 如果序列平稳且非白噪声, 选择适当模型拟合该序列的发展.

(3) 利用拟合模型预测该城市未来 5 年的降雪量.

7. 某地区连续 74 年的谷物产量如表 4-13 所示 (行数据).

表 4-13   单位: 千吨

0.97	0.45	1.61	1.26	1.37	1.43	1.32	1.23	0.84	0.89	1.18
1.33	1.21	0.98	0.91	0.61	1.23	0.97	1.10	0.74	0.80	0.81
0.80	0.60	0.59	0.63	0.87	0.36	0.81	0.91	0.77	0.96	0.93
0.95	0.65	0.98	0.70	0.86	1.32	0.88	0.68	0.78	1.25	0.79
1.19	0.69	0.92	0.86	0.86	0.85	0.90	0.54	0.32	1.40	1.14
0.69	0.91	0.68	0.57	0.94	0.35	0.39	0.45	0.99	0.84	0.62
0.85	0.73	0.66	0.76	0.63	0.32	0.17	0.46			

(1) 判断该序列的平稳性与纯随机性.

(2) 选择适当模型拟合该序列的发展.

(3) 利用拟合模型预测该地区未来 5 年的谷物产量.

8. 现有 201 个连续的生产记录, 如表 4-14 所示 (行数据).

表 4-14

81.9	89.4	79.0	81.4	84.8	85.9	88.0	80.3	82.6
83.5	80.2	85.2	87.2	83.5	84.3	82.9	84.7	82.9
81.5	83.4	87.7	81.8	79.6	85.8	77.9	89.7	85.4
86.3	80.7	83.8	90.5	84.5	82.4	86.7	83.0	81.8
89.3	79.3	82.7	88.0	79.6	87.8	83.6	79.5	83.3
88.4	86.6	84.6	79.7	86.0	84.2	83.0	84.8	83.6
81.8	85.9	88.2	83.5	87.2	83.7	87.3	83.0	90.5

80.7	83.1	86.5	90.0	77.5	84.7	84.6	87.2	80.5
86.1	82.6	85.4	84.7	82.8	81.9	83.6	86.8	84.0
84.2	82.8	83.0	82.0	84.7	84.4	88.9	82.4	83.0
85.0	82.2	81.6	86.2	85.4	82.1	81.4	85.0	85.8
84.2	83.5	86.5	85.0	80.4	85.7	86.7	86.7	82.3
86.4	82.5	82.0	79.5	86.7	80.5	91.7	81.6	83.9
85.6	84.8	78.4	89.9	85.0	86.2	83.0	85.4	84.4
84.5	86.2	85.6	83.2	85.7	83.5	80.1	82.2	88.6
82.0	85.0	85.2	85.3	84.3	82.3	89.7	84.8	83.1
80.6	87.4	86.8	83.5	86.2	84.1	82.3	84.8	86.6
83.5	78.1	88.8	81.9	83.3	80.0	87.2	83.3	86.6
79.5	84.1	82.2	90.8	86.5	79.7	81.0	87.2	81.6
84.4	84.4	82.2	88.9	80.9	85.1	87.1	84.0	76.5
82.7	85.1	83.3	90.4	81.0	80.3	79.8	89.0	83.7
80.9	87.3	81.1	85.6	86.6	80.0	86.6	83.3	83.1
82.3	86.7	80.2						

(1) 判断该序列的平稳性与纯随机性.

(2) 如果序列平稳且非白噪声, 选择适当模型拟合该序列的发展.

(3) 利用拟合模型预测该序列下一时刻 95% 的置信区间.

9. 1971 年 9 月至 1993 年 6 月澳大利亚季度常住人口变动情况如表 4-15 所示 (行数据).

表 4-15　　　　　　单位: 千人

63.2	67.9	55.8	49.5	50.2	55.4
49.9	45.3	48.1	61.7	55.2	53.1
49.5	59.9	30.6	30.4	33.8	42.1
35.8	28.4	32.9	44.1	45.5	36.6
39.5	49.8	48.8	29	37.3	34.2
47.6	37.3	39.2	47.6	43.9	49
51.2	60.8	67	48.9	65.4	65.4
67.6	62.5	55.1	49.6	57.3	47.3
45.5	44.5	48	47.9	49.1	48.8
59.4	51.6	51.4	60.9	60.9	56.8
58.6	62.1	64	60.3	64.6	71
79.4	59.9	83.4	75.4	80.2	55.9
58.5	65.2	69.5	59.1	21.5	62.5
170	−47.4	62.2	60	33.1	35.3
43.4	42.7	58.4	34.4		

(1) 判断该序列的平稳性与纯随机性.

(2) 选择适当模型拟合该序列的发展.

(3) 绘制该序列的拟合图及未来 5 年预测图.

C 第 5 章

Chapter 5 无季节效应的非平稳序列分析

第 4 章介绍了对平稳时间序列的分析方法. 实际上, 在自然界中绝大部分序列都是非平稳的, 因而对非平稳序列的分析更普遍、更重要, 人们创造的分析方法也更多.

5.1 Cramer 分解定理

Wold 分解定理是现代时间序列分析理论的灵魂. 尽管 Wold 提出这个分解定理只是为了分析平稳序列的构成, 但 Cramer 于 1961 年证明这种分解思路同样可以用于非平稳序列.

Cramer 分解定理 任何一个时间序列 $\{x_t\}$ 都可以视为两部分的叠加, 其中, 一部分是由时间 t 的多项式决定的确定性成分, 另一部分是由白噪声序列决定的随机性成分, 即

$$x_t = \mu_t + \varepsilon_t = \sum_{j=0}^{d} \beta_j t^j + \Psi(B)a_t$$

式中, $d < \infty$; $\beta_1, \cdots, \beta_d$ 为常数系数; $\{a_t\}$ 为一个零均值白噪声序列; B 为延迟算子.

因为

$$E(\varepsilon_t) = \Psi(B)E(a_t) = 0$$

所以有

$$E(x_t) = E(\mu_t) = \sum_{j=0}^{d} \beta_j t^j$$

即均值序列 $\left\{\sum_{j=0}^{d} \beta_j t^j\right\}$ 反映了 $\{x_t\}$ 受到的确定性影响, 而 $\{\varepsilon_t; \varepsilon_t = \Psi(B)a_t\}$ 反映了 $\{x_t\}$ 受到的随机性影响.

Cramer 分解定理说明任何一个序列的波动都可以视为同时受到确定性影响和随机性影响的作用. 平稳序列要求这两方面的影响都是稳定的, 而非平稳序列产生的机理就在于它所受到的这两方面的影响至少有一方面是不稳定的.

5.2　差分平稳

5.2.1　差分运算的实质

拿到观察值序列之后, 分析的重点是通过有效的手段提取序列中所蕴含的确定性信息.

确定性信息的提取方法非常多. Box 和 Jenkins 在 *Time Series Analysis: Forecasting and Control* 一书中特别强调差分方法的使用, 他们使用大量的案例分析证明差分方法是一种非常简便有效的确定性信息提取方法. Cramer 分解定理则在理论上保证了适当阶数的差分一定可以充分提取确定性信息.

根据 Cramer 分解定理, 非平稳序列都可以分解为如下形式:

$$x_t = \sum_{j=0}^{d} \beta_j t^j + \Psi(B) a_t$$

式中, $\{a_t\}$ 为零均值白噪声序列.

显然, 在 Cramer 分解定理的保证下, d 阶差分就可以将 $\{x_t\}$ 中蕴含的确定性信息充分提取出来.

$$\nabla^d \sum_{j=0}^{d} \beta_j t^j = c, c \text{ 为某一常数}$$

展开 1 阶差分, 有

$$\nabla x_t = x_t - x_{t-1}$$

等价于

$$x_t = x_{t-1} + \nabla x_t$$

这意味着 1 阶差分实质上就是一个 1 阶自回归过程, 它是用延迟一期的历史数据 $\{x_{t-1}\}$ 作为自变量来解释当期序列值 $\{x_t\}$ 的变动状况, 差分序列 $\{\nabla x_t\}$ 度量的是 $\{x_t\}$ 1 阶自回归过程中产生的随机误差的大小.

展开任意一个 d 阶差分, 有

$$\nabla^d x_t = (1-B)^d x_t = \sum_{i=0}^{d} (-1)^i C_d^i x_{t-i}$$

它的实质就是一个 d 阶自回归过程:

$$x_t = \sum_{i=1}^{d} (-1)^{i+1} C_d^i x_{t-i} + \nabla^d x_t$$

差分运算的实质就是使用自回归的方式提取序列中蕴含的确定性信息.

在 R 语言中, diff 函数可以完成各种差分运算. diff 函数的命令格式如下:

```
   diff(x, lag=, differences= )
式中:
-x:  变量名.
-lag:  差分的步长.  不特意指定, 系统默认 lag=1.
-differences:  差分次数.  不特意指定, 系统默认 differences=1.
```

根据 diff 函数的参数定义, 如果差分命令写出 $\text{diff}(x, d, k)$ 意思是进行 k 次 d 步差分. 常用的差分运算相关命令为:

1 阶差分: $\text{diff}(x)$

k 阶差分: $\text{diff}(x, 1, k)$

d 步差分: $\text{diff}(x, d)$

1 阶差分后再进行 d 步差分: $\text{diff}(\text{diff}(x), d)$

5.2.2 差分方式的选择

实践中, 我们会根据序列的不同特点选择合适的差分方式, 常见情况有以下三种.

一、序列蕴含显著的线性趋势, 1 阶差分就可以实现趋势平稳

【例 5-1】 尝试提取 1964—1999 年中国纱年产量序列中的确定性信息 (数据见表 A1–11).

```
➤ 绘制时序图
library(readxl)
A1_11 <- read_excel("C:/Users/Wangyan/Desktop/DATA_TS/A1_11.xlsx")
sha<-ts(A1_11$sha,start=1964)
plot(sha,type="o")     #结果如图 5-1 所示
```

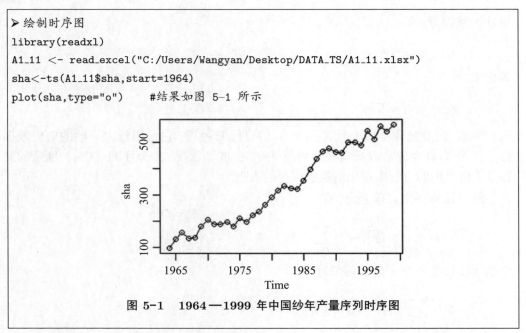

图 5-1   1964—1999 年中国纱年产量序列时序图

从时序图中可以清楚地看到, 该序列蕴含着显著的线性递增趋势. 对该序列进行 1 阶差分提取线性趋势信息:

$$\nabla x_t = x_t - x_{t-1}$$

➤ 一阶差分后序列时序图
```
dif_sha<-diff(sha)
plot(dif_sha,type="o")    #结果如图 5-2 所示
```

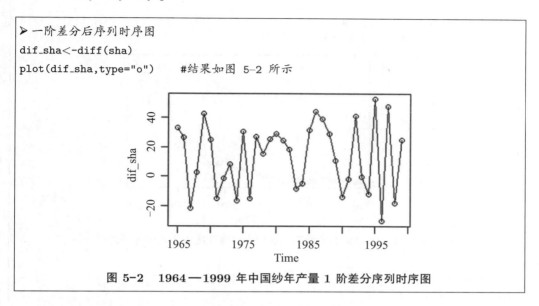

图 5-2　1964—1999 年中国纱年产量 1 阶差分序列时序图

时序图清晰地显示, 1 阶差分运算非常成功地从原序列中提取出线性趋势, 差分后序列呈现出非常平稳的波动特征.

二、序列蕴含曲线趋势, 通常低阶 (2 阶或 3 阶) 差分就可以提取出曲线趋势的影响

【例 5-2】 尝试提取 1950—1999 年北京市民用车辆拥有量序列中的确定性信息 (数据见表 A1-12).

➤ 绘制时序图
```
x<-ts(A1_12$x,start = 1950)
plot(x,type="o")    #结果如图 5-3 所示
```

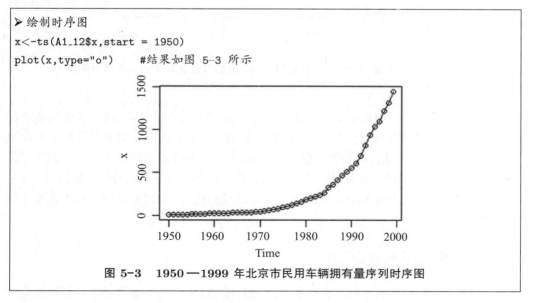

图 5-3　1950—1999 年北京市民用车辆拥有量序列时序图

➤ 一阶差分后序列时序图

```
dif_x<-diff(x)
plot(dif_x,type="o")        #结果如图 5-4 所示
```

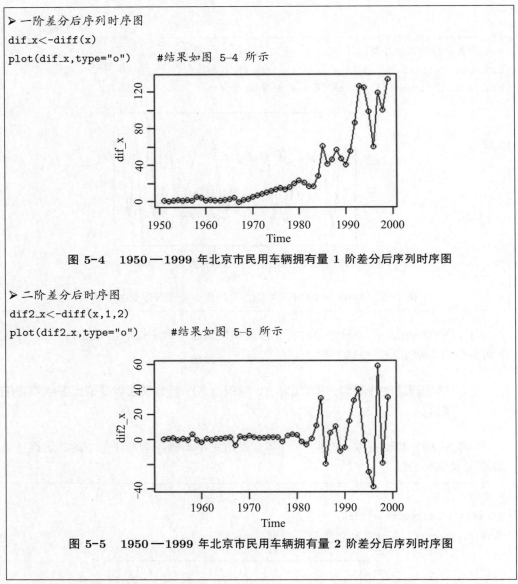

图 5-4　1950—1999 年北京市民用车辆拥有量 1 阶差分后序列时序图

➤ 二阶差分后时序图

```
dif2_x<-diff(x,1,2)
plot(dif2_x,type="o")       #结果如图 5-5 所示
```

图 5-5　1950—1999 年北京市民用车辆拥有量 2 阶差分后序列时序图

　　该序列时序图 (见图 5-3) 显示出北京市民用车辆拥有量序列蕴含着曲线递增的长期趋势. 如果我们对该序列进行 1 阶差分运算, 图 5-4 显示 1 阶差分提取了原序列中部分长期趋势, 但是长期趋势信息提取不充分, 1 阶差分后序列中仍蕴含长期递增趋势. 于是对 1 阶差分后序列再做一次差分运算. 2 阶差分后序列时序图 (见图 5—5) 显示, 2 阶差分比较充分地提取了原序列中蕴含的长期趋势, 使得差分后序列不再呈现确定性趋势.

三、蕴含固定周期的序列

　　对蕴含固定周期的序列进行步长为周期长度的差分运算, 通常可以较好地提取周期信息.

【**例 5-3**】　利用差分运算提取 1962 年 1 月至 1975 年 12 月平均每头奶牛的月产奶量序列中的确定性信息 (数据见表 A1–13).

➤ 绘制时序图
```
milk<-ts(A1_13$milk,start=c(1962,1),frequency = 12)
plot(milk)    #结果如图 5-6 所示
```

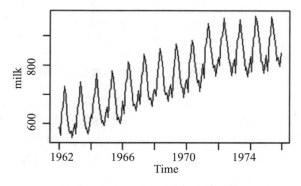

图 5-6　奶牛的月产量序列时序图

➤ 1 阶差分后时序图
```
dif1<-diff(milk)
plot(dif1)      #结果如图 5-7 所示
```

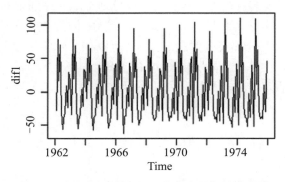

图 5-7　奶牛的月产量 1 阶差分后序列时序图

➤ 1 阶 12 步差分后时序图
```
dif1_12<-diff(dif1,12)
plot(dif1_12)      #结果如图 5-8 所示
```

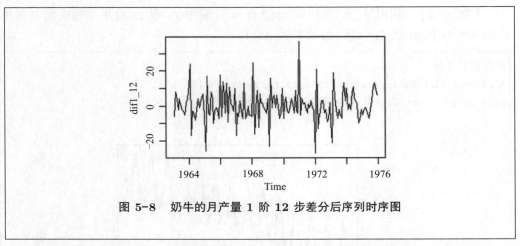

图 5-8　奶牛的月产量 1 阶 12 步差分后序列时序图

时序图 (见图 5—6) 显示该序列具有一个线性递增的长期趋势和一个周期长度为一年的稳定的季节变动. 所以对原序列先做 1 阶差分, 提取线性递增趋势.

1 阶差分后序列的时序图 (见图 5—7) 显示 1 阶差分能提取原序列中蕴含的线性递增趋势, 残留季节变动和随机波动.

对 1 阶差分后序列再进行 12 步的周期差分, 提取季节波动信息. 图 5-8 显示, 周期差分可以非常好地提取周期信息. 至此, 1 阶 12 步差分运算比较充分地提取了原序列中蕴含的长期趋势和季节效应等确定性信息.

5.2.3　过差分

从理论上讲, 足够多次的差分运算可以充分地提取原序列中的非平稳确定性信息. 但应当注意的是, 差分运算的阶数并不是越多越好. 因为差分运算是一种对信息的提取、加工过程, 每次差分都会有信息的损失, 所以在实际应用中差分运算的阶数要适当, 应当避免出现过度差分 (简称过差分) 的现象.

【例 5-4】　假定线性非平稳序列 $\{x_t\}$ 形如

$$x_t = \beta_0 + \beta_1 t + a_t$$

式中, $E(a_t) = 0, \mathrm{Var}(a_t) = \sigma^2, \mathrm{Cov}(a_t, a_{t-1}) = 0, \forall t \geqslant 1.$

对 x_t 做 1 阶差分:

$$\begin{aligned}
\nabla x_t &= x_t - x_{t-1} \\
&= \beta_0 + \beta_1 t + a_t - [\beta_0 + \beta_1(t-1) + a_{t-1}] \\
&= \beta_1 + a_t - a_{t-1}
\end{aligned}$$

显然, 1 阶差分后序列 $\{\nabla x_t\}$ 为平稳序列. 这说明 1 阶差分运算有效地提取了 $\{x_t\}$ 中的非平稳确定性信息.

对 1 阶差分后序列 ∇x_t 再做一次差分:

$$\nabla^2 x_t = \nabla x_t - \nabla x_{t-1}$$

$$= \beta_1 + a_t - a_{t-1} - (\beta_1 + a_{t-1} - a_{t-2})$$

$$= a_t - 2a_{t-1} + a_{t-2}$$

显然, 2 阶差分后序列 $\{\nabla^2 x_t\}$ 也是平稳序列, 它也将原序列中的非平稳趋势提取充分了.

考察它们的方差状况:

$$\mathrm{Var}(\nabla x_t) = \mathrm{Var}(a_t - a_{t-1}) = 2\sigma^2$$

$$\mathrm{Var}(\nabla^2 x_t) = \mathrm{Var}(a_t - 2a_{t-1} + a_{t-2}) = 6\sigma^2$$

显然, 2 阶差分后序列 $\{\nabla^2 x_t\}$ 的方差大于 1 阶差分后序列 $\{\nabla x_t\}$ 的方差, 在这种场合下 2 阶差分就属于过差分. 过差分实质上是因为过多次数的差分导致有效信息的无谓浪费, 从而降低了拟合的精度.

5.3　ARIMA 模型

差分运算具有强大的确定性信息提取能力, 许多非平稳序列差分后会显示出平稳序列的性质, 这时我们称这个非平稳序列为差分平稳序列. 对差分平稳序列可以使用 ARIMA 模型进行拟合. 本章主要介绍无季节效应的非平稳序列建模.

5.3.1　ARIMA 模型的结构

具有如下结构的模型称为求和自回归移动平均 (autoregressive integrated moving average) 模型, 简记为 ARIMA(p, d, q) 模型:

$$\begin{cases} \Phi(B)\nabla^d x_t = \Theta(B)\varepsilon_t \\ E(\varepsilon_t) = 0, \mathrm{Var}(\varepsilon_t) = \sigma_\varepsilon^2, E(\varepsilon_t\varepsilon_s) = 0, s \neq t \\ E(x_s\varepsilon_t) = 0, \forall s < t \end{cases} \quad (5.1)$$

式中, $\nabla^d = (1-B)^d$; $\Phi(B) = 1 - \phi_1 B - \cdots - \phi_p B^p$, 为平稳可逆 ARMA$(p, q)$ 模型的自回归系数多项式; $\Theta(B) = 1 - \theta_1 B - \cdots - \theta_q B^q$, 为平稳可逆 ARMA$(p, q)$ 模型的移动平均系数多项式.

求和自回归移动平均模型这个名字的由来是: d 阶差分后序列可以表示为:

$$\nabla^d x_t = \sum_{i=0}^{d} (-1)^i \mathrm{C}_d^i x_{t-i}$$

式中, $\mathrm{C}_d^i = \dfrac{d!}{i!(d-i)!}$, 即差分后序列等于原序列的若干序列值的加权和, 对差分平稳序列又可以拟合自回归移动平均 (ARMA) 模型, 所以称它为求和自回归移动平均模型.

式 (5.1) 可以简记为:

$$\nabla^d x_t = \frac{\Theta(B)}{\Phi(B)} \varepsilon_t \tag{5.2}$$

式中, $\{\varepsilon_t\}$ 为零均值白噪声序列.

由式 (5.2) 容易看出, ARIMA 模型的实质就是差分运算与 ARMA 模型的组合. 这一关系意义重大. 这说明任何非平稳序列如果能通过适当阶数的差分实现差分后平稳, 就可以对差分后序列进行 ARMA 模型拟合. ARMA 模型的分析方法非常成熟, 这意味着对差分平稳序列的分析也将是非常简单可靠的.

特别地, 当 $d = 0$ 时, ARIMA(p, d, q) 模型实际上就是 ARMA(p, q) 模型.

当 $p = 0$ 时, ARIMA$(0, d, q)$ 模型可以简记为 IMA(d, q) 模型.

当 $q = 0$ 时, ARIMA$(p, d, 0)$ 模型可以简记为 ARI(p, d) 模型.

当 $d = 1, p = q = 0$ 时, ARIMA$(0, 1, 0)$ 模型为:

$$\begin{cases} x_t = x_{t-1} + \varepsilon_t \\ E(\varepsilon_t) = 0, \mathrm{Var}(\varepsilon_t) = \sigma_\varepsilon^2, E(\varepsilon_t \varepsilon_s) = 0, s \neq t \\ E(x_s \varepsilon_t) = 0, \forall s < t \end{cases} \tag{5.3}$$

该模型又称为随机游走 (random walk) 模型, 或醉汉模型.

随机游走模型的产生有一个有趣的典故. 它最早于 1905 年 7 月由 Karl Pearson 在《自然》杂志上作为一个问题提出: 假如有一个人酩酊大醉, 完全丧失方向感, 把他放在荒郊野外, 一段时间之后再去找他, 在什么地方找到他的概率最大?

考虑到他完全丧失方向感, 那么他第 t 步的位置将是他第 $t-1$ 步的位置再加一个完全随机的位移. 用数学模型来描述任意时刻这个醉汉可能的位置即一个随机游走模型.

1905 年 8 月, Lord Rayleigh 对 Karl Pearson 的这个问题做出解答. 他算出这个醉汉与初始点的距离为 $r \sim r + \delta r$ 的概率为:

$$\frac{2}{nl^2} e^{-r^2/nl^2} r \delta r$$

且当 n 很大时, 该醉汉与初始点的距离服从零均值正态分布. 这意味着假如有人想去寻找该醉汉的话, 最好是去初始点附近找他, 该地点是醉汉未来位置的无偏估计值.

作为一个最简单的 ARIMA 模型, 随机游走模型目前广泛应用于计量经济学领域. 传统的经济学家普遍认为投机价格的走势类似于随机游走模型, 随机游走模型也是有效市场理论 (efficient market theory) 的核心.

5.3.2　ARIMA 模型的性质

一、平稳性

假如 $\{x_t\}$ 服从 ARIMA(p, d, q) 模型

$$\Phi(B) \nabla^d x_t = \Theta(B) \varepsilon_t$$

式中,　　$\nabla^d = (1 - B)^d$

$$\Phi(B) = 1 - \phi_1 B - \cdots - \phi_p B^p$$

$$\Theta(B) = 1 - \theta_1 B - \cdots - \theta_q B^q$$

记 $\Psi(B) = \Phi(B)\nabla^d$, $\Psi(B)$ 称为广义自回归系数多项式. 显然 ARIMA 模型的平稳性完全由 $\Psi(B) = 0$ 的根的性质决定.

因为 $\{x_t\}d$ 阶差分后平稳, 服从 ARMA(p,q) 模型, 所以不妨设

$$\Phi(B) = \prod_{i=1}^{p}(1 - \lambda_i B), |\lambda_i| < 1; i = 1, 2, \cdots, p$$

则

$$\Psi(B) = \Phi(B)\nabla^d = \left[\prod_{i=1}^{p}(1 - \lambda_i B)\right](1 - B)^d \tag{5.4}$$

由式 (5.4) 容易判断, ARIMA(p,d,q) 模型的广义自回归系数多项式共有 $p+d$ 个根, 其中 p 个根 $\left(\dfrac{1}{\lambda_1}, \cdots, \dfrac{1}{\lambda_p}\right)$ 在单位圆外, d 个根在单位圆上.

自回归系数多项式的根即特征根的倒数, 所以 ARIMA(p,d,q) 模型共有 $p+d$ 个特征根, 其中 p 个根在单位圆内, d 个根在单位圆上.

因为有 d 个特征根在单位圆上而非单位圆内, 所以当 $d \neq 0$ 时, ARIMA(p,d,q) 模型不平稳.

【例 5-5】　拟合随机游走序列: $x_t = x_{t-1} + \varepsilon_t, \varepsilon_t \sim \text{NID}(0, 100)$. 随机游走序列时序图见图 5-9.

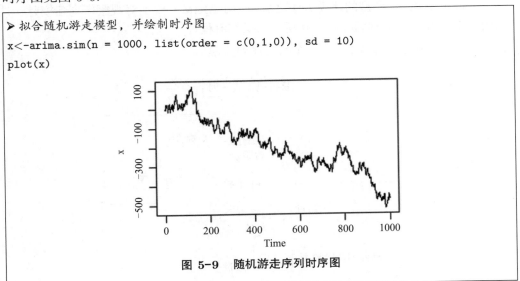

```
➤ 拟合随机游走模型，并绘制时序图
x<-arima.sim(n = 1000, list(order = c(0,1,0)), sd = 10)
plot(x)
```

图 5-9　随机游走序列时序图

时序图清晰显示, 该序列非平稳.

二、方差齐性

对于 ARIMA(p,d,q) 模型, 当 $d \neq 0$ 时, 不仅均值非常数, 而且序列方差也非齐性.

以最简单的随机游走模型 ARIMA$(0,1,0)$ 为例:

$$x_t = x_{t-1} + \varepsilon_t$$
$$= x_{t-2} + \varepsilon_t + \varepsilon_{t-1}$$
$$\vdots$$
$$= x_0 + \varepsilon_t + \varepsilon_{t-1} + \cdots + \varepsilon_1$$

则

$$\mathrm{Var}(x_t) = \mathrm{Var}(x_0 + \varepsilon_t + \varepsilon_{t-1} + \cdots + \varepsilon_1) = t\sigma_\varepsilon^2$$

显然, $\mathrm{Var}(x_t)$ 是时间 t 的递增函数, 随着时间趋向无穷, 序列 $\{x_t\}$ 的方差也趋向无穷.

但 1 阶差分之后

$$\nabla x_t = \varepsilon_t$$

差分后序列方差齐性

$$\mathrm{Var}(\nabla x_t) = \sigma_\varepsilon^2$$

5.3.3　ARIMA 模型建模

掌握了 ARMA 模型的建模方法之后, 使用 ARIMA 模型对观察序列建模是一件比较简单的事情. 它遵循如图 5-10 所示的操作流程.

下面根据这种建模流程, 对一个真实序列建模.

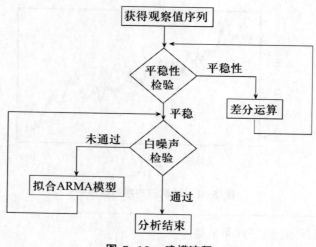

图 5-10　建模流程

【例 5-6】　对 1889—1970 年美国国民生产总值平减指数 (GNP deflator) 序列建模 (数据见表 A1–14).

➢ 绘制序列时序图

```
GNP<-ts(A1_14$GNP,start=1889)
plot(GNP)      #结果如图 5-11 所示
```

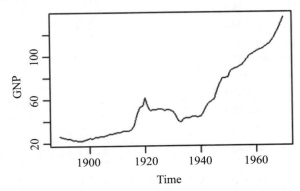

图 5-11　　1889—1970 年美国 GNP 平减指数序列时序图

➢ 一阶差分

```
dif_GNP<-diff(GNP)
plot(dif_GNP)      #结果如图 5-12 所示
```

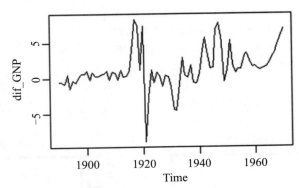

图 5-12　1889—1970 年美国 GNP 平减指数 1 阶差分后序列时序图

➢ 差分后序列平稳性检验

```
library(aTSA)
adf.test(dif_GNP)


Augmented Dickey-Fuller Test
alternative: stationary
Type 1: no drift no trend
       lag    ADF    p.value
 [1,]    0   -4.38    0.0100
 [2,]    1   -3.25    0.0100
 [3,]    2   -2.61    0.0101
 [4,]    3   -2.26    0.0245
```

```
Type 2:  with drift no trend
         lag    ADF    p.value
  [1,]    0    -5.14    0.0100
  [2,]    1    -4.03    0.0100
  [3,]    2    -3.44    0.0143
  [4,]    3    -3.11    0.0326
Type 3:  with drift and trend
         lag    ADF    p.value
  [1,]    0    -5.73    0.0100
  [2,]    1    -4.62    0.0100
  [3,]    2    -4.03    0.0127
  [4,]    3    -3.78    0.0239
----
Note:  in fact, p.value = 0.01 means p.value <= 0.01
```

➤ 差分后序列纯随机性检验

```
for(k in 1:2) print(Box.test(dif_GNP,lag=6*k,type="Ljung-Box"))

Box-Ljung test

data:  dif_GNP
X-squared = 25.334, df = 6, p-value = 0.000296
X-squared = 28.09, df = 12, p-value = 0.005367
```

➤ 差分后序列自相关图和偏自相关图

```
acf(dif_GNP)
pacf(dif_GNP)     #结果如图 5-13 所示
```

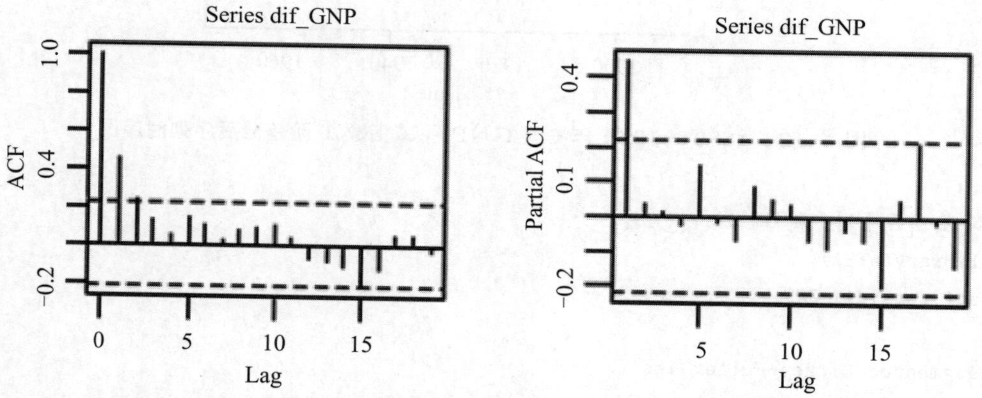

图 5-13　美国 GNP 平减指数 1 阶差分后序列自相关图和偏自相关图

　　导入 1889—1970 年美国国民生产总值平减指数序列之后, 我们首先绘制时序图 (见图 5—11). 时序图显示该序列有显著线性递增趋势, 这是典型的非平稳序列特征. 对该序列进行 1 阶差分, 差分后时序图 (见图 5—12) 显示, 差分后序列基本围绕在 0 值附近波动, 已经没有明显的趋势特征. 为了进一步确定差分后序列的平稳性, 对差分后序列进行 ADF 检验. 检验结果显示, 该序列所有 ADF 检验统计量的 P 值均小于显著性水平 ($\alpha = 0.05$), 所以可以确认 1 阶差分后序列实现了平稳. 再对一阶差分后序列进行纯随机性检验. 检验结果显示, 各阶延迟下 LB 统计量的 P 值均小于显著性水平, 这说明差分后序列不是白噪声序列. 所以可以确认 1 阶差分后序列为平稳非白噪声序列.

考察 1 阶差分后序列的自相关图和偏自相关图 (见图 5—13), 自相关图显示拖尾特征, 偏自相关图显示 1 阶截尾特征, 所以考虑用 AR(1) 模型拟合 1 阶差分后序列. 考虑到前面已经进行的 1 阶差分运算, 所以综合上述所有分析, 为美国国民生产总值平减指数序列拟合 ARIMA(1,1,0) 模型.

在有一阶差分运算的场合, 我们建议使用 forecast 包中的 Arima 函数对参数进行估计. 这是因为我们之前常用的 stats 包中的 arima 函数在有差分运算的场合会缺省对漂移项的估计.

在有差分运算场合, 漂移项是指差分后序列的均值

$$\mu = E[(1 - B)^d x_t]$$

假定 $\{x_t\}$ 是带漂移项的 ARIMA(1,1,0) 序列:

$$(1 - \phi_1 B)(1 - B)x_t = c + \varepsilon_t$$

这时漂移项等于

$$\mu = E\left[\nabla x_t\right] = c(1 - \phi_1)$$

arima 函数只对自回归系数 ϕ_1 进行估计, 常数项 c 将被忽略. 所以

$$\mu = c = 0$$

这种参数估计方法会使得带漂移项的序列信息缺失, 最后会影响到序列的预测精度.

forecast 包中的 Arima 函数修正了这个错误, 它设置了 include.drift 参数来帮助研究人员自行决定要不要估计漂移项.

Arima 函数的命令格式为:

```
 Arima(x,order=,include.drift=)
式中:
-x:  进行 ARIMA 模型拟合的序列名;
-order=c(p,d,q):  指定模型的阶数;
-include.drift=:  如果需要估计漂移项, 指定 include.drift=True.  缺省状态下,
include.drift=F.
```

aTSA 包中的 ts.diag 函数不能对 Arima 函数的拟合结果进行检验, 这时可以调用 stats 包中的 tsdiag 函数替代检验. tsdiag 函数会输出三部分信息: (1) 残差序列时序图; (2) 残差序列自相关图; (3) 残差序列的白噪声检验图. 通过第三部分残差序列的白噪声检验图, 可以判断拟合模型是否显著成立.

本例将分别使用 arima 函数和 Arima 函数, 拟合美国国民生产总值平减指数序

列. 我们选择该序列 1960 年之前的数据作为训练集, 1960 年以后的数据作为测试集. 读者可以通过参数估计结果和下一节的预测效果, 了解漂移项的影响.

> 提取训练集数据

```
x<-window(GDP,start=1889,end=1960)
```

> 调用 stats 包中的 arima 函数, 对序列拟合 ARIMA(1,1,0) 模型

```
fit1<-arima(x,order=c(1,1,0))
fit1
tsdiag(fit1)

Call:
arima(x = x, order = c(1, 1, 0))

Coefficients:
         ar1
        0.48
  s.e.  0.10

sigma^2 estimated as 6.93:  log likelihood = -170, aic = 343
```

> 拟合模型显著性检验

```
ts.diag(fit1)     #结果如图 5-14 所示
```

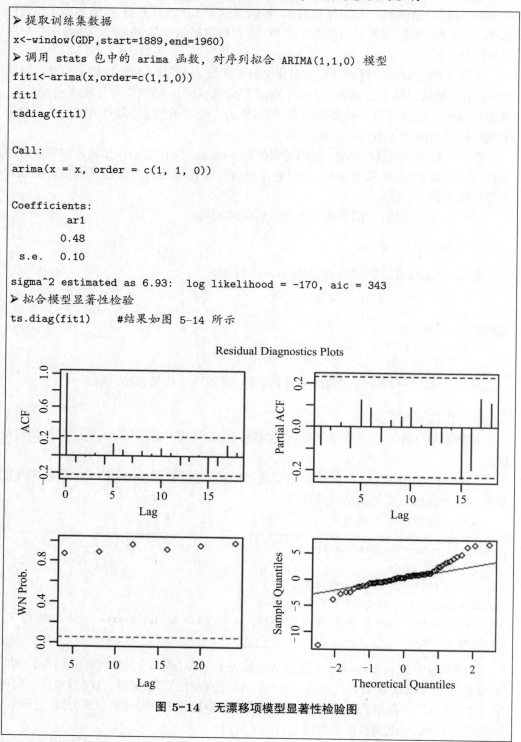

图 5-14　无漂移项模型显著性检验图

➤ 调用 forecast 包中的 Arima 函数, 对序列拟合 ARIMA(1,1,0) 模型

```
library(forecast)
fit2<-Arima(x,order=c(1,1,0),include.drift = T)
fit2


Series:  x
ARIMA(1,1,0) with drift

Coefficients:
         ar1    drift
        0.40    1.1
 s.e.   0.11    0.5

sigma^2 estimated as 6.75:  log likelihood=-168
AIC=341 AICc=342 BIC=348
```

➤ 拟合模型显著性检验

```
tsdiag(fit2)     #结果如图 5-15 所示
```

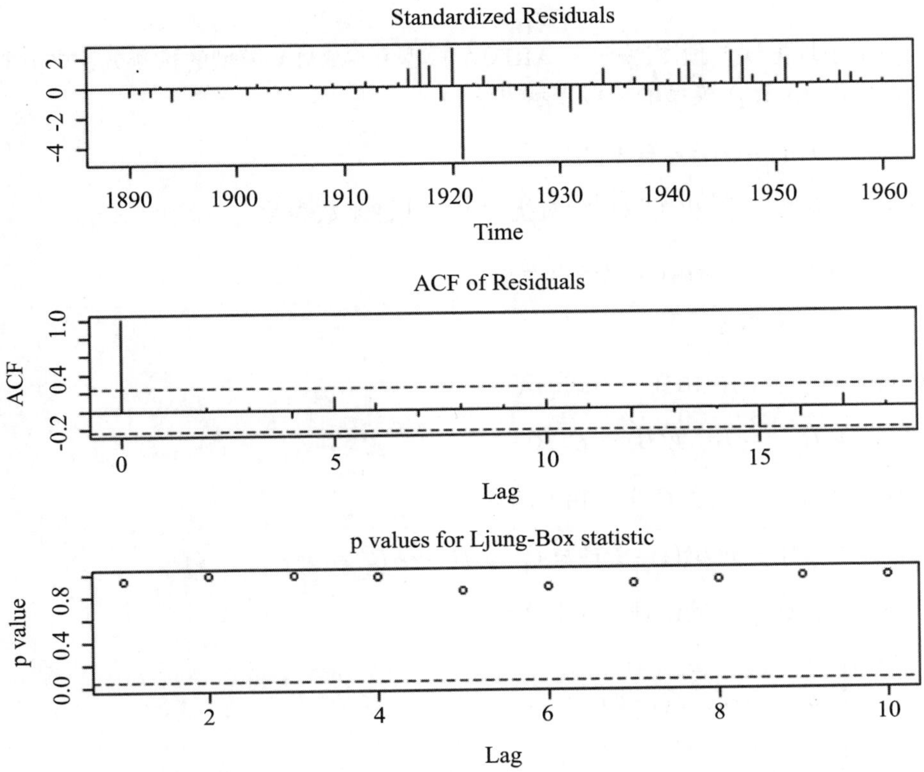

图 5-15　有漂移项模型显著性检验图

使用 arima 模型拟合的不带漂移项的 ARIMA(1,1,0) 模型为

$$\nabla x_t = 0.48 \nabla x_{t-1} + \varepsilon_t$$

或展开差分运算, 等价表达为

$$x_t = 1.48 x_{t-1} - 0.48 x_{t-2} + \varepsilon_t, \varepsilon_t \sim N(0, 6.93)$$

使用 Arima 模型拟合的带漂移项的 ARIMA(1,1,0) 模型为

$$(1 - 0.4B)(1 - B)x_t = c + \varepsilon_t$$

式中, $\mu = 1.1; c = \mu(1 - 0.4) = 0.66.$

展开上式, 等价表达为

$$x_t = 0.66 + 1.4 x_{t-1} - 0.4 x_{t-2} + \varepsilon_t, \varepsilon_t \sim N(0, 6.75)$$

模型的残差检验显示, 这两个模型都显著成立. 它们最大的差异会体现在预测上, 有无漂移项对预测趋势会有显著影响.

5.3.4 ARIMA 模型预测

在最小均方误差预测原理下, ARIMA 模型和 ARMA 模型的预测方法非常相似. ARIMA(p, d, q) 模型的一般表示方法为:

$$\Phi(B)(1 - B)^d x_t = \Theta(B)\varepsilon_t$$

和 ARMA 模型一样, 也可以用随机扰动项的线性函数表示它:

$$x_t = \varepsilon_t + \Psi_1 \varepsilon_{t-1} + \Psi_2 \varepsilon_{t-2} + \cdots$$
$$= \Psi(B)\varepsilon_t$$

式中, $\Psi_1, \Psi_2, \cdots$ 的值由如下等式确定:

$$\Phi(B)(1 - B)^d \Psi(B) = \Theta(B)$$

如果把 $\Phi^*(B)$ 记为广义自相关函数, 有

$$\Phi^*(B) = \Phi(B)(1 - B)^d = 1 - \tilde{\phi}_1 B - \tilde{\phi}_2 B^2 - \cdots$$

容易验证 $\Psi_1, \Psi_2, \cdots$ 的值满足如下递推公式:

$$\begin{cases} \Psi_1 = \tilde{\phi}_1 - \theta_1 \\ \Psi_2 = \tilde{\phi}_1 \Psi_1 + \tilde{\phi}_2 - \theta_2 \\ \vdots \\ \Psi_j = \tilde{\phi}_1 \Psi_{j-1} + \cdots + \tilde{\phi}_{p+d} \Psi_{j-p-d} - \theta_j \end{cases} \tag{5.5}$$

式中, $\Psi_j = \begin{cases} 0, & j < 0 \\ 1, & j = 0 \end{cases}, \theta_j = 0, j > q.$

那么, x_{t+l} 的真实值为:

$$x_{t+l} = (\varepsilon_{t+l} + \Psi_1\varepsilon_{t+l-1} + \cdots + \Psi_{l-1}\varepsilon_{t+1}) + (\Psi_l\varepsilon_t + \Psi_{l+1}\varepsilon_{t-1} + \cdots) \qquad (5.6)$$

由于 $\varepsilon_{t+l}, \varepsilon_{t+l-1}, \cdots, \varepsilon_{t+1}$ 的不可获得性, 所以 x_{t+l} 的估计值只能为:

$$\widehat{x}_t(l) = \Psi_0^*\varepsilon_t + \Psi_1^*\varepsilon_{t-1} + \Psi_2^*\varepsilon_{t-2} + \cdots$$

真实值与预测值之间的均方误差为:

$$E[x_{t+l} - \widehat{x}_t(l)]^2 = (1 + \Psi_1^2 + \cdots + \Psi_{l-1}^2)\sigma_\varepsilon^2 + \sum_{j=0}^{\infty}(\Psi_{l+j} - \Psi_j^*)^2\sigma_\varepsilon^2$$

要使均方误差最小, 当且仅当

$$\Psi_j^* = \Psi_{l+j}$$

所以在均方误差最小原则下, l 期预测值为:

$$\widehat{x}_t(l) = \Psi_l\varepsilon_t + \Psi_{l+1}\varepsilon_{t-1} + \Psi_{l+2}\varepsilon_{t-2} + \cdots$$

l 期预测误差为:

$$e_t(l) = \varepsilon_{t+l} + \Psi_1\varepsilon_{t+l-1} + \cdots + \Psi_{l-1}\varepsilon_{t+1}$$

真实值等于预测值加上预测误差:

$$x_{t+l} = (\Psi_l\varepsilon_t + \Psi_{l+1}\varepsilon_{t-1} + \cdots) + (\varepsilon_{t+l} + \Psi_1\varepsilon_{t+l-1} + \cdots + \Psi_{l-1}\varepsilon_{t+1})$$
$$= \widehat{x}_t(l) + e_t(l)$$

l 期预测误差的方差为:

$$\mathrm{Var}[e_t(l)] = (1 + \Psi_1^2 + \cdots + \Psi_{l-1}^2)\sigma_\varepsilon^2 \qquad (5.7)$$

【例 5-7】　已知 ARIMA$(1, 1, 1)$ 模型为 $(1 - 0.8B)(1 - B)x_t = (1 - 0.6B)\varepsilon_t$, 且 $x_{t-1} = 4.5, x_t = 5.3, \varepsilon_t = 0.8, \sigma_\varepsilon^2 = 1$. 求 x_{t+3} 的 95% 的置信区间.

展开原模型, 等价形式为:

$$(1 - 1.8B + 0.8B^2)x_t = (1 - 0.6B)\varepsilon_t$$

$$x_t = 1.8x_{t-1} - 0.8x_{t-2} + \varepsilon_t - 0.6\varepsilon_{t-1}$$

则预测值的递推公式为:

$$\widehat{x}_t(1) = 1.8x_t - 0.8x_{t-1} - 0.6\varepsilon_t = 5.46$$

$$\widehat{x}_t(2) = 1.8\widehat{x}_t(1) - 0.8x_t = 5.59$$

$$\widehat{x}_t(3) = 1.8\widehat{x}_t(2) - 0.8\widehat{x}_t(1) = 5.69$$

3 期预测误差的方差为:

$$\mathrm{Var}[e(3)] = (1 + \Psi_1^2 + \Psi_2^2)\sigma_\varepsilon^2$$

广义自相关函数为:

$$\Phi^*(B) = \Phi(B)(1-B)^d$$
$$= (1-0.8B)(1-B)$$
$$= 1 - 1.8B + 0.8B^2$$

则 $\widetilde{\phi}_1 = 1.8, \widetilde{\phi}_2 = -0.8$, 根据递推公式 (5.5) 可以得到:

$$\begin{cases} \Psi_1 = 1.8 - 0.6 = 1.2 \\ \Psi_2 = 1.8\Psi_1 - 0.8 = 1.36 \end{cases}$$

则

$$\mathrm{Var}[e(3)] = (1 + \Psi_1^2 + \Psi_2^2)\sigma_\varepsilon^2 = 4.289\,6$$

x_{t+3} 的 95% 置信区间为 $(\widehat{x}_t(3) - 1.96\sqrt{\mathrm{Var}[e(3)]}, \widehat{x}_t(3) + 1.96\sqrt{\mathrm{Var}[e(3)]})$, 即 (1.63, 9.75).

【例 5-6 续】 对 1889—1970 年美国国民生产总值平减指数序列做为期 10 年的预测.

在例 5-6 中我们基于该序列的训练集, 分别拟合了无漂移项和有漂移项的 ARIMA(1,1,0) 模型. 现在分别基于这两个拟合模型, 进行序列预测, 并将序列预测值和序列真实值进行比较.

```
➤ 基于无漂移项模型的预测
fore1<-forecast::forecast(fit1,h=10)
test<-window(GDP,start=1961)
error1<-test-fore1$mean
file1<-data.frame(fore1$mean,test,error1)
file1

     fore1.mean    test    error1
 1          104     105      0.49
 2          104     106      1.31
 3          105     107      2.52
 4          105     109      4.03
 5          105     111      6.09
 6          105     114      9.07
 7          105     118     12.76
 8          105     122     17.46
 9          105     128     23.36
 10         105     135     30.46
➤ 预测效果图
plot(fore1)
lines(fore1$fitted,col=2,lty=2)          #结果如图 5-16 所示
```

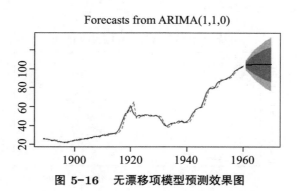

图 5-16　无漂移项模型预测效果图

➤ 基于有漂移项拟合模型的预测

```
fore2<-forecast::forecast(fit2,h=10)
fore2
```

Point	Forecast	Lo 80	Hi 80	Lo 95	Hi 95
1961	105	101.3	108	99.5	110
1962	106	100.1	112	97.1	115
1963	107	99.2	115	95.1	119
1964	108	98.6	117	93.6	122
1965	109	98.2	120	92.4	126
1966	110	98.0	122	91.5	129
1967	111	97.9	125	90.8	132
1968	112	97.9	127	90.2	135
1969	113	97.9	129	89.7	137
1970	115	98.0	131	89.3	140

➤ 预测误差

```
error2<-test-fore2$mean
file2<-data.frame(fore2$mean,test,error2)
file2
```

	fore2.mean	test	error2
1	105	105	-0.028
2	106	106	-0.007
3	107	107	0.273
4	108	109	0.776
5	109	111	1.789
6	110	114	3.705
7	111	118	6.323
8	112	122	9.941
9	113	128	14.760
10	115	135	20.779

➤ 预测效果图

```
plot(fore2)    #结果如图 5-17 所示
```

```
lines(fore2$fitted,col=2,lty=2)
```

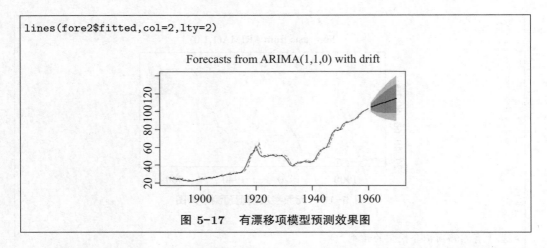

图 5-17　有漂移项模型预测效果图

我们基于例 5-6 的测试集, 分别拟合了无漂移项 ARIMA(1,1,0) 模型和有漂移项 ARIMA(1,1,0) 模型. 分别基于这两个拟合模型, 对序列进行为期 10 期的预测. 将序列最后 10 期的真实值作为测试集, 与预测值进行比较, 得到预测误差 (error) 序列. 比较这两个预测模型的预测误差, 无漂移项模型的预测值几乎为常数, 预测误差很大. 有漂移项模型的预测值呈现线性递增, 短期之内预测误差很小, 但预测期数变大, 预测误差也变大. 但总体而言, 本例中, 有漂移项模型的预测效果显著优于无漂移项模型的预测效果.

图 5-16 和图 5-17 是两个拟合模型的预测效果图. 图中, 实线为序列观察值, 虚线为模型拟合值, 阴影部分实线为预测值, 深色阴影为序列 80% 置信区间, 浅色阴影为序列 95% 置信区间. 预测效果图显示, 这两个拟合模型对测试集数据的拟合效果都不错, 但是它们的预测效果有显著差别.

无漂移项模型的预测均值几乎为常数, 基本改变了原序列的发展趋势, 预测误差很大. 有漂移项模型的预测效果较好, 预测值基本延续了原序列的发展趋势.

这个例子提醒我们, 在进行 ARIMA 模型的拟合和预测时, 要特别考虑是否需要考虑漂移项的影响.

5.4　疏系数模型

ARIMA(p, d, q) 模型是指 d 阶差分后自相关最高阶数为 p, 移动平均最高阶数为 q 的模型, 它通常包含 $p + q$ 个独立的未知系数: $\phi_1, \cdots, \phi_p, \theta_1, \cdots, \theta_q$.

如果该模型中有部分自相关系数 $\phi_j (1 \leqslant j < p)$ 或部分移动平均系数 $\theta_k (1 \leqslant k < q)$ 为零, 即原 ARIMA(p, d, q) 模型中有部分系数缺省了, 那么该模型称为疏系数模型.

如果只是自相关部分有缺省系数, 那么该疏系数模型可以简记为:

$$\text{ARIMA}((p_1, \cdots, p_m), d, q)$$

式中, $p_1, \cdots, p_m$ 为非零自相关系数的阶数.

如果只是移动平均部分有缺省系数, 那么该疏系数模型可以简记为:

$$\mathrm{ARIMA}(p, d, (q_1, \cdots, q_n))$$

式中, $q_1, \cdots, q_n$ 为非零移动平均系数的阶数.

如果自相关和移动平均部分都有缺省, 可以简记为:

$$\mathrm{ARIMA}((p_1, \cdots, p_m), d, (q_1, \cdots, q_n))$$

在实际操作中, 疏系数模型时有应用.

R 语言中用 arima 函数拟合 ARIMA 疏系数模型. arima 函数对疏系数模型的拟合命令如下:

```
arima(x, order=, include.mean= ,method=, transform.pars= ,fixed=)
式中:
-x:  要进行模型拟合的序列名.
-order=c(p,d,q):  指定模型的阶数.
-include.mean:  是否需要拟合常数项. include.mean=T, 需要拟合常数项, 这也是系统默
认选项. include.mean=F, 不需要拟合常数项.
-method:  指定参数估计方法.
-transform.pars:  待估参数是否要人为干预.
(1)transform.pars=T: 告诉系统参数估计不需要人为干预, 系统根据 order 选项设置的阶
数自动估计每个参数.  这也是系统默认选项.
(2)transform.pars=F: 告诉系数参数估计需要进行人为干预, 拟合疏系数模型必须指定这
个选项.
-fixed:  对疏系数模型指定疏系数所在的位置.
```

【例 5-8】 对 1917—1975 年美国 23 岁妇女每万人生育率序列建模 (数据见表 A1–15).

```
➤ 绘制时序图
x<-ts(A1_15$fertility,start=1917)
plot(x)    #结果如图 5-18 所示
```

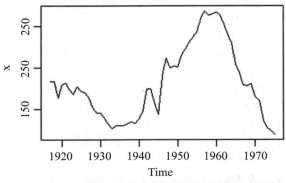

图 5-18　美国 23 岁妇女每万人生育率序列时序图

➤ 1 阶差分

```
dif_x<-diff(x)
plot(dif_x)        #结果如图 5-19 所示
```

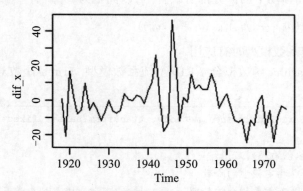

图 5-19   美国 23 岁妇女每万人生育率 1 阶差分后序列时序图

➤ 1 阶差分后序列平稳性检验

```
library(aTSA)
adf.test(dif_x)


Augmented Dickey-Fuller Test
alternative: stationary


Type 1:  no drift no trend
      lag    ADF    p.value
 [1,]   0   -5.54    0.0100
 [2,]   1   -5.13    0.0100
 [3,]   2   -3.37    0.0100
 [4,]   3   -2.03    0.0436
Type 2:  with drift no trend
      lag    ADF    p.value
 [1,]   0   -5.53    0.0100
 [2,]   1   -5.10    0.0100
 [3,]   2   -3.39    0.0178
 [4,]   3   -2.05    0.3106
Type 3:  with drift and trend
      lag    ADF    p.value
 [1,]   0   -5.59    0.0100
 [2,]   1   -5.33    0.0100
 [3,]   2   -3.47    0.0533
 [4,]   3   -2.21    0.4811
----
Note:  in fact, p.value = 0.01 means p.value <= 0.01
```

➤ 1 阶差分后序列纯随机性检验

```
for(k in 1:2) print(Box.test(dif_x,lag=6*k,type="Ljung-Box"))
data:   dif_x
X-squared = 20.805, df = 6, p-value = 0.001989
X-squared = 22.735, df = 12, p-value = 0.03006
```

➤ 1 阶差分后序列自相关图和偏自相关图

```
acf(dif_x)
pacf(dif_x)      #结果如图 5-20 所示
```

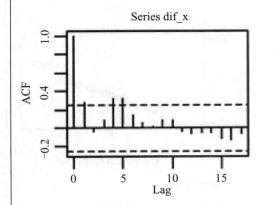
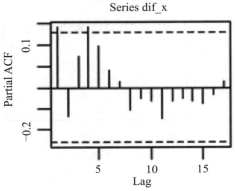

图 5-20　美国 23 岁妇女每万人生育率 1 阶差分后序列自相关图和偏自相关图

➤ 拟合疏系数模型 ARIMA((1,4),1,0)

```
fit<-arima(x,order=c(4,1,0),transform.pars=F,fixed=c(NA,0,0,NA))
fit

Call:
arima(x = x, order = c(4, 1, 0), transform.pars = F, fixed = c(NA, 0, 0, NA))

Coefficients:
          ar1    ar2   ar3      ar4
       0.2583     0     0   0.3408
 s.e.  0.1159     0     0   0.1225

sigma^2 estimated as 118.2:  log likelihood = -221, aic = 448.01
```

➤ 模型显著性检验

```
ts.diag(fit)     #结果如图 5-21 所示
```

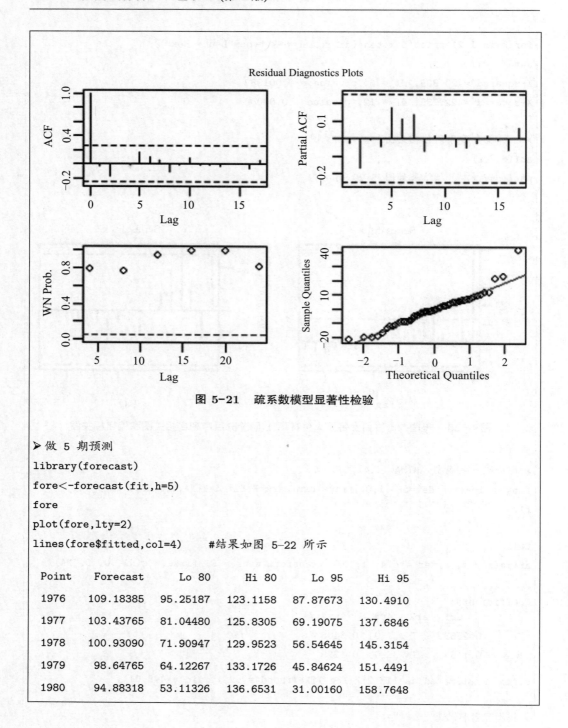

图 5-21 疏系数模型显著性检验

➤ 做 5 期预测

```
library(forecast)
fore<-forecast(fit,h=5)
fore
plot(fore,lty=2)
lines(fore$fitted,col=4)      #结果如图 5-22 所示
```

Point	Forecast	Lo 80	Hi 80	Lo 95	Hi 95
1976	109.18385	95.25187	123.1158	87.87673	130.4910
1977	103.43765	81.04480	125.8305	69.19075	137.6846
1978	100.93090	71.90947	129.9523	56.54645	145.3154
1979	98.64765	64.12267	133.1726	45.84624	151.4491
1980	94.88318	53.11326	136.6531	31.00160	158.7648

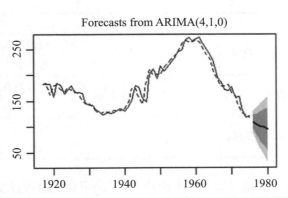

图 5-22　美国 23 岁妇女每万人生育率序列拟合与预测效果图

图中:　虚线为序列观察值, 实线为模型拟合值与预测值, 深色阴影部分为预测值的 80% 置信区间和浅色阴影部分为预测值的 95% 置信区间.

由时序图 (见图 5-18) 可知, 序列有显著趋势, 呈现典型非平稳特征. 1 阶差分后序列时序图 (见图 5-19) 以及差分后序列的 ADF 检验都显示 1 阶差分后序列平稳. 白噪声检验显示 1 阶差分后序列为平稳非白噪声序列. 考察差分后序列的自相关图和偏自相关图 (见图 5-20), 自相关图和偏自相关图都呈现出截尾的特征. 在此根据偏自相关系数 1 阶和 4 阶显著非零, 4 阶后截尾的特征, arima 函数指定:

(1) order=c(4,1,0): 构造 1 阶差分后 AR(4) 模型.

(2) transform.pars=F: 参数估计要进行人为干预.

(3) fixed=c(NA,0,0,NA): 意味着 AR 部分四个参数只有 1,4 两个参数非零, 2,3 两个参数恒等于零.

这三个选项综合提供的信息就是对原序列构造 ARIMA((1,4),1,0) 疏系数模型. 根据输出结果, 拟合模型为:

$$\nabla x_t = 0.258\,3\nabla x_{t-1} + 0.340\,8\nabla x_{t-4} + \varepsilon_t$$

或等价表示为:

$$x_t = 1.258\,3x_{t-1} - 0.258\,3x_{t-1} + 0.340\,8x_{t-4} - 0.340\,8x_{t-5} + \varepsilon_t$$

其中, $\mathrm{Var}(\varepsilon_t) = 118.2$.

最后对拟合模型进行参数显著性检验和模型显著性检验. 因为每个参数的估计值都大于它们的 2 倍标准差, 所以两个参数均显著非零. 残差序列的白噪声检验结果显示, 该疏系数模型显著成立. 利用该疏系数模型进行 5 期预测, 并绘制拟合与预测效果图.

在进行模型定阶时, 如果没有经验不敢直接构造疏系数模型, 也可以运用传统的定阶方法, 通过反复尝试和删减不显著参数得到相同的疏系数模型.

本例中, 在模型定阶阶段可能会有如下考虑和选择, 如表 5-1 所示.

表 5-1

考虑	选择模型	拟合结果
自相关系数 5 阶截尾	MA(5)	残差不能通过白噪声检验 参数 $\theta_1, \theta_2, \theta_3$ 均不显著
偏自相关系数 4 阶截尾	AR(4)	残差通过白噪声检验 参数 ϕ_2, ϕ_3 不显著
自相关和偏自相关截尾的阶数都偏长	ARMA(1,1)	残差不能通过白噪声检验 两参数 θ_1, ϕ_1 均不显著

只有 AR 模型的残差通过了白噪声检验, 只是拟合的参数过多, 有部分参数不显著. 删除不显著的参数 ϕ_2, ϕ_3, 优化模型. 通过这一系列的操作, 最后殊途同归, 得到的是同一个疏系数模型.

5.5 习题

1. 我国 1949—2008 年每年铁路货运量数据如表 5–2 所示.

表 5-2 单位: 万吨

年份	铁路货运量	年份	铁路货运量	年份	铁路货运量
1949	5 589	1969	53 120	1989	151 489
1950	9 983	1970	68 132	1990	150 681
1951	11 083	1971	76 471	1991	152 893
1952	13 217	1972	80 873	1992	157 627
1953	16 131	1973	83 111	1993	162 794
1954	19 288	1974	78 772	1994	163 216
1955	19 376	1975	88 955	1995	165 982
1956	24 605	1976	84 066	1996	171 024
1957	27 421	1977	95 309	1997	172 149
1958	38 109	1978	110 119	1998	164 309
1959	54 410	1979	111 893	1999	167 554
1960	67 219	1980	111 279	2000	178 581
1961	44 988	1981	107 673	2001	193 189
1962	35 261	1982	113 495	2002	204 956
1963	36 418	1983	118 784	2003	224 248
1964	41 786	1984	124 074	2004	249 017
1965	49 100	1985	130 709	2005	269 296
1966	54 951	1986	135 635	2006	288 224
1967	43 089	1987	140 653	2007	314 237
1968	42 095	1988	144 948	2008	330 354

请选择适当的模型拟合该序列, 并预测 2009—2013 年我国铁路货运量.

2. 1750—1849 年瑞典人口出生率数据如表 5-3 所示.

表 5-3

单位: ‰

年份	出生率	年份	出生率	年份	出生率	年份	出生率
1750	9	1775	10	1800	4	1825	16
1751	12	1776	10	1801	3	1826	12
1752	8	1777	8	1802	7	1827	8
1753	12	1778	8	1803	7	1828	7
1754	10	1779	9	1804	6	1829	6
1755	10	1780	14	1805	8	1830	9
1756	8	1781	7	1806	3	1831	4
1757	2	1782	4	1807	4	1832	7
1758	0	1783	1	1808	−5	1833	12
1759	7	1784	1	1809	−14	1834	8
1760	10	1785	2	1810	1	1835	14
1761	9	1786	6	1811	6	1836	11
1762	4	1787	7	1812	3	1837	5
1763	1	1788	7	1813	2	1838	5
1764	7	1789	−2	1814	6	1839	5
1765	5	1790	−1	1815	1	1840	10
1766	8	1791	7	1816	13	1841	11
1767	9	1792	12	1817	10	1842	11
1768	5	1793	10	1818	10	1843	9
1769	5	1794	10	1819	6	1844	12
1770	6	1795	4	1820	9	1845	13
1771	4	1796	9	1821	10	1846	8
1772	−9	1797	10	1822	13	1847	6
1773	−27	1798	9	1823	16	1848	10
1774	12	1799	5	1824	14	1849	13

请选择适当的模型拟合该序列的发展.

3. 1867—1938 年英国 (英格兰及威尔士) 的绵羊数量如表 5-4 所示 (行数据).

表 5-4

2 203	2 360	2 254	2 165	2 024	2 078	2 214	2 292	2 207	2 119	2 119	2 137
2 132	1 955	1 785	1 747	1 818	1 909	1 958	1 892	1 919	1 853	1 868	1 991
2 111	2 119	1 991	1 859	1 856	1 924	1 892	1 916	1 968	1 928	1 898	1 850
1 841	1 824	1 823	1 843	1 880	1 968	2 029	1 996	1 933	1 805	1 713	1 726
1 752	1 795	1 717	1 648	1 512	1 338	1 383	1 344	1 384	1 484	1 597	1 686
1 707	1 640	1 611	1 632	1 775	1 850	1 809	1 653	1 648	1 665	1 627	1 791

(1) 确定该序列的平稳性.

(2) 选择适当模型拟合该序列的发展.

(3) 利用拟合模型预测 1939—1945 年英国绵羊的数量.

4. 我国人口出生率、死亡率和自然增长率数据如表 5-5 所示.

表 5-5 单位: ‰

年份	出生率	死亡率	自然增长率	年份	出生率	死亡率	自然增长率
1980	18.21	6.34	11.87	1999	14.64	6.46	8.18
1981	20.91	6.36	14.55	2000	14.03	6.45	7.58
1982	22.28	6.60	15.68	2001	13.38	6.43	6.95
1983	20.19	6.90	13.29	2002	12.86	6.41	6.45
1984	19.90	6.82	13.08	2003	12.41	6.40	6.01
1985	21.04	6.78	14.26	2004	12.29	6.42	5.87
1986	22.43	6.86	15.57	2005	12.40	6.51	5.89
1987	23.33	6.72	16.61	2006	12.09	6.81	5.28
1988	22.37	6.64	15.73	2007	12.10	6.93	5.17
1989	21.58	6.54	15.04	2008	12.14	7.06	5.08
1990	21.06	6.67	14.39	2009	11.95	7.08	4.87
1991	19.68	6.70	12.98	2010	11.90	7.11	4.79
1992	18.24	6.64	11.60	2011	11.93	7.14	4.79
1993	18.09	6.64	11.45	2012	12.10	7.15	4.95
1994	17.70	6.49	11.21	2013	12.08	7.16	4.92
1995	17.12	6.57	10.55	2014	12.37	7.16	5.21
1996	16.98	6.56	10.42	2015	12.07	7.11	4.96
1997	16.57	6.51	10.06	2016	12.95	7.09	5.86
1998	15.64	6.50	9.14	2017	12.45	7.11	5.32

(1) 分析我国人口出生率、死亡率和自然增长率序列的平稳性.

(2) 对非平稳序列选择适当的差分方式实现差分后平稳.

(3) 选择适当的模型拟合我国人口出生率的变化, 并预测未来 10 年的人口出生率.

(4) 选择适当的模型拟合我国人口死亡率的变化, 并预测未来 10 年的人口死亡率.

(5) 选择适当的模型拟合我国人口自然增长率的变化, 并预测未来 10 年的人口自然增长率.

5. 某农场 1867—1947 年玉米和生猪的销售价格、产量及农场工人平均收入如表 5-6 所示.

表 5-6

年份	玉米价格	玉米产量	工人工资	生猪价格	生猪产量
1867	6.850 13	6.802 39	6.577 86	6.232 45	6.287 86
1868	6.734 59	6.871 09	6.573 68	6.496 78	6.257 67
1869	6.814 54	6.794 59	6.584 79	6.621 41	6.240 28
1870	6.643 79	6.957 5	6.595 78	6.605 3	6.270 99
1871	6.576 47	6.963 19	6.606 65	6.393 59	6.336 83
1872	6.452 05	7.009 41	6.617 4	6.320 77	6.386 88
1873	6.599 87	6.910 75	6.628 04	6.386 88	6.396 93
1874	6.754 6	6.932 45	6.617 4	6.502 79	6.369 9
1875	6.511 75	7.057 04	6.606 65	6.654 15	6.317 16
1876	6.411 82	7.064 76	6.595 78	6.625 39	6.315 36
1877	6.403 57	7.074 12	6.612 04	6.535 24	6.388 56
1878	6.124 68	7.085 06	6.628 04	6.210 6	6.456 77
1879	6.416 73	7.126 09	6.656 73	6.466 14	6.463 03
1880	6.464 59	7.116 39	6.683 36	6.523 56	6.472 35
1881	6.744 06	6.998 51	6.683 36	6.656 73	6.452 05
1882	6.597 15	7.126 09	6.683 36	6.720 22	6.444 13
1883	6.510 26	7.104 97	6.683 36	6.621 41	6.458 34
1884	6.386 88	7.161 62	6.685 86	6.556 78	6.495 27
1885	6.326 15	7.180 07	6.688 35	6.450 47	6.514 71
1886	6.403 57	7.131 7	6.692 08	6.496 78	6.489 2
1887	6.519 15	7.094 23	6.692 08	6.563 86	6.444 13
1888	6.347 39	7.209 34	6.692 08	6.637 26	6.437 75
1889	6.194 41	7.215 97	6.697 03	6.523 56	6.473 89
1890	6.616 07	7.104 97	6.700 73	6.440 95	6.525 03
1891	6.478 51	7.221 11	6.697 03	6.502 79	6.516 19
1892	6.469 25	7.153 05	6.692 08	6.689 6	6.484 64
1893	6.411 82	7.153 83	6.647 69	6.661 85	6.461 47

续表

年份	玉米价格	玉米产量	工人工资	生猪价格	生猪产量
1894	6.558 2	7.096 72	6.647 69	6.561 03	6.504 29
1895	6.115 89	7.247 08	6.659 29	6.481 58	6.519 15
1896	5.945 42	7.263 33	6.670 77	6.459 9	6.539 59
1897	6.144 19	7.214 5	6.683 36	6.510 26	6.565 27
1898	6.226 54	7.223 3	6.709 3	6.505 78	6.588 93
1899	6.263 4	7.260 52	6.726 23	6.591 67	6.568 08
1900	6.388 56	7.261 93	6.742 88	6.664 41	6.562 44
1901	6.720 22	7.118 02	6.760 41	6.735 78	6.558 2
1902	6.483 11	7.274 48	6.784 46	6.786 72	6.522 09
1903	6.511 75	7.244 94	6.809 04	6.664 41	6.525 03
1904	6.538 14	7.264 73	6.833 03	6.646 39	6.569 48
1905	6.492 24	7.293 02	6.855 41	6.663 13	6.587 55
1906	6.466 14	7.301 15	6.866 93	6.776 51	6.591 67
1907	6.625 39	7.256 3	6.878 33	6.655 44	6.622 74
1908	6.700 73	7.250 64	6.889 59	6.697 03	6.641 18
1909	6.672 03	7.256 3	6.894 67	6.863 8	6.579 25
1910	6.568 08	7.282 76	6.898 71	6.877 3	6.525 03
1911	6.722 63	7.239 93	6.911 75	6.805 72	6.610 7
1912	6.609 35	7.292 34	6.920 67	6.902 74	6.610 7
1913	6.741 7	7.213 03	6.911 75	6.929 52	6.593 04
1914	6.745 24	7.245 66	6.920 67	6.905 75	6.583 41
1915	6.721 43	7.280 7	6.959 4	6.833 03	6.624 07
1916	6.962 24	7.233 46	7.046 65	6.978 21	6.661 85
1917	7.058 76	7.288 93	7.129 3	7.165 49	6.633 32
1918	7.074 96	7.235 62	7.182 35	7.204 89	6.683 36
1919	7.073 27	7.264 03	7.232 73	7.170 89	6.694 56
1920	6.690 84	7.304 52	7.081 71	7.033 51	6.658 01
1921	6.570 88	7.290 97	7.072 42	6.931 47	6.646 39
1922	6.762 73	7.266 83	7.113 14	6.993 93	6.655 44
1923	6.814 54	7.285 51	7.121 25	6.920 67	6.734 59
1924	6.934 4	7.205 64	7.127 69	7.020 19	6.712 96
1925	6.740 52	7.277 25	7.133 3	7.085 9	6.614 73
1926	6.767 34	7.248 5	7.133 3	7.118 83	6.575 08

续表

年份	玉米价格	玉米产量	工人工资	生猪价格	生猪产量
1927	6.833 03	7.257	7.133 3	7.021 08	6.612 04
1928	6.828 71	7.262 63	7.134 89	7.013 92	6.673 3
1929	6.805 72	7.244 94	7.109 06	7.029 09	6.647 69
1930	6.655 44	7.183 87	7.015 71	6.961 3	6.614 73
1931	6.228 51	7.252 05	6.889 59	6.668 23	6.605 3
1932	6.214 61	7.290 97	6.834 11	6.436 15	6.650 28
1933	6.573 68	7.229 84	6.885 51	6.416 73	6.675 82
1934	6.814 54	7.057 04	6.920 67	6.684 61	6.643 79
1935	6.704 41	7.216 71	6.951 77	7.006 7	6.383 51
1936	6.926 58	7.071 57	7.003 07	6.980 08	6.450 47
1937	6.570 88	7.259 82	7.000 33	6.958 45	6.452 05
1938	6.532 33	7.248 5	6.993 93	6.954 64	6.475 43
1939	6.625 39	7.252 76	7.003 07	6.792 34	6.549 65
1940	6.673 3	7.237 06	7.080 03	6.825 46	6.666 96
1941	6.775 37	7.261 23	7.172 42	7.084 23	6.599 87
1942	6.869 01	7.304 52	7.259 82	7.209 34	6.661 85
1943	6.956 55	7.294 38	7.311 89	7.125 28	6.767 34
1944	6.944 09	7.306 53	7.342 13	7.180 83	6.827 63
1945	7.006 7	7.284 82	7.366 45	7.229 84	6.651 57
1946	7.084 23	7.317 88	7.382 12	7.349 87	6.668 23
1947	7.195 94	7.224 02	7.395 72	7.397 56	6.625 39

(1) 分析这几个序列的平稳性.

(2) 对非平稳序列找到适当的差分阶数实现差分后平稳.

(3) 选择适当的模型拟合这几个序列的发展, 并做 10 年期序列预测.

(4) 绘制拟合与预测效果图.

C 第 6 章

有季节效应的非平稳序列分析

有很多时间序列带有季节效应, 呈现出周期性波动规律. 统计学家从 100 多年前就开始研究序列中季节性、周期性信息的提取方法. 目前, 有季节效应的序列分析方法主要分为两大类.

一类是基于因素分解方法产生的. 这类方法主要是从序列外部去考察有哪些确定性因素会影响序列的波动, 查看序列有没有明显的趋势特征、周期特征或季节性特征, 将序列按照这几个固定的特征进行因素分解. 本章要介绍的 X11 模型以及 Holt-Winters 三参数指数平滑法都属于这类方法.

另一类是基于 ARIMA 方法产生的. 这类方法是深入序列内部去寻找序列值之间的相关关系, 借助自相关系数、偏自相关系数等统计量的特征, 进行序列相关信息的提取. 本章要介绍的 ARIMA 加法模型以及 ARIMA 乘法模型都属于这类方法.

6.1 因素分解理论

1919 年统计学家沃伦 · 珀森斯 (Warren Persons) 在他的论文《商业环境的指标》中首次提出了确定性因素分解 (time series decomposition) 思想. 之后, 该方法广泛应用于宏观经济领域时间序列的分析和预测.

珀森斯认为尽管不同的经济变量波动特征千变万化, 因果关系的影响错综复杂, 但所有的序列波动都可以归纳为受到如下四个因素的综合影响:

(1) 长期趋势 (trend). 序列呈现出明显的长期递增或递减的变化规律.

(2) 循环波动 (circle). 序列呈现出从低到高, 再从高到低的反复循环波动. 循环周期可长可短, 不一定是固定的. 循环波动通常在经济学中作为经济景气周期的指标.

(3) 季节性变化 (season). 序列呈现出和季节变化相关的稳定周期性波动, 后来季节性变化的周期拓展到任意稳定周期.

(4) 随机波动 (irrelevance). 除了长期趋势、循环波动和季节性变化之外, 其他不能用确定性因素解释的序列波动都属于随机波动.

统计学家假定序列会受到这四个因素中的全部或部分的影响, 从而呈现出不同的波动特征. 换言之, 任何一个时间序列都可以用这四个因素的某个函数进行拟合:

$$x_t = f(T_t, C_t, S_t, I_t)$$

最常用的两个函数是加法函数和乘法函数, 相应的因素分解模型称为加法模型和乘法模型.

加法模型: $x_t = T_t + C_t + S_t + I_t$

乘法模型: $x_t = T_t \times C_t \times S_t \times I_t$

确定性因素分解方法在经济领域、商业领域和社会领域有广泛的应用. 但是几十年来, 人们从大量的使用经验中也发现了一些问题.

一是如果观察时期不够长, 那么循环因素和趋势因素的影响很难准确区分. 比如很多经济或社会现象确实有 "上行—峰顶—下行—谷底" 周而复始的循环周期, 但是这个周期通常很长而且周期长度不固定. 比如, 前面提到的太阳黑子序列就有 $9 \sim 13$ 年长度不等的周期. 在经济领域更是如此. 1913 年美国经济学家 Wesley Mitchell 出版了《经济周期》一书, 他提出经济周期的持续时间从超过 1 年到 10 年或 12 年不等, 它们会重复发生, 但不定期. 后来不同的经济学家研究不同的经济问题, 一再证明经济周期的存在和周期的不确定, 比如基钦周期 (平均周期长度为 40 个月左右)、朱格拉周期 (平均周期长度为 10 年左右)、库兹涅茨周期 (平均周期长度为 20 年左右)、康德拉季耶夫周期 (平均周期长度为 53.3 年). 如果观察值序列不够长, 没有包含几个循环周期, 那么周期的一部分会和趋势重合, 无法准确完整地提取循环因素的影响.

二是有些社会现象和经济现象显示某些特殊日期是很显著的影响因素, 但是在传统因素分解模型中没有被纳入研究. 比如研究股票交易序列, 成交量、开盘价、收盘价明显会受到交易日的影响, 同一只股票每周一和每周五的波动情况可能有显著的不同. 超市销售情况受特殊日期的影响更明显, 工作日、周末、重大假日的销售特征相差很大. 春节、端午节、中秋节、儿童节、圣诞节等节日对零售业、旅游业、运输业等多个行业都有显著影响.

近年来, 针对这两个问题, 人们对确定性因素分解模型做了改进. 如果观察时期不够长, 人们将循环因素 (circle) 改为特殊交易日因素 (day). 新的四大因素为: 趋势 (T)、季节 (S)、交易日 (D) 和随机波动 (I), 即

$$x_t = f(T_t, S_t, D_t, I_t)$$

常用的因素分解模型在加法模型和乘法模型的基础上, 增加了伪加法模型和对数加法模型.

加法模型: $x_t = T_t + S_t + D_t + I_t$

乘法模型: $x_t = T_t \times S_t \times D_t \times I_t$

伪加法模型: $x_t = T_t \times (S_t + D_t + I_t)$

对数加法模型: $\ln x_t = \ln T_t + \ln S_t + \ln D_t + \ln I_t$

我们基于因素分解的思想进行确定性时序分析的目的主要包括以下两个方面:

一是克服其他因素的干扰, 单纯测度出某个确定性因素 (诸如季节、趋势、交易日) 对序列的影响. 6.2 节介绍的 X11 季节调整模型就是最常用的因素分解模型.

二是根据序列呈现的确定性特征选择适当的方法对序列进行综合预测. 6.3 节介绍的指数平滑预测模型就是基于因素分解思想衍生出的预测模型.

6.2 因素分解模型

6.2.1 因素分解模型的选择

【例 6-1】 考察 1981—1990 年澳大利亚政府季度消费支出序列的确定性影响因素, 并选择因素分解模型 (数据见表 A1–16).

➤ 绘制时序图

```
x<-ts(A1_16$x,start=c(1981,1),frequency = 4)
plot(x)      #结果如图 6-1 所示
```

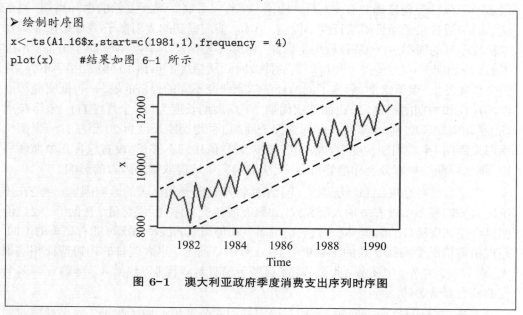

图 6-1 澳大利亚政府季度消费支出序列时序图

从图 6-1 中可以看到, 该序列具有明显的线性递增趋势以及以年为周期的季节效应, 没有看到大的经济周期循环特征, 也没有交易日的信息, 所以可以确定这个序列受到三个因素的影响: 长期趋势、季节效应和随机波动.

这三个因素是怎样相互影响的? 也就是说, 我们要选择加法模型还是乘法模型? 图 6-1 显示, 随着趋势的递增, 每个季节的振幅维持相对稳定 (如图 6-1 中的虚线所示, 周期波动范围近似平行), 这说明季节效应没有受到趋势的影响, 这时通常选择加法模型:

$$x_t = T_t + S_t + I_t$$

【例 6-2】 考察 1993—2000 年中国社会消费品零售总额序列的确定性影响因素, 并选择因素分解模型 (数据见表 A1–17).

➤ 绘制时序图

```
y<-ts(A1_17$x,start=c(1993,1),frequency =12)
plot(y)      #结果如图 6-2 所示
```

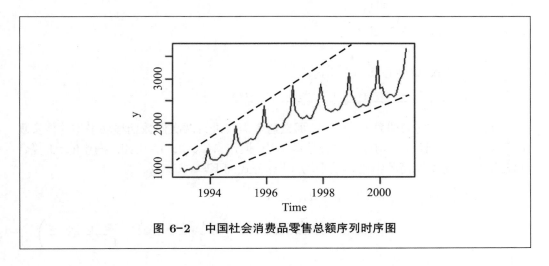

图 6-2　中国社会消费品零售总额序列时序图

从图 6-2 中可以看到, 该序列具有明显的线性递增趋势以及以年为周期的季节效应, 没有看到大的经济周期循环特征, 也没有交易日的信息, 所以可以确定这个序列也受到三个因素的影响: 长期趋势、季节效应和随机波动.

同时, 图 6-2 显示出随着趋势的递增, 每个季节的振幅也在增大 (如图 6-2 中的虚线所示, 周期波动范围随着趋势递增而扩大, 呈现喇叭形), 这说明季节效应受到趋势的影响, 这时通常选择乘法模型:

$$x_t = T_t \times \ S_t \times \ I_t$$

6.2.2　趋势效应的提取

因素分解方法的重要任务之一就是将序列中蕴含的信息, 根据不同的影响因素进行分解. 我们首先介绍如何克服其他因素的影响, 只提取趋势效应信息.

趋势效应的提取方法有很多, 比如构建序列与时间 t 的线性回归方程或曲线回归方程, 或者构建序列与历史信息的自回归方程, 但在因素分解场合, 最常用的趋势效应提取方法是简单中心移动平均方法.

移动平均方法最早于 1870 年由法国数学家 De Forest 提出. 移动平均的计算公式如下:

$$M(x_t) = \sum_{i=-k}^{f} \theta_i x_{t-i}, \forall k, f > 0$$

式中, $M(x_t)$ 为序列 x_t 的 $k+f+1$ 期移动平均函数; θ_i 为移动平均系数或移动平均算子.

对移动平均函数增加三个约束条件: 1) 时期对称; 2) 系数相等; 3) 系数和为 1. 此时 $M(x_t)$ 为 n 期简单中心移动平均.

如果移动平均的期数 n 为奇数, 不妨假设 $n = 2k+1$, 那么 n 期简单中心移动平均记作 $M_n(x_t)$, 计算公式为:

$$M_n(x_t) = \sum_{i=-k}^{k} \frac{x_{t-i}}{n}$$

比如, 5 期简单中心移动平均为:

$$M_5(x_t) = \frac{x_{t-2} + x_{t-1} + x_t + x_{t+1} + x_{t+2}}{5}$$

如果移动平均的期数 n 为偶数, 那么通常需要进行两次偶数期移动平均才能实现时期对称. 两次移动平均称为复合移动平均, 记作 $M_{P \times Q}(x_t)$. 比如, 采用 2×4 复合移动平均实现 4 期简单中心移动平均, 计算公式如下:

$$\begin{aligned} M_{2 \times 4}(x_t) &= \frac{1}{2} M_4(x_t) + \frac{1}{2} M_4(x_{t+1}) \\ &= \frac{1}{2} \left(\frac{x_{t-2} + x_{t-1} + x_t + x_{t+1}}{4} \right) + \frac{1}{2} \left(\frac{x_{t-1} + x_t + x_{t+1} + x_{t+2}}{4} \right) \\ &= \frac{1}{8} x_{t-2} + \frac{1}{4} x_{t-1} + \frac{1}{4} x_t + \frac{1}{4} x_{t+1} + \frac{1}{8} x_{t+2} \end{aligned}$$

简单中心移动平均方法尽管很简单, 却具有很多良好的属性.

(1) 简单中心移动平均能够有效提取低阶趋势 (一元一次线性趋势或一元二次抛物线趋势).

如果序列 x_t 有线性趋势, 即

$$x_t = a + bt + \varepsilon_t, \varepsilon_t \sim N(0, \sigma^2)$$

那么它的 $2k+1$ 期中心移动平均函数为:

$$\begin{aligned} M(x_t) &= \sum_{i=-k}^{k} \theta_i x_{t-i} \\ &= \sum_{i=-k}^{k} \theta_i [a + b(t-i) + \varepsilon_{t-i}] \\ &= a \sum_{i=-k}^{k} \theta_i + bt \sum_{i=-k}^{k} \theta_i - b \sum_{i=-k}^{k} i\theta_i + \sum_{i=-k}^{k} \theta_i \varepsilon_{t-i} \end{aligned}$$

我们希望一个好的移动平均能尽量消除随机波动的影响, 还能维持线性趋势不变, 即

$$E[M(x_t)] = E(x_t)$$

$$\Rightarrow a \sum_{i=-k}^{k} \theta_i + bt \sum_{i=-k}^{k} \theta_i - b \sum_{i=-k}^{k} i\theta_i = a + bt$$

推导出移动平均系数要满足如下条件:

$$\begin{cases} \sum_{i=-k}^{k} \theta_i = 1 \\ \sum_{i=-k}^{k} i\theta_i = 0 \end{cases}$$

简单中心移动平均系数取值对称且系数总和为 1, 必然满足上面两个约束条件, 所以简单中心移动平均函数能保持线性趋势不变.

同样可以证明, 对于一元二次函数 $x_t = a + bt + ct^2 + \varepsilon_t(\varepsilon_t \sim N(0, \sigma^2))$, 简单中心移动平均可以充分提取二阶趋势信息

$$M\left(x_t\right) = \frac{1}{2k+1}\sum_{i=-k}^{k} x_{t-i}$$

$$= \frac{1}{2k+1}\sum_{i=-k}^{k}\left[a + b\left(t-i\right) + c\left(t-i\right)^2 + \varepsilon_{t-i}\right]$$

$$= a + bt + ct^2 + c\frac{k(k+1)}{3} + \frac{1}{2k+1}\sum_{i=-k}^{k}\varepsilon_{t-i}$$

但此时 $M\left(x_t\right)$ 不再是一元二次函数的无偏估计

$$E\left(error_t\right) = E\left[x_t - M\left(x_t\right)\right] = \frac{ck(k+1)}{3}$$

这说明简单中心移动平均可以非常完整地提取一元二次函数的趋势信息, 但是拟合序列和原序列会有一个截距上的小偏差.

(2) 简单中心移动平均能够实现拟合方差最小.

移动平均估计值的方差为:

$$\text{Var}\left[M\left(x_t\right)\right] = \text{Var}\left[\sum_{i=-k}^{k}\theta_i\varepsilon_{t-i}\right] = \sum_{i=-k}^{k}\theta_i^2\sigma^2$$

要达到最优的修匀效果 (拟合方差最小), 实际上也就是要使得 $\sum_{i=-k}^{k}\theta_i^2$ 达到最小.

在 $\sum_{i=-k}^{k}\theta_i = 1$ 且 $\sum_{i=-k}^{k}i\theta_i = 0$ 的约束下, $\theta_i = \frac{1}{2k+1}$ 能使 $\sum_{i=-k}^{k}\theta_i^2$ 达到最小, 即简单中心移动平均能实现方差最小.

(3) 简单中心移动平均能有效消除季节效应. 对于有稳定季节周期的序列进行周期长度的简单移动平均可以消除季节效应. 这一属性的证明需要用到季节指数的概念, 我们将在下文介绍季节指数, 所以这个属性将在下文证明.

因为简单中心移动平均具有这些良好的属性, 所以只要选择适当的移动平均期数就能有效消除季节效应和随机波动的影响, 有效提取序列的趋势信息.

R 语言中, 使用 filter 函数就可以做简单中心移动平均. filter 函数的命令格式为:

```
filter(x/n,rep(1,n), sides = )
```
式中:
-x/n: x 为需要做简单移动平均的序列名, n 为移动平均期数.
-rap(1,n): 表示每次重复做移动平均的时期.
sides: 表示移动平均的类型.
(1) sides=1, 表示移动平均值赋值给最后一期. 例如做 4 期简单移动平均, 1-4 期移动平均值会赋值给第 4 期.

(2) sides=2，表示中心移动平均，即移动平均值赋值给期中一期．这是系统默认设置．对于中心移动平均而言，如果 n 为奇数，恰好赋值给时间中值．例如做 5 期中心移动平均，1-5 期中心移动平均值会赋值给第 3 期．如果 n 为偶数，赋值给中心取整期数．例如：做 4 期中心移动平均，1-4 期的中心是 2.5 期，取整为第 2 期，所以 1-4 期的均值，会赋值给第 2 期．

【例 6-1 续 (1)】 使用简单中心移动平均方法提取 1981—1990 年澳大利亚政府季度消费支出序列的趋势效应 (数据见表 A1–16).

```
➤ 做 4 期简单中心移动平均
m4<-filter(x/4,rep(1,4))
➤ 做 2×4 复合移动平均
m2_4<-filter(m4/2,rep(1,2),sides = 1)
➤ 显示原序列值及移动平均计算结果
data.frame(x,m4,m2_4)
```

	x	m4	m2_4
1	8444	NA	NA
2	9215	8882	NA
3	8879	8800	8841
4	8990	8860	8830
5	8115	8788	8824
6	9457	8864	8826
7	8590	9084	8974
8	9294	9114	9099
9	8997	9229	9171
10	9574	9336	9283
11	9051	9367	9352
12	9724	9510	9438
13	9120	9683	9596
14	10143	9771	9727
15	9746	9885	9828
16	10074	10054	9970
17	9578	10146	10100
18	10817	10322	10234
19	10116	10403	10363
20	10779	10516	10459
21	9901	10658	10587
22	11266	10704	10681
23	10686	10758	10731
24	10961	10775	10767
25	10121	10773	10774
26	11333	10864	10818
27	10677	11008	10936

28	11325	11081	11045
29	10698	11175	11128
30	11624	11192	11183
31	11052	11170	11181
32	11393	11283	11226
33	10609	11364	11323
34	12077	11460	11412
35	11376	11614	11537
36	11777	11652	11633
37	11225	11779	11716
38	12231	11862	11821
39	11884	NA	NA
40	12109	NA	NA

➤ 绘制移动平均效果图

```
plot(x,lty=2)
lines(m2_4,col=2)    #结果如图 6-3 所示
```

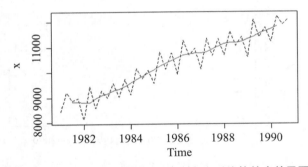

图 6-3 澳大利亚政府季度消费支出序列趋势效应效果图

图中: 虚线为序列观察值,实线为简单中心移动平均拟合的趋势效应.

➤ 绘制残差序列图

```
x_t<-x-m2_4
plot(x_t)      #结果如图 6-4 所示
```

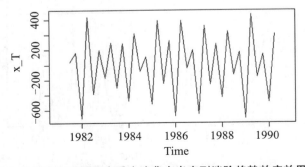

图 6-4 澳大利亚政府季度消费支出序列消除趋势效应效果图

　　该序列为季度数据序列, 时序图 (见图 6-1) 显示序列有显著的季节效应, 每年为一个周期, 即周期长度为 4 期. 所以首先对原序列进行 4 期简单移动平均 $M_4(x_t)$, 再对 $M_4(x_t)$ 序列进行 2 期移动平均, 得到 $M_{2\times4}(x_t)$ 复合移动平均值. 图 6-3 显示 $M_{2\times4}(x_t)$ 能有效消除季节效应的影响, 提取出该序列的趋势信息.

　　假定该序列的因素分解模型为加法模型, 现在用 $M_{2\times4}(x_t)$ 提取趋势信息, 那么用原序列减去趋势效应, 剩下的就是季节效应和随机波动, 原序列去除趋势效应的效果如图 6-4 所示.

【例 6-2 续 (1)】　使用简单中心移动平均方法提取 1993—2000 年中国社会消费品零售总额序列的趋势效应 (数据见表 A1-17).

> ➤ 做 2×12 复合移动平均
> ```
> m12<-filter(y/12,rep(1,12))
> m2_12<-filter(m12/2,rep(1,2),sides = 1)
> ```
> ➤ 绘制移动平均效果图
> ```
> plot(y,lty=2)
> lines(m2_12,col=2)      #结果如图 6-5 所示
> ```
>
>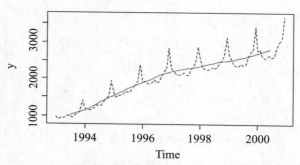
>
> **图 6-5**　中国社会消费品零售总额序列趋势效应效果图
>
> 图中: 　虚线为序列观察值, 实线为简单中心移动平均拟合的趋势效应.
> ➤ 绘制残差序列图
> ```
> y_t<-y/m2_12
> plot(y_t)      #结果如图 6-6 所示
> ```
>
>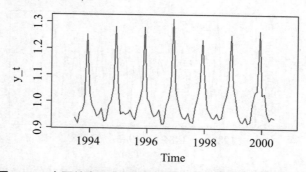
>
> **图 6-6**　中国社会消费品零售总额序列消除趋势效应效果图

该序列为月度数据, 即周期长度等于 12. 对原序列先进行 12 期中心移动平均 $M_{12}(x_t)$, 再对 $M_{12}(x_t)$ 序列进行 2 期移动平均, 得到 $M_{2\times12}(x_t)$ 复合移动平均值. 图 6–5 显示 $M_{2\times12}(x_t)$ 能有效消除该序列的季节效应, 提取该序列的趋势信息.

假定该序列的因素分解模型为乘法模型, 现在用 $M_{2\times12}(x_t)$ 提取趋势信息, 那么用原序列除以趋势效应, 剩下的就应该是季节效应和随机波动. 原序列去除趋势效应的效果如图 6–6 所示.

6.2.3　季节效应的提取

在日常生活中可以见到许多有季节效应的时间序列, 比如四季的气温、月度商品零售额、某景点季度旅游人数等, 它们都会呈现出明显的季节变动规律. 在时间序列分析中, 我们把 "季节" 广义化, 凡是呈现出固定的周期性变化的事件都称它具有季节效应.

我们通过构造季节指数的方法, 提取序列中蕴含的季节效应.

一、　加法模型中季节指数的构造

季节指数的构造分为四步.

第一步: 从原序列中消除趋势效应.

$$y_t = x_t - T_t = S_t + I_t$$

加法模型假定每个季度的序列值等于均值加上季节效应, 即

$$y_{ij} = \overline{y} + S_j + I_{ij}, i = 1, 2, \cdots, k; j = 1, 2, \cdots, m$$

式中, y_{ij} 表示第 i 个周期的第 j 个季节已去除趋势的序列值; $\overline{y}$ 表示 $\{y\}$ 序列的均值; S_j 为第 j 个季节的季节指数, 且 $\sum\limits_{j} S_j = 0$; I_{ij} 表示第 i 个周期第 j 个季节的随机波动.

第二步: 计算 $\{y\}$ 序列总均值.

$$\overline{y} = \frac{\sum\limits_{i=1}^{k}\sum\limits_{j=1}^{m} y_{ij}}{km}$$

第三步: 计算每季度均值 $\overline{y}_j$.

$$\overline{y}_j = \frac{\sum\limits_{i=1}^{k} y_{ij}}{k}, j = 1, 2, \cdots, m$$

第四步: 计算加法模型的季节指数 S_j.

$$S_j = \overline{y}_j - \overline{y}, j = 1, 2, \cdots, m$$

【例 6-1 续 (2)】 提取 1981—1990 年澳大利亚政府季度消费支出序列的季节效应 (数据见表 A1–16).

> 从原序列中剔除趋势效应, 以年为行、季节为列的矩阵结构整理数据
```
x_t<-matrix(x_t,ncol=4,byrow=T)
x_t
        [,1]    [,2]    [,3]    [,4]
 [1,]    NA      NA      38     160
 [2,]   -709    631    -384     195
 [3,]   -174    291    -301     286
 [4,]   -476    416     -82     104
 [5,]   -522    583    -247     320
 [6,]   -686    585     -45     194
 [7,]   -653    514    -259     280
 [8,]   -430    441    -129     167
 [9,]   -714    665    -161     144
[10,]   -491    410      NA      NA
```
> 剔除缺失数据, 求序列总均值
```
m<-mean(x_t,na.rm=T)
m
[1] -1.1
```
> 剔除缺失数据, 求每个季节的均值
```
ms<-0
for(k in 1:4)ms[k]=mean(x_t[,k],na.rm=T)
ms
[1] -540 504 -174 206
```
> 求加法模型的季节指数
```
S<-ms-m
S
[1] -538 505 -173 207
```
> 绘制季节指数图
```
Quarter ← c(1:4)
plot(Quarter,S,type="0")     #结果如图 6-7 所示
```

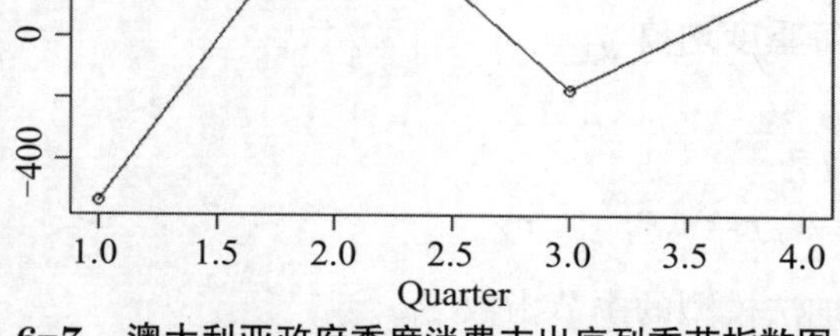

图 6-7 澳大利亚政府季度消费支出序列季节指数图

➤ 绘制随机效应示意图

```
I<-x-m2_4-S
plot(I)     #结果如图 6-8 所示
```

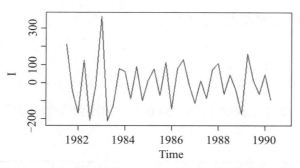

图 6-8　澳大利亚政府季度消费支出序列随机效应示意图

本例首先从原序列中剔除趋势效应, 赋值给变量 x_t. 然后基于 x_t 分别求序列总均值 m 和各季度均值 ms. 加法模型中, 各季度均值减去总均值就得到了季节指数 S. 从季节指数值或季节指数图 (见图 6-7) 中可以清晰看到, 澳大利亚政府季度消费支出, 每年都是 2 季度最高, 1 季度最低, 消费支出从低到高排序是: 1 季度 < 3 季度 < 4 季度 < 2 季度. 不同季节之间平均季节指数的差值就是季节效应造成的差异. 最后从原序列中剔除趋势效应和季节效应, 剩下的就是随机波动了, 本例随机波动的特征如图 6-8 所示.

二、乘法模型中季节指数的构造

季节指数的构造也分为四步.

第一步: 从原序列中消除趋势效应.

$$y_t = \frac{x_t}{T_t} = S_t \times I_t$$

乘法模型假定每个季度的序列值等于均值乘以季节指数, 即

$$y_{ij} = \overline{y} S_j \times I_{ij}, i = 1, 2, \cdots, k; j = 1, 2, \cdots, m$$

式中, y_{ij} 表示第 i 个周期的第 j 个季节已去除趋势的序列值; $\overline{y}$ 表示 $\{y\}$ 序列的均值; S_j 为第 j 个季节的季节指数; I_{ij} 表示随机波动.

第二步: 计算 $\{y\}$ 序列总均值.

$$\overline{y} = \frac{\sum\limits_{i=1}^{k} \sum\limits_{j=1}^{m} y_{ij}}{km}$$

第三步: 计算每季度均值 $\overline{y}_j$.

$$\overline{y}_j = \frac{\sum_{i=1}^{k} y_{ij}}{k}, j = 1, 2, \cdots, m$$

第四步: 计算乘法模型的季节指数 S_j.

$$S_j = \frac{\overline{y}_j}{\overline{y}}, j = 1, 2, \cdots, m$$

【例 6-2 续 (2)】 提取 1993—2000 年中国社会消费品零售总额序列的季节效应 (数据见表 A1-17).

```
➤ 从原序列中剔除趋势效应, 以年为行、月为列的矩阵结构整理数据
y_t<-matrix(y_t,ncol=12,byrow=T)
y_t
      [,1]  [,2]  [,3]  [,4]  [,5]  [,6]  [,7]  [,8]  [,9]  [,10]  [,11]  [,12]
[1,]   NA    NA    NA    NA    NA    NA   0.94  0.92  0.96  0.97   0.99   1.3
[2,]  1.0   0.99  0.97  0.94  0.95  0.97  0.92  0.93  0.99  1.00   1.05   1.3
[3,]  1.0   0.95  0.96  0.95  0.96  0.97  0.94  0.93  0.98  1.00   1.05   1.3
[4,]  1.0   1.00  0.96  0.94  0.95  0.97  0.92  0.92  0.98  1.01   1.06   1.3
[5,]  1.0   1.00  0.96  0.94  0.94  0.96  0.93  0.92  0.97  1.02   1.06   1.2
[6,]  1.1   0.97  0.96  0.94  0.94  0.96  0.93  0.94  0.99  1.02   1.06   1.2
[7,]  1.1   1.01  0.95  0.93  0.92  0.94  0.92  0.92  0.99  1.04   1.04   1.3
[8,]  1.0   1.03  0.96  0.93  0.94  0.94   NA    NA    NA    NA     NA     NA
➤ 剔除缺失数据, 求序列总均值
m<-mean(y_t,na.rm=T)
m
[1] 0.999
➤ 剔除缺失数据, 求每个季节的均值
ms<-0
for(k in 1:12) ms[k]=mean(y_t[,k],na.rm=T)
ms
[1] 1.043 0.993 0.958 0.939 0.943 0.958
[7] 0.927 0.925 0.980 1.006 1.046 1.268
➤ 求乘法模型的季节指数
S<-ms/m
S
[1] 1.044 0.994 0.959 0.940 0.944 0.959
[7] 0.929 0.926 0.981 1.007 1.047 1.269
➤ 绘制季节指数图
Month<-seq(1:12)
plot(Month,S,type="o")      #结果如图 6-9 所示
```

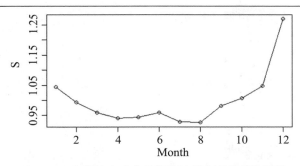

图 6-9 中国社会消费品零售总额序列季节指数图

➤ 绘制随机效应示意图

```
I<-y/m2_12/S
plot(I)    #结果如图 6-10 所示
```

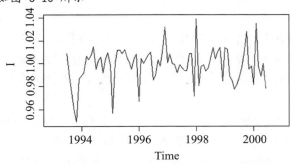

图 6-10 中国社会消费品零售总额序列随机效应示意图

本例首先从原序列中剔除趋势效应, 赋值给变量 y_t. 然后基于 y_t 分别求序列总均值 m 和各月度均值 ms. 乘法模型中, 各季度均值除以总均值就得到了季节指数 S. 从季节指数值或季节指数图 (见图 6-9) 中可以清晰看到, 中国社会消费品零售总额序列具有上半年为淡季, 下半年为旺季, 而且越到年底销售越旺的特征. 在 6 月份, 由于换季的原因有一个小反弹. 不同季节之间季节指数的比值就是季节效应造成的差异. 比如 1 月份季节指数为 1.04, 2 月份季节指数为 0.99, 这说明由于季节的差异, 2 月份的平均销售额通常只有 1 月份的 95% 左右 (0.99/1.04=0.95). 最后从原序列中剔除趋势效应和季节效应, 剩下的就是随机波动了, 本例随机波动的特征如图 6-10 所示.

有了季节指数的概念之后, 很容易证明, 为什么周期长度的简单移动平均可以消除季节波动.

这是因为周期长度与序列长度相比通常很短, 短期内, 序列季节与趋势之间的乘积效应是看不出来的, 所以通常短期内都假定序列的季节与趋势之间是加法关系:

$$x_t = T_t + S_t + I_t$$

假设周期长度为 m 期, 进行周期长度移动平均时, 有

$$M_m(x_t) = \frac{\sum T_t}{m} + \frac{\sum S_t}{m} + \frac{\sum I_t}{m}$$

因为加法模型的季节指数之和等于 0, 所以有

$$\frac{\sum S_t}{m} = 0$$

这说明 $M_m(x_t)$ 中不再含有季节效应, 因此周期长度的简单移动平均可以消除季节波动.

6.2.4　X11 季节调节模型

X11 季节调节模型简称 X11 模型. 它是第二次世界大战之后, 美国人口普查局委托统计学家实施的基于计算机自动进行的时间序列因素分解方法. 构造它的原因是很多序列通常具有明显的季节效应, 季节性会掩盖序列发展的真正趋势, 妨碍人们对长期趋势做出正确判断. 因此在进行国情监测研究时, 首先需要对序列进行因素分解, 分别监测季节波动和趋势效应.

关于因素分解方法的原理与操作步骤, 我们通过例 6–1 和例 6–2 的演示已经介绍过了. 但是例 6–1 和例 6–2 是手工操作的, 而且没有精度的要求. 如何能创造出一套适用于所有序列, 自动化程度很高, 而且精度很高的因素分解模型? 统计学家为此进行了长期的改进工作.

1954 年, 第一个基于计算机自动完成的因素分解程序测试版本面世, 随后经过 10 多年的发展, 计算方法不断完善, 陆续推出了新的测试版本 X1, X2,···, X10. 1965 年, 统计学家 Shiskin, Young 和 Musgrave 共同研发推出了新的测试版本 X11. X11 在传统的简单移动平均方法的基础上, 创造性地引入两种移动平均方法以弥补简单移动平均方法的不足. 它通过三种移动平均方法, 进行三阶段的因素分解. 大量的实践应用证明, 对具有各种特征的序列, X11 模型都能进行精度很高的计算机程序化操作的因素分解. 自此, X11 模型成为全球统计机构和商业机构进行因素分解时最常使用的模型.

X11 面世之后, 各国统计学家依然致力于 X11 模型的持续改进. 1975 年, 加拿大统计局将 ARIMA 模型引入 X11 模型. 借助 ARIMA 模型可以对序列进行向后预测扩充数据, 以保证拟合数据的完整性, 这弥补了中心移动平均方法的缺陷. 1998 年, 美国人口普查局开发了 X12-ARIMA 模型. 这次是将干预分析 (我们将在 7.2 节中介绍干预分析) 引入 X11 模型. 它是在进行 X11 分析之前, 将一些特殊因素作为干预变量引入研究. 这些干预变量包括: 特殊节假日、固定季节因素、工作日因素、交易日因素、闰年因素以及研究人员自定义的任意自变量. 先建立响应变量和干预变量回归模型, 再对回归残差序列进行 X11 因素分解. 2006 年美国人口普查局再次推出更新版本 X13-ARIMA-Seats, 它在 X12-ARIMA 的基础上增加了 Seats 季节调整方法.

由这个改进过程我们可以看到, 尽管现在有很多因素分解模型的最新版本, 但最重要的理论基础依然是 X11 模型. 所以我们主要介绍 X11 模型的理论基础和操作流程.

除了简单移动平均方法, X11 模型中还加入了两种新的移动平均方法.

一、Henderson 加权移动平均

简单移动平均具有很多优良的属性, 这使得它成为应用最广的一种移动平均方法, 但它也有不足之处. 在提取趋势信息时, 它能很好地提取一次函数 (线性趋势) 和二次函数 (抛物线趋势) 的信息, 但是对于二次以上曲线, 它对趋势信息的提取就不够充分了.

这说明简单移动平均对高阶多项式函数的拟合不够精确. 为了解决这个问题, X11 模型引入了 Henderson 加权移动平均.

Henderson 加权移动平均是指在 $\sum_{i=-k}^{k} \theta_i = 1$ 且 $\sum_{i=-k}^{k} i\theta_i = 0$ 的约束下, 使 $S^2 = \sum_{i=-k}^{k} (\nabla^3 \theta_i)^2$ 达到最小的 θ_i 即移动平均的加权系数. 其中, S^2 等于移动平均系数的三阶差分的平方和, 这等价于将某个三次多项式作为光滑度的一个指标, 要求 S^2 达到最小, 就是力求修匀值接近一条三次曲线. 理论上也可以要求 S^2 逼近更高次数的多项式曲线, 比如四次或五次, 这时只需要调整 S^2 函数中的差分阶数, 即 $S^2 = \sum_{i=-k}^{k} (\nabla^4 \theta_i)^2$ 或 $S^2 = \sum_{i=-k}^{k} (\nabla^5 \theta_i)^2$. 但阶数越高, 计算越复杂, 所以使用最多的还是 3 阶差分光滑度要求.

目前人们已经计算出了 3 阶差分光滑度下使 S^2 达到最小的 5 期、7 期、9 期、13 期和 23 期的移动平均系数, 如表 6–1 所示.

表 6-1　Henderson 加权移动平均系数

k	$\theta_k(\theta_{-k})$				
	5 期	7 期	9 期	13 期	23 期
0	0.559 44	0.412 59	0.331 14	0.240 06	0.144 06
1	0.293 71	0.293 71	0.266 56	0.214 34	0.138 32
2	−0.073 43	0.058 74	0.118 47	0.147 36	0.121 95
3		−0.058 74	−0.009 87	0.065 49	0.097 40
4			−0.040 72	0.000 00	0.068 30
5				−0.027 86	0.038 93
6				−0.019 35	0.013 43
7					−0.004 95
8					−0.014 53
9					−0.015 69
10					−0.010 92
11					−0.004 28

Henderson 加权移动平均的期数选择取决于序列的波动幅度. 序列的波动幅度越大, 期数选得越大.

实践证明, 对高阶曲线趋势, Henderson 加权移动平均通常也能取得精度很高的拟合效果.

二、Musgrave 非对称移动平均

简单移动平均加上 Henderson 加权移动平均可以很好地提取序列中蕴含的线性或非线性趋势信息. 但是它们都有一个明显的缺点: 因为都是中心移动平均方法, 所以一头一尾都会有拟合信息的缺损. 如表 6-1 所示, 进行 4 期移动平均时, 一头一尾都缺失了 2 期序列拟合值. 这是严重的信息损耗, 尤其是最后几期的信息可能正是我们最关心的. 1964 年, 统计学家 Musgrave 针对这个问题专门构造了 Musgrave 非对称移动平均方法, 专门用来补齐最后缺损的序列拟合值.

Musgrave 非对称移动平均的构造思想是, 已知一组中心移动平均系数满足 $\sum\limits_{i=-k}^{k}\theta_i=1$、方差最小、光滑度最优等前提约束. 现在需要另外寻找一组非中心移动平均系数, 也满足和为 1 的约束 $\left(\sum\limits_{i=-k}^{k-d}\phi_i=1\right)$, 且它的拟合值能无限接近中心移动平均的拟合值, 即对中心移动平均现有估计值做出的修正最小:

$$\min\left\{E\left(\sum_{i=-k}^{k}\theta_i x_{t-i}-\sum_{i=-(k-d)}^{k}\phi_i x_{t-i}\right)\right\}^2, d\leqslant k$$

式中, d 为补充平滑的项数.

X11 模型就是基于中心移动平均、Henderson 加权移动平均和 Musgrave 非对称移动平均这三大类移动平均方法, 使用多次移动平均反复迭代进行因素分解. 下面借助一个具体的例子, 讲解 X11 模型的计算流程.

【例 6-2 续 (3)】 对 1993—2000 年中国社会消费品零售总额序列, 基于 X11 模型进行因素分解 (数据见表 A1-17).

每个序列基于 X11 模型进行因素分解, 都要经过如下三个阶段共 10 步的重复迭代过程, 才能得到最终的高精度的因素分解结果.

迭代第一阶段:

第 1 步: 进行 $M_{2\times 12}$ 复合移动平均, 剔除周期效应, 得到趋势效应初始估计值.

$$T_t^{(1)}=M_{2\times 12}(x_t)$$

第 2 步: 从原序列 $\{x_t\}$ 中剔除趋势效应, 得到季节–不规则成分, 不妨记作 $\{y_t^{(1)}\}$.

$$y_t^{(1)}=S_t^{(1)}\times I_t^{(1)}=\frac{x_t}{T_t^{(1)}}$$

第 3 步: 计算 $\left\{y_t^{(1)}\right\}$ 序列的季节指数.

$$S_t^{(1)} = \frac{y_t^{(1)}}{\bar{y}_t^{(1)}} = \frac{M_{3\times 3}(y_t^{(1)})}{M_{2\times 12}(y_t^{(1)})}$$

第 4 步: 从原序列 $\{x_t\}$ 中剔除季节效应, 得到趋势–不规则成分, 不妨记作 $\{x_t^{(2)}\}$.

$$x_t^{(2)} = T_t \times I_t = \frac{x_t}{S_t^{(1)}}$$

迭代第二阶段:

第 5 步: 用 13 期 Henderson 加权移动平均, 并使用 Musgrave 非对称移动平均填补 Henderson 加权移动平均不能获得的最后估计值, 得出趋势效应估计值.

$$T_t^{(2)} = H_{13}(x_t^{(2)})$$

第 6 步: 从序列 $\{x_t^{(2)}\}$ 中剔除趋势效应, 得到季节–不规则成分, 不妨记作 $\{y_t^{(2)}\}$.

$$y_t^{(2)} = S_t^{(2)} \times I_t^{(2)} = \frac{x_t^{(2)}}{T_t^{(2)}}$$

第 7 步: 计算 $\{y_t^{(2)}\}$ 序列的季节指数 $S_t^{(2)}$.

$$S_t^{(2)} = \frac{y_t^{(2)}}{\bar{y}_t^{(2)}} = \frac{M_{3\times 3}(y_t^{(2)})}{M_{2\times 12}(y_t^{(2)})}$$

第 8 步: 从序列 $\{x_t^{(2)}\}$ 中剔除季节效应, 得到季节调整后序列, 不妨记作 $\{x_t^{(3)}\}$.

$$x_t^{(3)} = T_t \times I_t = \frac{x_t^{(2)}}{S_t^{(2)}}$$

迭代第三阶段:

第 9 步: 根据 $\{x_t^{(3)}\}$ 波动性的大小, 程序自动选择适当期数的 Henderson 加权移动平均, 并使用 Musgrave 非对称移动平均填补 Henderson 加权移动平均不能获得的估计值, 计算最终趋势效应.

$$T_t^{(3)} = H_{2k+1}(x_t^{(3)})$$

第 10 步: 从 $\{x_t^{(3)}\}$ 中剔除趋势效应, 得到随机波动.

$$I_t^{(3)} = \frac{x_t^{(3)}}{T_t^{(3)}}$$

通过上面三个迭代阶段, 得到的是最终的因素分解结果:

$$x_t = S_t^{(2)} \times T_t^{(3)} \times I_t^{(3)}$$

R 语言中有多个包的多个函数可以进行确定性因素分解. 在此我们介绍最简单的一个函数 decompose, 该函数的命令格式如下:

```
    decompose(x= ,type= )
```
式中：
-x：序列名；
-type：指定是加法模型还是乘法模型.
(1) type="additive"，加法模型. 这是系统默认设置.
(2) type="multiplicative"，乘法模型.

　　本例进行因素分解的相关命令和输出内容如下.

➤ 对序列进行乘法模型的因素分解
y_fit1<-decompose(y,type="multi")
➤ 查看季节指数，并绘制效果图
y_fit1$figure
plot(y_fit1$figure,type="o")　　#结果如图 6-12 所示
[1]　1.0439030　0.9939439　0.9592626　0.9397644　0.9438897　0.9588798
[7]　0.9286603　0.9260807　0.9814290　1.0074970　1.0472403　1.2694493
#结果如图 6-11 所示

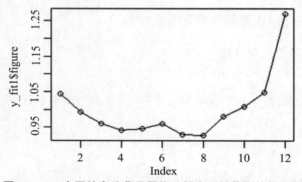

图 6-11　中国社会消费品零售总额序列季节指数效果图

➤ 查看趋势效应
y_fit1$trend　# 输出数据略
plot(y_fit1$trend)　　#结果如图 6-12 所示

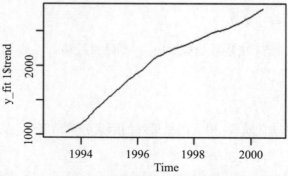

图 6-12　中国社会消费品零售总额序列趋势效应效果图

➤ 查看随机效应

```
y_fit1$random  # 输出数据略
plot(y_fit1$random)    #结果如图 6-13 所示
```

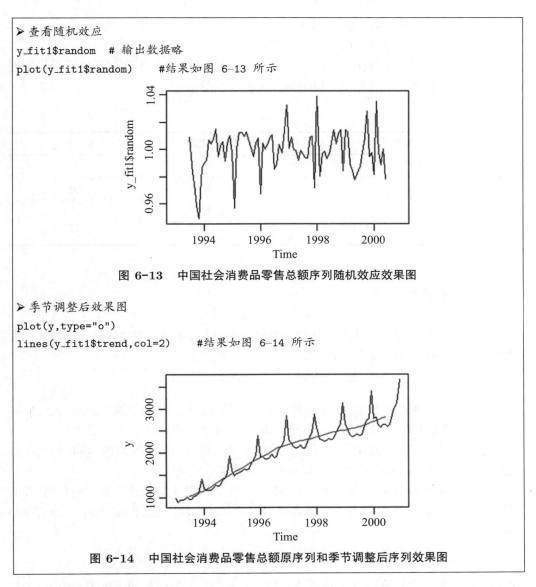

图 6-13　中国社会消费品零售总额序列随机效应效果图

➤ 季节调整后效果图

```
plot(y,type="o")
lines(y_fit1$trend,col=2)    #结果如图 6-14 所示
```

图 6-14　中国社会消费品零售总额原序列和季节调整后序列效果图

　　X11 模型通过多次加权移动平均, 可以单纯测度出季节因素、长期趋势和随机波动对序列的影响, 将我们需要用手工一步步拆分的信息, 一条命令就完成了. 这对研究人员进行序列确定性分解带来极大便捷.

6.3　指数平滑预测模型

　　确定性因素分解的第二个目的是根据序列呈现的确定性特征, 选择适当的模型, 预测序列未来的发展. 根据序列是否具有长期趋势与季节效应, 可以把序列分为如下三大类:

　　第一类: 既无长期趋势, 也无季节效应;

第二类: 有长期趋势, 无季节效应;

第三类: 长期趋势可有可无, 但一定有季节效应.

在确定性因素分解领域, 针对这三类序列, 可以采用三种不同的指数平滑模型进行序列预测. 各指数平滑模型的使用场合如表 6-2 所示.

表 6-2

预测模型选择	长期趋势	季节效应
简单指数平滑	无	无
Holt 两参数指数平滑	有	无
Holt-Winters 三参数指数平滑	有	有
	无	

6.3.1　简单指数平滑

对于既无长期趋势又无季节效应的序列, 可以认为序列围绕在均值附近做随机波动, 即假定序列的波动服从如下模型:

$$x_t = \mu + \varepsilon_t$$

式中, x_t 为 t 时刻的序列值; μ 为序列的常数均值; ε_t 为 t 时刻的随机波动, 假定不同时刻的 ε_t 相互独立, 且都服从正态分布, 即 $\varepsilon_t \sim N(0, \sigma^2), \forall t > 0$.

根据这个假定, 对该序列进行预测的主要目的是消除随机波动的影响, 得到序列稳定的均值. 简单移动平均方法可以很好地完成这个任务.

简单移动平均方法就是将过去 n 期的等权重加权算术均值作为序列的预测值. 假定序列最后一期的观察值为 x_t, 那么使用简单移动平均方法, 向前预测 1 期的预测值为:

$$\widehat{x}_{t+1} = \frac{x_t + x_{t-1} + \cdots + x_{t-n+1}}{n}$$

式中, $\widehat{x}_{t+1}$ 为序列向前预测 1 期的预测值; $x_t, x_{t-1}, \cdots$ 为序列的历史观察值; n 为移动平均期数, 它的大小可以由研究人员根据研究目的自行选择.

因为 $x_t = \mu + \varepsilon_t$, 且 $\varepsilon_t \sim N(0, \sigma^2)$, 所以

$$\widehat{x}_{t+1} = \frac{x_t + x_{t-1} + \cdots + x_{t-n+1}}{n} = \mu + \frac{\varepsilon_t + \varepsilon_{t-1} + \cdots + \varepsilon_{t-n+1}}{n}$$

容易推导出:

$$E\left(\widehat{x}_{t+1}\right) = \mu, \operatorname{Var}\left(\widehat{x}_{t+1}\right) = \frac{\sigma^2}{n}$$

这说明使用简单移动平均得到的预测值是序列真实值的无偏估计, 而且移动平均期数越大, 预测的误差越小.

简单移动平均具有很多良好的属性, 但是在实务中, 人们也发现了它的缺点. 以 n 期移动平均为例, 它相当于将最近 n 期的加权平均数作为未来一期序列的预测值, 历

史信息的权重都取为 $\dfrac{1}{n}$. 也就是说, 无论时间远近, 过去 n 期的观察值对未来的影响都是一样的.

但在现实生活中, 我们会发现对于大多数随机事件而言, 一般是近期的结果对现在的影响大些, 远期的结果对现在的影响小些. 为了更好地反映这种时间间隔的影响, Brown 和 Meyers 在 1961 年提出了指数平滑的思想. 他们修正了等权重的设计, 采用各期权重随时间间隔的增大呈指数衰减的设计.

简单指数平滑预测模型为:

$$\widehat{x}_{t+1} = \alpha x_t + \alpha\left(1-\alpha\right)x_{t-1} + \alpha(1-\alpha)^2 x_{t-2} + \alpha(1-\alpha)^3 x_{t-3} + \cdots$$

式中, $\widehat{x}_{t+1}$ 为序列向前预测 1 期的预测值; $x_t, x_{t-1}, x_{t-2}, \cdots$ 为序列的历史观察值; α 为平滑系数, 满足 $0 < \alpha < 1$.

因为

$$\sum_{k=0}^{\infty} \alpha(1-\alpha)^k = \frac{\alpha}{1-(1-\alpha)} = 1$$

所以

$$E\left(\widehat{x}_{t+1}\right) = \sum_{k=0}^{\infty} \alpha(1-\alpha)^k \mu = \mu$$

这说明简单指数平滑方法的设计既考虑到时间间隔的影响, 又不影响预测值的无偏性. 因此, 它是一种简单好用的无趋势、无季节效应序列的预测方法.

在实际应用中, 通常使用简单指数平滑的递推公式进行逐期预测:

$$\begin{aligned}
\widehat{x}_{t+1} &= \alpha x_t + \alpha\left(1-\alpha\right)x_{t-1} + \alpha(1-\alpha)^2 x_{t-2} + \alpha(1-\alpha)^3 x_{t-3} + \cdots \\
&= \alpha x_t + (1-\alpha)\left[\alpha x_{t-1} + \alpha\left(1-\alpha\right)x_{t-2} + \alpha(1-\alpha)^2 x_{t-3} + \cdots\right] \\
&= \alpha x_t + (1-\alpha)\widehat{x}_t
\end{aligned}$$

式中, $\widehat{x}_{t+1}$ 为序列第 $t+1$ 期的指数平滑估计值; $\widehat{x}_t$ 为序列第 t 期的指数平滑估计值; x_t 为序列第 t 期的观察值; α 为平滑系数, 满足 $0 < \alpha < 1$.

平滑系数 α 的值可以由研究人员根据经验和需要自行给定. 对于变化缓慢的序列, 常取较小的 α 值; 相反, 对于变化迅速的序列, 常取较大的 α 值. 经验 α 值通常介于 $0.05 \sim 0.3$ 之间. 现在很多统计软件也支持基于拟合精度最优原则, 由计算机自行给出 α 值.

【例 6-3】 对某一观察值序列 $\{x_t\}$ 使用简单指数平滑法. 已知 $x_t = 10, \widehat{x}_t = 10.5$, 平滑系数 $\alpha = 0.25$.

(1) 求向前预测 2 期的预测值 $\widehat{x}_{t+2}$.

(2) 在 2 期预测值 $\widehat{x}_{t+2}$ 中, x_t 前面的系数等于多少?

解:

(1) $\widehat{x}_{t+1} = 0.25 x_t + 0.75\widehat{x}_t = 0.25 \times 10 + 0.75 \times 10.5 = 10.375$

$\widehat{x}_{t+2} = \widehat{x}_{t+1} = 10.375$

(2) 因为

$$\widehat{x}_{t+2} = \widehat{x}_{t+1} = \alpha x_t + \alpha(1 - \alpha)x_{t-1} + \cdots$$

所以使用简单指数平滑法, 在 2 期预测值 $\widehat{x}_{t+2}$ 中, x_t 前面的系数等于平滑系数 α, 本例中 $\alpha = 0.25$.

在 R 语言中, 指数平滑预测通过 HoltWinters 函数完成, 该函数的命令格式如下:

```
    HoltWinters(x, alpha=, beta= , gamma= , seasonal= )
式中:
-x:  要进行指数平滑的序列名.
-alpha:  平滑系数 α.
-beta:  平滑系数 β.
-gamma:  平滑系数 γ.
这三个参数联合起来, 确定要拟合的指数平滑模型的类型:
(1) 当 alpha 不指定, beta=F, gamma=F 时, 表示拟合简单指数平滑模型.
(2) 当 alpha 和 beta 都不指定, gamma=F 时, 表示拟合 Holt 两参数指数平滑模型.
(3) 当三个参数都不指定时, 表示拟合 Holt-Winters 三参数指数平滑模型.
-seasonal:  当序列既含有季节效应又含有趋势效应时, 指定季节与趋势的关系:
(1) seasonal="additive", 加法模型, 这也是系统默认的设置.
(2) seasonal="multiplicative", 乘法模型.
```

【例 6-4】 根据 1949—1998 年北京市每年最高气温序列, 采用指数平滑法预测 1999—2018 年北京市每年的最高气温 (数据见表 A1–18).

```
➤ 绘制时序图
temp<-ts(A1_18$temp,start=1949)
plot(temp)    #结果如图 6-15 所示
```

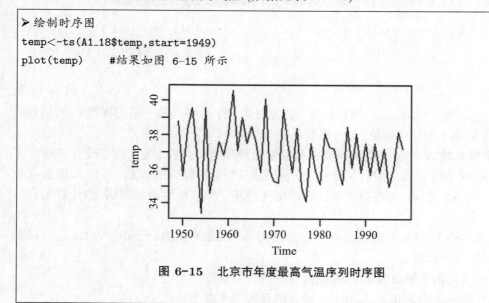

图 6-15　北京市年度最高气温序列时序图

➤ 进行简单指数平滑

```
fit<-HoltWinters(temp,beta=F,gamma=F)
fit

Smoothing parameters:
 alpha:  0.1219497
 beta :  FALSE
 gamma:  FALSE
Coefficients:
       [,1]
 a  36.73541
```

➤ 基于简单指数平滑模型, 进行 5 期预测

```
library(forecast)
fore<-forecast(fit,h=5)
fore

Point    Forecast     Lo 80      Hi 80      Lo 95      Hi 95
1999     36.73541    34.54263   38.92819   33.38184   40.08898
2000     36.73541    34.52638   38.94443   33.35699   40.11382
2001     36.73541    34.51025   38.96056   33.33233   40.13848
2002     36.73541    34.49424   38.97657   33.30784   40.16297
2003     36.73541    34.47835   38.99247   33.28353   40.18728
```

➤ 绘制预测效果图

```
plot(fore,lty=2)
lines(fore$fitted,col=4)      #结果如图 6-16 所示
```

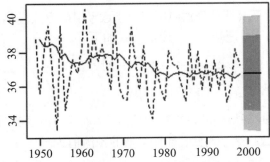

图 6-16　北京市年度最高气温序列指数平滑预测效果图

图中: 虚线为序列观察值, 实线为序列指数平滑估计值与预测值, 深色阴影部分为预测值80%置信区间, 浅色阴影部分为预测值95%置信区间.

　　首先绘制该序列时序图 (图 6—15), 可以看出该序列没有明显的趋势和周期效应, 所以我们采用简单指数平滑法进行序列预测. 我们没有指定平滑系数的取值, 所以系统自行帮我们指定了平滑参数的值 $\alpha = 0.121\ 949\ 7$. 系统还输出了序列向前 1 期的

预测值等于 36.735 41 (a=36.735 41). 基于简单指数平滑的性质, 未来任意期的预测值都等于 1 期预测值, 即 $\widehat{x}_{t+k} = \widehat{x}_{t+1}, \forall k \geqslant 1$. 这意味着, 因为北京市每年的最高气温序列是平稳序列, 所以基于现有的历史数据, 预测未来北京市最高气温的点估计都等于 36.74 摄氏度.

6.3.2 Holt 两参数指数平滑

Holt 两参数指数平滑适用于对含有线性趋势的序列进行预测. 它的基本思想是具有线性趋势的序列通常可以表达为如下模型结构:

$$x_t = a_0 + bt + \varepsilon_t \tag{6.1}$$

式中, a_0 为截距; b 为斜率; ε_t 为随机波动, $\varepsilon_t \sim N(0, \sigma^2)$.

式 (6.1) 可以等价表达为如下递推公式:

$$x_t = a_0 + b(t-1) + b + \varepsilon_t$$
$$= (x_{t-1} - \varepsilon_{t-1}) + b + \varepsilon_t$$

不妨记

$$a(t-1) = x_{t-1} - \varepsilon_{t-1}$$
$$b(t) = b + \varepsilon_t$$

显然, $a(t-1)$ 是序列在 $t-1$ 时刻截距的无偏估计值, $b(t)$ 是序列在 t 时刻斜率的无偏估计值.

式 (6.1) 可以等价表达为:

$$x_t = a(t-1) + b(t) \tag{6.2}$$

Holt 两参数指数平滑就是分别使用简单指数平滑的方法, 结合序列的最新观察值, 不断修匀截距项 $\widehat{a}(t)$ 和斜率项 $\widehat{b}(t)$, 递推公式如下:

$$\widehat{a}(t) = \alpha x_t + (1-\alpha)\left[\widehat{a}(t-1) + \widehat{b}(t-1)\right]$$
$$\widehat{b}(t) = \beta\left[\widehat{a}(t) - \widehat{a}(t-1)\right] + (1-\beta)\widehat{b}(t-1)$$

式中, x_t 为序列在 t 时刻得到的最新观察值; α, β 均为平滑系数, 满足 $0 < \alpha, \beta < 1$.

使用 Holt 两参数指数平滑法, 向前 k 期的预测值为:

$$\widehat{x}_{t+k} = \widehat{a}(t) + \widehat{b}(t)k, \forall k \geqslant 1$$

和简单指数平滑方法一样, 两参数指数平滑的平滑系数 α 和 β 的值可以由研究人员根据经验和需要自行给定. 通常对于变化缓慢的序列, 常取较小的平滑系数; 相反, 对于变化迅速的序列, 常取较大的平滑系数. 现在很多统计软件也支持基于拟合精度最优原则, 由计算机自行给出 α 和 β 的估计值.

【例 6-5】 对 1898—1968 年纽约市人均日用水量序列进行 Holt 两参数指数平滑, 预测 1969—1980 年纽约市人均日用水量 (数据见表 A1–19).

➤ 绘制时序图

```
water<-ts(A1_19$water,start=1898)
plot(water)      #结果如图 6-17 所示
```

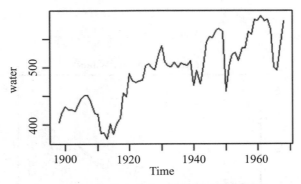

图 6-17　纽约市人均日用水量序列时序图

➤ 进行 Holt 两参数指数平滑

```
fit<-HoltWinters(water,gamma=F)
fit
```

```
Smoothing parameters:
 alpha:  0.9718144
 beta:   0.06168602
 gamma:  FALSE
```

```
Coefficients:
        [,1]
 a   579.7397
 b     3.2201
```

➤ 基于 Holt 两参数指数平滑，进行 12 年预测

```
library(forecast)
fore<-forecast(fit,h=12)
fore
```

Point	Forecast	Lo 80	Hi 80	Lo 95	Hi 95
1969	582.9598	550.1800	615.7397	532.8275	633.0922
1970	586.1799	539.0803	633.2795	514.1473	658.2126
1971	589.4000	530.2476	648.5525	498.9342	679.8659
1972	592.6201	522.4478	662.7925	485.3008	699.9395
1973	595.8402	515.2082	676.4723	472.5242	719.1563
1974	599.0603	508.2922	689.8285	460.2425	737.8782
1975	602.2804	501.5638	702.9971	448.2476	756.3133
1976	605.5005	494.9373	716.0638	436.4086	774.5925

1977	608.7206	488.3556	729.0857	424.6381	792.8032
1978	611.9407	481.7789	742.1026	412.8754	811.0061
1979	615.1608	475.1786	755.1431	401.0765	829.2452

➤ 预测效果图

```
plot(fore,lty=2)
lines(fore$fitted,col=4)        #结果如图 6-18 所示
```

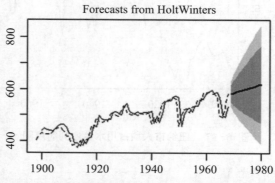

图 6-18　纽约市人均日用水量序列 Holt 两参数指数平滑预测效果图

图中：　虚线为序列观察值, 实线为序列指数平滑估计值与预测值, 深色阴影部分为预测值80% 置信区间, 浅色阴影部分为预测值95% 置信区间.

　　首先绘制该序列时序图 (见图 6-17), 时序图显示这是一个有显著线性递增趋势的序列, 所以采用 Holt 两参数指数平滑法拟合并预测该序列的发展.

　　本例, 我们没有特别指定平滑系数的值, 所以 R 基于最优拟合原则计算出平滑系数:

$$\alpha = 0.971\ 814\ 4, \beta = 0.061\ 686\ 02$$

　　通过 Holt 两参数指数平滑法, 不断迭代, 得到最后一期的参数估计值为:

$$a(t) = 579.739\ 7, b(t) = 3.220\ 1$$

则未来任意 k 期的预测值为:

$$\widehat{x}_{t+k} = 579.739\ 7 + 3.220\ 1k, \forall k \geqslant 1$$

6.3.3　Holt-Winters 三参数指数平滑

　　为了预测带季节效应的序列, 1960 年 Winters 在 Holt 两参数指数平滑的基础上构造了 Holt-Winters 三参数指数平滑.

一、加法模型

　　对于季节加法模型, 序列通常可以表达为如下模型结构:

$$x_t = a_0 + bt + c_t + \varepsilon_t \tag{6.3}$$

式中, a_0 为截距; b 为斜率; ε_t 为随机波动, 且 $\varepsilon_t \sim N(0, \sigma^2)$; c_t 为 t 时刻由季节效应造成的序列偏差.

假设每个季节的周期长度为 m 期, 每一期的季节指数为 $S_1, S_2, \cdots, S_m$. 不妨假设 t 时刻为季节周期的第 j 期 $(1 \leqslant j \leqslant m)$, 则 c_t 可以表达为:

$$c_t = S_j + e_t, e_t \sim N(0, \sigma_e^2)$$

式 (6.3) 可以等价表达为如下递推公式:

$$x_t = a_0 + b(t-1) + b + c_t + \varepsilon_t$$
$$= (x_{t-1} - c_{t-1} - \varepsilon_{t-1}) + (b + \varepsilon_t) + (S_j + e_t)$$

不妨记

$$a(t-1) = x_{t-1} - c_{t-1} - \varepsilon_{t-1}$$
$$b(t) = b + \varepsilon_t$$
$$c(t) = S_j + e_t$$

显然, $a(t-1)$ 是 $t-1$ 时刻消除季节效应的序列截距项的无偏估计值, $b(t)$ 是 t 时刻斜率 b 的无偏估计值, $c(t)$ 是 t 时刻季节指数 S_j 的无偏估计值.

式 (6.3) 可以等价表达为:

$$x_t = a(t-1) + b(t) + c(t) \tag{6.4}$$

Holt-Winters 三参数指数平滑就是分别使用指数平滑的方法, 迭代递推参数 $\widehat{a}(t)$, $\widehat{b}(t)$ 和 $\widehat{c}(t)$ 的值, 递推公式如下:

$$\widehat{a}(t) = \alpha\left[x_t - c(t-m)\right] + (1-\alpha)\left[\widehat{a}(t-1) + \widehat{b}(t-1)\right]$$
$$\widehat{b}(t) = \beta\left[\widehat{a}(t) - \widehat{a}(t-1)\right] + (1-\beta)\widehat{b}(t-1)$$
$$\widehat{c}(t) = \gamma\left[x_t - \widehat{a}(t)\right] + (1-\gamma)c(t-m)$$

式中, x_t 为序列在 t 时刻得到的最新观察值; m 为季节效应的周期长度; α, β, γ 均为平滑系数, 满足 $0 < \alpha, \beta, \gamma < 1$.

使用 Holt-Winters 三参数指数平滑加法公式, 向前 k 期的预测值为:

$$\widehat{x}_{t+k} = \widehat{a}(t) + \widehat{b}(t)k + \widehat{c}(t+k), \forall k \geqslant 1$$

假设 $t+k$ 期为季节周期的第 j 期, 则 $\widehat{c}(t+k) = \widehat{S}_j (j = 1, 2, \cdots, m)$.

【例 6-1 续 (3)】 对 1981—1990 年澳大利亚政府季度消费支出序列使用 Holt-Winters 三参数指数平滑法进行 8 期预测 (数据见表 A1–16).

➤ 进行 Holt-Winters 三参数指数平滑 (加法模型)

```
x<-ts(A1_16$x,start=c(1981,1),frequency = 4)
x_fit2<-HoltWinters(x)
x_fit2
Smoothing parameters:
 alpha:  0.143579
 beta:  1
 gamma:  0.2408436

Coefficients:
          [,1]
 a    11973.62900
 b      106.26456
 s1    -529.30835
 s2     558.59494
 s3     -81.35719
 s4     211.98349
```

➤ 基于 Holt-Winters 三参数指数平滑, 进行 2 年预测

```
library(forecast)
x_fore<-forecast(x_fit2,h=8)
x_fore
```

Point	Forecast	Lo 80	Hi 80	Lo 95	Hi 95
1991 Q1	11550.59	11265.04	11836.13	11113.88	11987.29
1991 Q2	12744.75	12447.67	13041.84	12290.40	13199.10
1991 Q3	12211.07	11889.53	12532.60	11719.32	12702.82
1991 Q4	12610.67	12249.73	12971.61	12058.66	13162.69
1992 Q1	11975.64	11528.52	12422.76	11291.83	12659.46
1992 Q2	13169.81	12659.49	13680.13	12389.34	13950.28
1992 Q3	12636.12	12050.64	13221.61	11740.71	13531.54
1992 Q4	13035.73	12364.64	13706.82	12009.38	14062.07

➤ 预测效果图

```
plot(x_fore,lty=2)
lines(x_fore$fitted,col=4)      #结果如图 6-19 所示
```

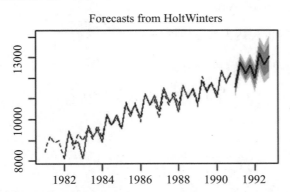

图 6-19　澳大利亚政府季度消费支出序列 Holt-Winters 三参数指数平滑预测效果图

图中：　虚线为序列观察值, 实线为序列指数平滑估计值与预测值, 深色阴影部分为预测值80%置信区间, 浅色阴影部分为预测值95%置信区间.

　　我们在例 6-1 中判断过该序列有趋势效应和季节效应, 且趋势效应与季节效应适用加法模型. 现在使用 Holt-Winters 三参数指数平滑模型对该序列进行拟合与预测.

　　本例, 我们没有特别指定平滑系数的值, 所以 R 基于最优拟合原则计算出平滑系数:

$$\alpha = 0.143\ 579, \beta = 1, \gamma = 0.240\ 843\ 6$$

通过 Holt-Winters 三参数指数平滑加法迭代公式, 得到三参数的最后迭代值为:

$$a(t) = 11\ 973.629, b(t) = 106.264\ 56$$

参数 $c(t)$ 的最后 4 个估计值对应的是 4 个季度的季节指数, 见表 6-3.

表 6-3

季度	1季度	2季度	3季度	4季度
S_j	−529.31	558.59	−81.36	211.98

　　所以, 该序列向前任意 k 期的预测值等于

$$\hat{x}_{t+k} = 11\ 973.63 + 106.26k + S_j, \forall k \geqslant 1$$

式中, j 为 $t + k$ 期对应的季节。

二、乘法模型

　　对于乘法模型, 序列通常可以表达为如下模型结构:

$$x_t = (a_0 + bt + \varepsilon_t)\, c_t \tag{6.5}$$

式中, a_0 为截距; b 为斜率; ε_t 为随机波动, 且 $\varepsilon_t \sim N(0, \sigma^2)$; c_t 为 t 时刻的季节效应.

　　假设每个季节的周期长度为 m 期, 每一期的季节指数分别为 $S_1, S_2, \cdots, S_m$. 不妨假设 t 时刻为季节周期的第 j 期 $(1 \leqslant j \leqslant m)$, 则 c_t 可以表达为:

$$c_t = S_j + e_t, e_t \sim N(0, \sigma_e^2)$$

式 (6.5) 可以等价表达为如下递推公式:

$$x_t = [a_0 + b(t-1) + b + \varepsilon_t] c_t$$

$$= [(x_{t-1}/c_{t-1} - \varepsilon_{t-1}) + (b + \varepsilon_t)] (S_j + e_t)$$

不妨记

$$a(t-1) = x_{t-1}/c_{t-1} - \varepsilon_{t-1}$$

$$b(t) = b + \varepsilon_t$$

$$c(t) = S_j + e_t$$

显然, $a(t-1)$ 是 $t-1$ 时刻消除季节效应的序列截距的无偏估计值, $b(t)$ 是 t 时刻序列斜率 b 的无偏估计值, $c(t)$ 是 t 时刻序列季节指数 S_j 的无偏估计值.

式 (6.5) 可以等价表达为:

$$x_t = [a(t-1) + b(t)] c(t) \tag{6.6}$$

式 (6.6) 中三个参数的递推公式如下:

$$\widehat{a}(t) = \alpha \left[x_t/c(t-m) \right] + (1-\alpha)[\widehat{a}(t-1) + \widehat{b}(t-1)]$$

$$\widehat{b}(t) = \beta \left[\widehat{a}(t) - \widehat{a}(t-1) \right] + (1-\beta)\widehat{b}(t-1)$$

$$\widehat{c}(t) = \gamma \left[x_t/\widehat{a}(t) \right] + (1-\gamma)c(t-m)$$

式中, x_t 为序列在 t 时刻的最新观察值; m 为季节效应的周期长度; α, β, γ 均为平滑系数, 满足 $0 < \alpha, \beta, \gamma < 1$.

使用 Holt-Winters 三参数指数平滑乘法公式, 向前 k 期的预测值为:

$$\widehat{x}_{t+k} = [\widehat{a}(t) + \widehat{b}(t)k]\widehat{c}(t+k), \forall k \geqslant 1$$

假设 $t+k$ 期为季节周期的第 j 期, 则 $\widehat{c}(t+k) = \widehat{S}_j (j = 1, 2, \cdots, m)$.

【例 6-2 续 (4)】　对 1993—2000 年中国社会消费品零售总额序列使用 Holt-Winters 三参数指数平滑法进行 12 期预测 (数据见表 A1–17).

```
➤进行 Holt-Winters 三参数指数平滑 (乘法模型)
y<-ts(A1_17$x,start=c(1993,1),frequency =12)
y_fit2<-HoltWinters(y,seasonal = "mult")
y_fit2

Smoothing parameters:
 alpha:  0.5029647
 beta :  0
 gamma:  0.6709417
```

```
Coefficients:
            [,1]
a     2970.7763151
b       25.3040210
s1       1.0324548
s2       0.9961517
s3       0.9426316
s4       0.9293512
s5       0.9439815
s6       0.9604070
s7       0.9400179
s8       0.9444779
s9       1.0030107
s10      1.0344504
s11      1.0460739
s12      1.2411201
```

➢ 基于 Holt-Winters 三参数指数平滑，进行 12 期预测

```
library(forecast)
y_fore<-forecast(y_fit2,h=12)
y_fore
```

	Point Forecast	Lo 80	Hi 80	Lo 95	Hi 95
Jan 2001	3093.317	3029.182	3157.453	2995.230	3191.404
Feb 2001	3009.757	2935.609	3083.905	2896.358	3123.157
Mar 2001	2871.905	2790.143	2953.666	2746.862	2996.948
Apr 2001	2854.960	2765.190	2944.730	2717.668	2992.251
May 2001	2923.791	2825.209	3022.372	2773.023	3074.558
Jun 2001	2998.967	2891.941	3105.994	2835.285	3162.650
Jul 2001	2959.086	2846.966	3071.207	2787.613	3130.560
Aug 2001	2997.025	2878.059	3115.991	2815.082	3178.968
Sep 2001	3208.142	3077.325	3338.960	3008.074	3408.210
Oct 2001	3334.878	3195.154	3474.603	3121.188	3548.569
Nov 2001	3398.820	3252.560	3545.080	3175.134	3622.506
Dec 2001	4063.954	3901.392	4226.516	3815.337	4312.571

➢ 预测效果图

```
plot(y_fore,lty=2)
lines(y_fore$fitted,col=4)        #结果如图 6-20 所示
```

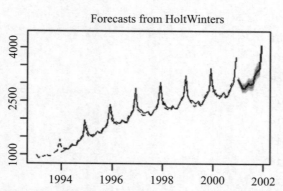

图 6-20   中国社会消费品零售总额序列 Holt-Winters 三参数指数平滑预测效果图

图中: 虚线为序列观察值, 实线为序列指数平滑估计值与预测值, 深色阴影部分为预测值80%置信区间, 浅色阴影部分为预测值95%置信区间.

我们在例 6-2 中判断过该序列有趋势效应和季节效应, 且趋势效应与季节效应适用乘法模型. 现在使用 Holt-Winters 三参数指数平滑模型对该序列进行拟合与预测.

本例, 我们没有特别指定平滑系数的值, 所以 R 基于最优拟合原则计算出平滑系数:

$$\alpha = 0.502\,964\,7, \beta = 0, \gamma = 0.670\,941\,7$$

得到三个参数的最后迭代值为:

$$a(t) = 2\,970.776\,3, b(t) = 25.304\,0$$

参数 $c(t)$ 的最后 12 个估计值对应的是 12 个月的季节指数, 见表 6-4.

表 6-4

月份 j	季节指数 S_j	月份 j	季节指数 s_j
1	1.032 5	7	0.940 0
2	0.996 2	8	0.944 5
3	0.942 6	9	1.003 0
4	0.929 4	10	1.034 5
5	0.944 0	11	1.046 1
6	0.960 4	12	1.241 1

该序列向前任意 k 期的预测值等于

$$\widehat{x}_{t+k} = (2\,970.776\,3 + 25.304k)\,S_j, \forall k \geqslant 1$$

式中, j 为 $t + k$ 期对应的季节.

6.4 ARIMA 加法模型

ARIMA模型也可以对具有季节效应的序列建模. 根据季节效应提取的方式不同, 又分为 ARIMA 加法模型和 ARIMA 乘法模型.

ARIMA 加法模型是指序列中季节效应和其他效应之间是加法关系, 即

$$x_t = S_t + T_t + I_t$$

这时, 各种效应信息的提取都非常容易. 通常简单的周期步长差分即可将序列中的季节信息提取充分, 简单的低阶差分即可将趋势信息提取充分, 提取完季节信息和趋势信息之后的残差序列就是一个平稳序列, 可以用 ARMA 模型拟合.

因此, 季节加法模型实际上就是通过趋势差分、季节差分将序列转化为平稳序列, 再对其进行拟合. 它的模型结构通常如下:

$$\nabla_S \nabla^d x_t = \frac{\Theta(B)}{\Phi(B)} \varepsilon_t$$

式中, S 为周期步长; d 为提取趋势信息所用的差分阶数.

$\{\varepsilon_t\}$ 为白噪声序列, 且 $E(\varepsilon_t) = 0, \mathrm{Var}(\varepsilon_t) = \sigma_\varepsilon^2$.

$\Phi(B) = 1 - \theta_1 B - \cdots - \theta_q B^q$, 为 q 阶移动平均系数多项式.

$\Phi(B) = 1 - \phi_1 B - \cdots - \phi_p B^p$, 为 p 阶自回归系数多项式.

该加法模型简记为 $\mathrm{ARIMA}(p, (d, S), q)$, 或 $\mathrm{ARIMA}(p, d, q) \times (0, 1, 0)_S$.

R 语言用 arima 函数中的 seasonal 选项拟合季节模型, 相关命令如下:

```
arima(x, order=, include.mean=,method=, transform.par=, fixed=,seasonal=)
```
式中:

-x: 要进行模型拟合的序列名.

-order: 指定非季节效应部分模型的阶数.

-include.mean: 指定是否需要拟合常数项.

-method: 指定参数估计方法.

-transform.par: 指定是否需要人为干预参数估计.

-fixed: 对疏系数模型指定疏系数的位置.

-seasonal: 指定季节模型的阶数与季节周期. 该选项的命令格式为:

```
seasonal=list(order=c(P,D,Q),period=s)
```
(1) 加法模型: P=0,Q=0.

(2) 乘法模型: P、Q 不全为零.

【例 6-6】 拟合 1962—1991 年德国工人季度失业率序列 (数据见表 A1–20).

➤ 绘制时序图

```
x<-ts(A1_20$x,start=c(1962,1),frequency = 4)
plot(x)    #结果如图 6-21 所示
```

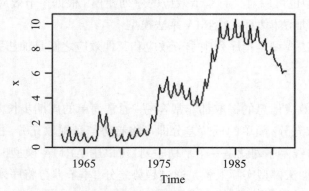

图 6-21　德国工人季度失业率序列时序图

➤ 进行 1 阶 4 步差分, 绘制差分后时序图

```
y<-diff(diff(x,4))
plot(y)    #结果如图 6-22 所示
```

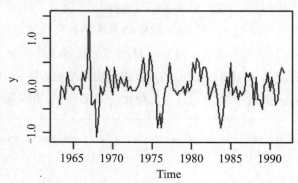

图 6-22　德国工人季度失业率差分后序列时序图

➤ 差分后序列平稳性检验

```
library(aTSA)
adf.test(y)


Augmented Dickey-Fuller Test
alternative:  stationary


Type 1:  no drift no trend
      lag    ADF    p.value
 [1,]   0   -6.77     0.01
 [2,]   1   -5.51     0.01
```

```
[3,]    2   -4.89   0.01
[4,]    3   -6.26   0.01
[5,]    4   -5.51   0.01
Type 2:  with drift no trend
       lag    ADF   p.value
[1,]    0   -6.74      0.01
[2,]    1   -5.48      0.01
[3,]    2   -4.86      0.01
[4,]    3   -6.23      0.01
[5,]    4   -5.49      0.01
Type 3:  with drift and trend
       lag    ADF   p.value
[1,]    0   -6.71      0.01
[2,]    1   -5.45      0.01
[3,]    2   -4.84      0.01
[4,]    3   -6.22      0.01
[5,]    4   -5.46      0.01
----
Note:  in fact, p.value = 0.01 means p.value <= 0.01
```

➤ 差分后序列纯随机性检验

```
for(k in 1:2) print(Box.test(y,lag=6*k,type="Ljung-Box"))
     Box-Ljung test

data: y
X-squared = 43.837, df = 6, p-value = 7.964e-08
X-squared = 51.708, df = 12, p-value = 6.982e-07
```

➤ 差分后序列的自相关图和偏自相关图

```
acf(y)
pacf(y)    #结果如图 6-23 所示
```

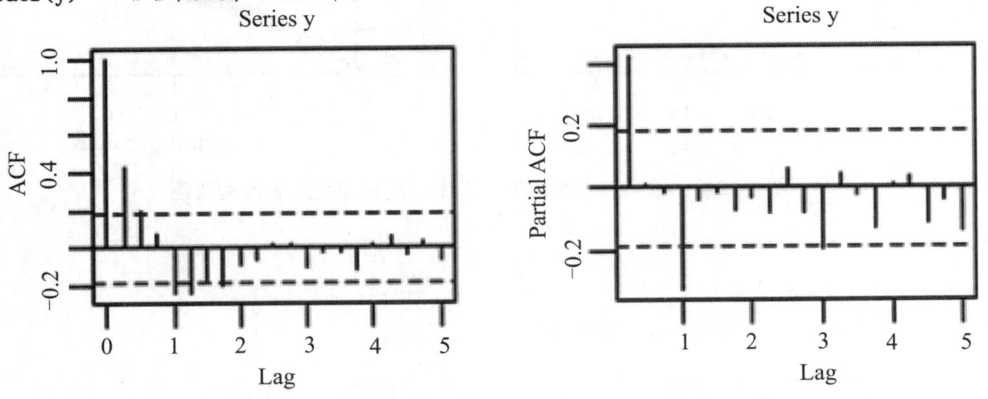

图 6-23　德国工人季度失业率差分后序列自相关图和偏自相关图

> 拟合加法 ARIMA 模型

```
x.fit<-arima(x,order=c(4,1,0),seasonal = list(order=c(0,1,0),period=4),
transform.par=F,fixed=c(NA,0,0,NA))
x.fit


Call:
arima(x = x, order = c(4, 1, 0), seasonal = list(order = c(0, 1, 0), period =
4), transform.pars = F, fixed = c(NA, 0, 0, NA))


Coefficients:
          ar1    ar2    ar3       ar4
       0.4449      0      0   -0.2720
 s.e.  0.0807      0      0    0.0804
sigma^2 estimated as 0.09266:  log likelihood = -26.7, aic = 59.39
```

> 模型显著性检验

```
ts.diag(x.fit)      #结果如图 6-24 所示
```

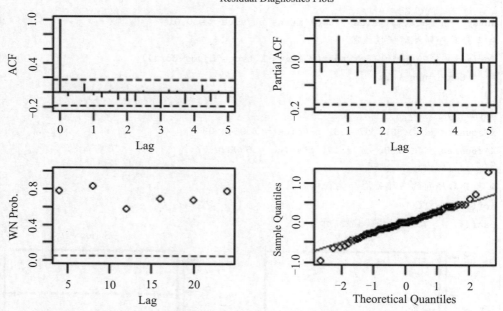

Residual Diagnostics Plots

图 6-24　德国工人季度失业率序列拟合模型显著性检验图

> 三年期预测

```
library(forecast)
x.fore<-forecast::forecast(x.fit,h=12)
x.fore
```

Point		Forecast	Lo 80	Hi 80	Lo 95	Hi 95	
1992	Q1	6.615077	6.224975	7.005178	6.0184679	7.211686
1992	Q2	5.856360	5.170875	6.541845	4.8080015	6.904719
1992	Q3	5.965918	5.027511	6.904325	4.5307483	7.401088
1992	Q4	5.844074	4.687986	7.000161	4.0759905	7.612157
1993	Q1	6.146436	4.634425	7.658448	3.8340140	8.458859
1993	Q2	5.326343	3.479538	7.173148	2.5018984	8.150787
1993	Q3	5.433197	3.294966	7.571428	2.1630545	8.703339
1993	Q4	5.343294	2.949603	7.736985	1.6824590	9.004128
1994	Q1	5.690528	2.925569	8.455487	1.4618876	9.919168
1994	Q2	4.907094	1.762628	8.051559	0.0980490	9.716138
1994	Q3	5.030993	1.528164	8.533821	-0.3261208	10.388106
1994	Q4	4.939984	1.103738	8.776231	-0.9270484	10.807017

➤ 绘制预测效果图

```
plot(x.fore,lty=2)
lines(fitted(x.fit),col=4)        #结果如图 6-25 所示
```

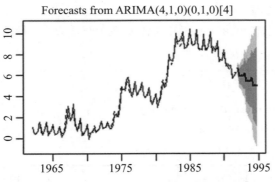

Forecasts from ARIMA(4,1,0)(0,1,0)[4]

图 6-25　德国工人季度失业率序列预测效果图

图中：　虚线为序列观察值，实线为序列指数平滑估计值与预测值，深色阴影部分为预测值 80% 置信区间，浅色阴影部分为预测值 95% 置信区间.

　　该序列时序图 (见图 6-21) 显示序列具有趋势和季节效应. 进行 1 阶差分提取趋势效应，4 步差分提取季节效应，1 阶 4 步差分后序列时序图 (见图 6-22) 显示差分后序列没有明显趋势和周期特征了，ADF 检验显示差分后序列平稳，白噪声检验显示差分后序列为非纯随机序列.

　　差分后序列的自相关图和偏自相关图 (见图 6-23) 显示，自相关系数显示出明显的下滑轨迹，这是典型的拖尾属性. 偏自相关图除了 1 阶和 4 阶偏自相关系数显著大于 2 倍标准差，其他阶数的偏自相关系数基本都在 2 倍标准差范围内波动. 所以尝试拟合疏系数模型 AR(1,4). 考虑到前面进行的差分运算，实际上就是拟合疏系数的季节加法模型 $\text{ARIMA}((1,4),(1,4),0)$，该模型也常常记作 $\text{ARIMA}((1,4),1,0) \times (0,1,0)_4$.

使用条件最小二乘和极大似然混合估计方法, 得到该模型拟合口径如下:

$$(1 - B)(1 - B^4)x_t = \frac{1}{1 - 0.444\,9B + 0.272B^4}\varepsilon_t, Var(\varepsilon_t) = 0.092\,66$$

接着对模型进行显著性检验. 检验结果显示残差序列为白噪声序列, 这说明该模型拟合良好, 对序列相关信息的提取充分. 另外, 因为所有参数的估计值均大于其 2 倍标准差, 所以参数均显著非零.

将序列拟合值和序列观察值联合做图, 如图 6–25 所示. 通过图示也可以直观地看出该加法 ARIMA 模型对序列的拟合效果良好.

6.5 ARIMA 乘法模型

例 6–6 中的数据是一个既含有季节效应又含有长期趋势效应的简单序列, 说它简单是因为这种序列的季节效应、趋势效应和随机波动之间很容易分开, 这时简单的季节加法模型即可拟合该序列的发展.

但更为常见的情况是, 序列的季节效应、长期趋势效应和随机波动之间存在复杂的交互影响关系, 简单的季节加法模型并不足以充分提取其中的相关关系, 这时通常需要采用季节乘法模型.

【例 6–7】 拟合 1948—1981 年美国女性 (20 岁以上) 月度失业率序列 (数据见表 A1–21).

➤ 绘制时序图
```
x<-ts(A1_21$x,start=c(1948,1),frequency =12)
plot(x)     #结果如图 6-26 所示
```

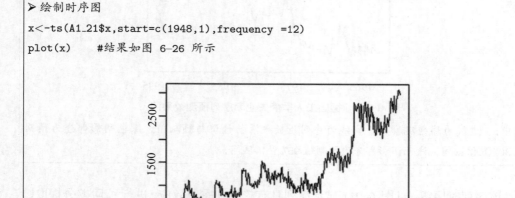

图 6-26　美国女性月度失业率序列时序图

➤ 绘制差分后时序图
```
y<-diff(diff(x,12))
plot(y)     #结果如图 6-27 所示
```

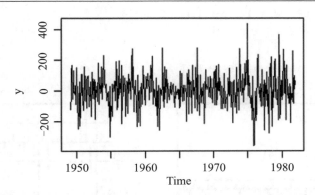

图 6-27　美国女性月度失业率序列 1 阶 12 步差分后时序图

➤ 差分后序列平稳性检验

```
library(aTSA)
adf.test(y,nlag=3)


Augmented Dickey-Fuller Test
alternative:  stationary
Type 1:  no drift no trend
      lag     ADF    p.value
 [1,]   0  -22.81     0.01
 [2,]   1  -12.52     0.01
 [3,]   2   -9.79     0.01
Type 2:  with drift no trend
      lag     ADF    p.value
 [1,]   0  -22.79     0.01
 [2,]   1  -12.51     0.01
 [3,]   2   -9.77     0.01
Type 3:  with drift and trend
      lag     ADF    p.value
 [1,]   0  -22.76     0.01
 [2,]   1  -12.49     0.01
 [3,]   2   -9.77     0.01
----
Note:  in fact, p.value = 0.01 means p.value <= 0.01
```

➤ 差分后序列白噪声检验

```
for(k in 1:2) print(Box.test(y,lag=6*k,type="Ljung-Box"))


Box-Ljung test


data:  y
X-squared = 24.692, df = 6, p-value = 0.0003894
```

```
X-squared = 121.08, df = 12, p-value < 2.2e-16
```

➢ 差分后序列自相关图和偏自相关图

```
acf(y,lag=36)
pacf(y,lag=36)        #结果如图 6-28 所示
```

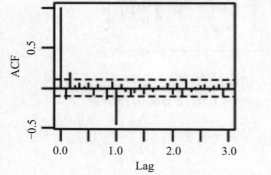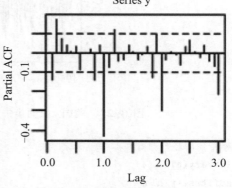

图 6-28　美国女性月度失业率差分后序列自相关图和偏自相关图

➢ 拟合季节乘法模型

```
x.fit<-arima(x,order=c(1,1,1),seasonal = list(order=c(0,1,1),period=12))
x.fit
```

```
Call:
arima(x = x, order = c(1, 1, 1), seasonal = list(order = c(0, 1, 1), period =
12))
Coefficients:
          ar1       ma1      sma1
       -0.7290    0.6059   -0.7918
  s.e.   0.1497    0.1728    0.0337

sigma^2 estimated as 7444:  log likelihood = -2327.14, aic = 4662.28
```

➢ 拟合模型显著性检验

```
ts.diag(x.fit)      #结果如图 6-29 所示
```

Residual Diagnostics Plots

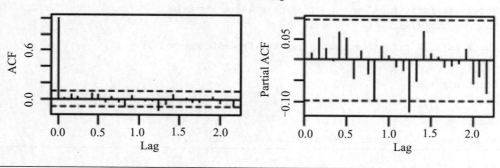

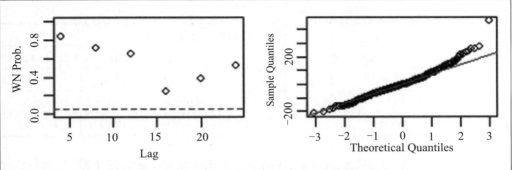

图 6-29　美国女性月度失业率序列拟合模型显著性检验图

➤ 模型预测，并绘制预测效果图

```
library(forecast)
x.fore<-forecast::forecast(x.fit,h=36)
plot(x.fore,lty=2)
lines(fitted(x.fit),col=4)        #结果如图 6-30 所示
```

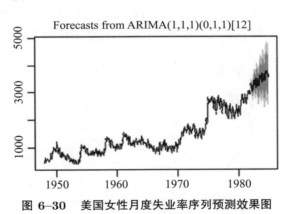

图 6-30　美国女性月度失业率序列预测效果图

图中：　虚线为序列观察值，实线为序列指数平滑估计值与预测值，深色阴影部分为预测值 80% 置信区间，浅色阴影部分为预测值 95% 置信区间.

　　该序列时序图如图 6-26 所示. 时序图显示该序列既含有长期递增趋势，又含有以年为周期的季节效应. 对原序列做 1 阶差分消除趋势，再作 12 步差分消除季节效应的影响，差分后序列的时序图如图 6-27 所示. 时序图显示差分后序列类似平稳. 差分后序列的 ADF 检验显示差分平稳，白噪声检验显示差分后序列为非白噪声序列.

　　考察差分后序列的自相关图和偏自相关图 (见图 6-28) 的性质，为拟合模型定阶. 自相关图显示延迟 12 阶自相关系数显著大于 2 倍标准差，这说明差分后序列中仍蕴含非常显著的季节效应. 延迟 1 阶、2 阶的自相关系数也大于 2 倍标准差，这说明差分后序列还具有短期相关性. 观察偏自相关图得到的结论和自相关图的结论一致.

　　根据差分后序列的自相关图和偏自相关图的性质，可以尝试拟合如表 6-5 所示的各种 ARMA 模型，拟合效果均不理想，拟合残差均通不过白噪声检验.

表 6-5

延迟阶数	拟合模型残差序列白噪声检验					
	AR(1,12)		MA(1,2,12)		ARMA((1,12),(1,12))	
	χ^2 值	P 值	χ^2 值	P 值	χ^2 值	P 值
6	14.58	0.005 7	9.5	0.023 3	15.77	0.000 4
12	16.42	0.088 3	14.19	0.115 8	17.99	0.021 3

反复尝试结果均不理想, 说明简单的季节加法模型并不适合这个模型, 所以尝试使用季节乘法模型来拟合该序列的发展.

乘积模型的构造原理如下:

当序列具有短期相关性时, 通常可以使用低阶 ARMA(p,q) 模型提取.

当序列具有季节效应, 季节效应本身还具有相关性时, 季节相关性可以使用以周期步长为单位的 ARMA$(P,Q)_s$ 模型提取.

由于短期相关性和季节效应之间具有乘积关系, 所以拟合模型实际上为ARMA(p,q) 和 ARMA$(P,Q)_s$ 的乘积. 综合前面的 d 阶趋势差分和 D 阶以周期 S 为周期长度的季节差分运算, 对原观察值序列拟合的乘积模型完整结构如下:

$$\nabla^d \nabla_S^D x_t = \frac{\Theta(B)\Theta_S(B)}{\Phi(B)\Phi_S(B)}\varepsilon_t$$

式中:

$$\Theta(B) = 1 - \theta_1 B - \cdots - \theta_q B^q$$

$$\Phi(B) = 1 - \phi_1 B - \cdots - \phi_p B^p$$

$$\Theta_S(B) = 1 - \theta_1 B^S - \cdots - \theta_Q B^{QS}$$

$$\Phi_S(B) = 1 - \phi_1 B^S - \cdots - \phi_P B^{PS}$$

该乘积模型简记为 ARIMA$(p,d,q) \times (P,D,Q)_S$.

回到例 6-7 的模型定阶阶段, 首先考虑 1 阶 12 步差分之后, 序列 12 阶以内的自相关系数和偏自相关系数的特征, 以确定短期相关模型. 自相关图和偏自相关图 (见图 6-28) 显示 12 阶以内的自相关系数和偏自相关系数均不截尾, 所以尝试使用 ARMA(1,1) 模型提取差分后序列短期自相关信息.

再考虑季节自相关特征, 这时考察延迟 12 阶、24 阶等以周期长度为单位的自相关系数和偏自相关系数的特征 (横轴为 1,2 等整周期延迟). 自相关图显示延迟 12 阶 (1 周期) 自相关系数显著非零, 但是延迟 24 阶和 36 阶 (2 周期和 3 周期) 自相关系数落入 2 倍标准差范围. 偏自相关图显示延迟 12 阶、24 阶、36 阶偏自相关系数均显著非零. 所以可以认为季节自相关特征是自相关系数 1 周期截尾, 偏自相关系数拖尾, 这时以 12 步为周期长度的 ARMA$(0,1)_{12}$ 模型提取差分后序列的季节自相关信息.

综合前面的差分信息, 我们要拟合的乘积模型为 ARIMA$(1,1,1) \times (0,1,1)_{12}$. 模型结构为:

$$\nabla\nabla_{12}x_t = \frac{1-\theta_1 B}{1-\phi_1 B}(1-\theta_{12}B^{12})\varepsilon_t$$

使用条件最小二乘与极大似然混合估计方法, 得到该模型拟合口径如下:

$$\nabla\nabla_{12}x_t = \frac{1+0.605\,9B}{1+0.729B}(1-0.791\,8B^{12})\varepsilon_t, \mathrm{Var}(\varepsilon_t) = 7\,444$$

对拟合模型进行检验, 检验结果显示残差为白噪声序列, 系数均显著非零. 这说明该模型拟合良好, 对序列相关信息的提取充分. 最后将序列拟合值和序列观察值联合做图, 如图 6–30 所示. 通过图示也可以直观地看出该乘法 ARIMA 模型对序列的拟合效果良好.

6.6 习　题

1. 对 1962 年 1 月至 1975 年 12 月奶牛月产奶量序列 (数据见表 A1–13) 进行因素分解分析.

(1) 分析它们受到哪些确定性因素的影响, 为该序列选择适当的确定性因素分解模型.

(2) 提取该序列的趋势效应.

(3) 提取该序列的季节效应.

(4) 用指数平滑法对该序列做 2 年期预测.

(5) 用 ARIMA 季节模型拟合并预测该序列的发展.

(6) 比较分析上面使用过的三种模型的拟合精度.

2. 据美国国家安全委员会统计, 1973—1978 年美国月度事故死亡数据如表 6-6 所示 (行数据).

表 6-6　　　　　　　　　　　　　　　　　　单位: 人

9 007	8 106	8 928	9 137	10 017	10 826	11 317	10 744	9 713
9 938	9 161	8 927	7 750	6 981	8 038	8 422	8 714	9 512
10 120	9 823	8 743	9 129	8 710	8 680	8 162	7 306	8 124
7 870	9 387	9 556	10 093	9 620	8 285	8 433	8 160	8 034
7 717	7 461	7 776	7 925	8 634	8 945	10 078	9 179	8 037
8 488	7 874	8 647	7 792	6 957	7 726	8 106	8 890	9 299
10 625	9 302	8 314	8 850	8 265	8 796	7 836	6 892	7 791
8 129	9 115	9 434	10 484	9 827	9 110	9 070	8 633	9 240

(1) 分析它们受到哪些确定性因素的影响, 为该序列选择适当的确定性因素分解模型.

(2) 提取该序列的趋势效应.

(3) 提取该序列的季节效应.

(4) 用指数平滑法对该序列做 2 年期预测.

(5) 用 ARIMA 季节模型拟合并预测该序列的发展.

(6) 比较分析上面使用过的三种模型的拟合精度.

3. 使用 $M_{2\times4}$ 移动平均做预测, 求在 2 期预测值 $\widehat{x}_t(2)$ 中 x_{t-3} 与 x_{t-1} 前面的系数分别等于多少.

4. 使用简单指数平滑法得到 $\widetilde{x}_t = 5, \widetilde{x}_{t+2} = 5.26$, 已知序列观察值 $x_t = 5.25$, $x_{t+1} = 5.5$, 求指数平滑系数 α.

5. 现有序列 $\{x_t = t, t = 1, 2, \cdots\}$, 使用平滑系数为 α 的指数平滑法修匀该序列. 假定 $\widetilde{x}_0 = 0$, 求 $\lim\limits_{t \to \infty} \dfrac{\widetilde{x}_t}{t}$.

6. 我国 1949—2008 年年末人口总数序列如表 6–7 所示 (行数据).

表 6-7 单位: 万人

54 167	55 196	56 300	57 482	58 796	60 266	61 465	62 828
64 653	65 994	67 207	66 207	65 859	67 295	69 172	70 499
72 538	74 542	76 368	78 534	80 671	82 992	85 229	87 177
89 211	90 859	92 420	93 717	94 974	96 259	97 542	98 705
100 072	101 654	103 008	104 357	105 851	107 507	109 300	111 026
112 704	114 333	115 823	117 171	118 517	119 850	121 121	122 389
123 626	124 761	125 786	126 743	127 627	128 453	129 227	129 988
130 756	131 448	132 129	132 802				

(1) 考察该序列的特征, 选择多个模型对 1949—2008 年我国人口总数进行拟合, 并比较多个拟合模型的优劣.

(2) 选择拟合效果最优的模型, 对 2009—2016 年中国人口总数进行预测.

7. 艾奥瓦州 1948—1979 年非农产品季度收入数据如表 6–8 所示 (行数据).

表 6-8 单位: 美元

601	604	620	626	641	642	645	655	682	678	692	707
736	753	763	775	775	783	794	813	823	826	829	831
830	838	854	872	882	903	919	937	927	962	975	995
1 001	1 013	1 021	1 028	1 027	1 048	1 070	1095	1 113	1 143	1 154	1 173
1 178	1 183	1205	1 208	1 209	1 223	1 238	1 245	1 258	1 278	1 294	1 314
1 323	1 336	1 355	1 377	1 416	1 430	1 455	1 480	1 514	1 545	1 589	1 634
1 669	1 715	1 760	1 812	1 809	1 828	1 871	1 892	1 946	1 983	2 013	2 045
2 048	2 097	2 140	2 171	2 208	2 272	2 311	2 349	2 362	2 442	2 479	2 528
2 571	2 634	2 684	2 790	2 890	2 964	3 085	3 159	3 237	3 358	3 489	3 588
3 624	3 719	3 821	3 934	4 028	4 129	4 205	4 349	4 463	4 598	4 725	4 827
4 939	5 067	5 231	5 408	5 492	5 653	5 828	5 965				

(1) 绘制时序图, 考察该序列的确定性因素特征.

(2) 选择适当的模型对该序列进行拟合.

(3) 对该序列进行为期 5 年的预测.

8. 某城市 1980 年 1 月至 1995 年 8 月每月屠宰生猪数量如表 6-9 所示 (行数据).

表 6-9　　　　　　　　　　　　　　　　　　　　单位: 头

76 378	71 947	33 873	96 428	105 084	95 741	110 647	100 331	94 133	103 055
90 595	101 457	76 889	81 291	91 643	96 228	102 736	100 264	103 491	97 027
95 240	91 680	101 259	109 564	76 892	85 773	95 210	93 771	98 202	97 906
100 306	94 089	102 680	77 919	93 561	117 062	81 225	88 357	106 175	91 922
104 114	109 959	97 880	105 386	96 479	97 580	109 490	110 191	90 974	98 981
107 188	94 177	115 097	113 696	114 532	120 110	93 607	110 925	103 312	120 184
103 069	103 351	111 331	106 161	111 590	99 447	101 987	85 333	86 970	100 561
89 543	89 265	82 719	79 498	74 846	73 819	77 029	78 446	86 978	75 878
69 571	75 722	64 182	77 357	63 292	59 380	78 332	72 381	55 971	69 750
85 472	70 133	79 125	85 805	81 778	86 852	69 069	79 556	88 174	66 698
72 258	73 445	76 131	86 082	75 443	73 969	78 139	78 646	66 269	73 776
80 034	70 694	81 823	75 640	75 540	82 229	75 345	77 034	78 589	79 769
75 982	78 074	77 588	84 100	97 966	89 051	93 503	84 747	74 531	91 900
81 635	89 797	81 022	78 265	77 271	85 043	95 418	79 568	103 283	95 770
91 297	101 244	114 525	101 139	93 866	95 171	100 183	103 926	102 643	108 387
97 077	90 901	90 336	88 732	83 759	9 267	73 292	78 943	94 399	92 937
90 130	91 055	106 062	103 560	104 075	101 783	93 791	102 313	82 413	83 534
109 011	96 499	102 430	103 002	91 815	99 067	110 067	101 599	97 646	104 930
88 905	89 936	106 723	84 307	114 896	106 749	87 892	100 506		

(1) 绘制时序图, 直观考察该序列的确定性因素特征.

(2) 选择适当的模型对该序列进行因素分解.

(3) 选择适当的模型对该序列进行为期 5 年的预测.

9. 某欧洲小镇 1963 年 1 月至 1976 年 12 月每月旅馆入住的房间数如表 6-10 所示 (行数据).

表 6-10   单位: 间

501	488	504	578	545	632	728	725	585	542	480	530
518	489	528	599	572	659	739	758	602	587	497	558
555	523	532	623	598	683	774	780	609	604	531	592
578	543	565	648	615	697	785	830	645	643	551	606
585	553	576	665	656	720	826	838	652	661	584	644
623	553	599	657	680	759	878	881	705	684	577	656
645	593	617	686	679	773	906	934	713	710	600	676
645	602	601	709	706	817	930	983	745	735	620	698
665	626	649	740	729	824	937	994	781	759	643	728
691	649	656	735	748	837	995	1 040	809	793	692	763
723	655	658	761	768	885	1 067	1 038	812	790	692	782
758	709	715	788	794	893	1 046	1 075	812	822	714	802
748	731	748	827	788	937	1 076	1 125	840	864	717	813
811	732	745	844	833	935	1 110	1 124	868	860	762	877

(1) 考察该小镇旅馆入住情况的规律.

(2) 根据该序列呈现的规律, 你能想出多少种方法拟合该序列? 比较不同方法的拟合效果.

(3) 选择拟合效果最好的模型, 预测该序列未来 3 年的旅馆入住情况.

C 第 7 章
Chapter 7 多元时间序列分析

在前面几章中我们介绍的都是一元时间序列的分析方法. 实际上, 很多序列的变化规律都会受到其他序列的影响. 比如说当分析居民消费支出序列时, 消费会受到收入的显著影响, 如果将收入也纳入研究范围, 就能得到更精确的消费预测. 这就涉及多元时间序列分析.

对多元时间序列的分析很早就开始了. 1976 年, Box 和 Jenkins 在 *Time Series Analysis: Forecasting and Control* (第 2 版) 一书中将天然气的输入速率作为输入变量, 研究 CO_2 的输出浓度, 由此将时间序列的分析领域由一元拓展到了多元的场合.

但是从技术上讲, 当时要求输入序列和响应序列都是平稳的. 显然, 响应序列和输入序列均平稳的要求是非常苛刻的, 这严重限制了多元时间序列分析的运用和发展, 直到 1987 年 Engle 和 Granger 提出了协整的概念.

在协整理论下, 并不要求响应序列和输入序列自身平稳, 只要求它们的回归残差序列平稳. 残差序列平稳比响应序列与输入序列均平稳容易实现得多. 这个概念的提出极大地促进了多元时间序列分析的发展. 它实际上是将多元回归分析和时间序列分析有机地结合在一起, 有效地提高了预测的精度.

本章将介绍入门级的多元时间序列建模的原理和方法.

7.1 ARIMAX 模型

1976 年, Box 和 Jenkins 采用带输入变量的 ARIMA 模型为平稳多元序列建模.

该模型的构造思想是: 假设响应序列 $\{y_t\}$ 和输入序列 (自变量序列) $\{x_{1t}\}, \{x_{2t}\}, \cdots, \{x_{kt}\}$ 均平稳, 且响应序列和输入序列之间具有线性相关关系. 考虑到不同的自变量序列对响应变量序列的影响, 可能会有不同的延迟作用时间和作用期长, 不妨假设: 第 i 个自变量序列 $\{x_{it}\}$ 对响应序列 $\{y_t\}$ 的影响要延迟 l_i 期发挥作用, 有效作用期长为 n_i 期, 于是响应序列和输入序列可以构建如下线性回归模型:

$$
\begin{aligned}
y_t = {} & \beta_0 + \beta_{11}x_{1,t-l_1-1} + \beta_{12}x_{1,t-l_1-2} + \cdots + \beta_{1n_1}x_{1,t-l_1-n_1} \\
& + \beta_{21}x_{2,t-l_2-1} + \beta_{22}x_{2,t-l_2-2} + \cdots + \beta_{2n_2}x_{2,t-l_2-n_2} \\
& + \cdots + \beta_{k1}x_{k,t-l_k-1} + \beta_{k2}x_{k,t-l_k-2} + \cdots + \beta_{kn_k}x_{k,t-l_k-n_k} \\
& + \varepsilon_t
\end{aligned}
\tag{7.1}
$$

引入延迟算子, 式 (7.1) 可以简写为:

$$y_t = \beta_0 + \sum_{i=1}^{k} \Theta_i(B) B^{l_i} x_{it} + \varepsilon_t, \varepsilon_t \sim N(0, \sigma_\varepsilon^2) \tag{7.2}$$

式中, $\Theta_i(B)$ 第 i 个自变量 $\{x_{it}\}$ 的 n_i 阶移动平均系数多项式

$$\Theta_i(B) = 1 + \beta_{i1}B + \beta_{i2}B^2 + \cdots + \beta_{in_i}B^{n_i}, 1 \leqslant i \leqslant k$$

式中, n_i 为第 i 个自变量 $\{x_{it}\}$ 对响应变量 $\{y_t\}$ 的有效作用时期长度.

自变量对响应变量的有效作用时期长度 n_i 可长可短. 如果 n_i 很长, 那么式 (7.1) 的回归参数将会有很多. 为了减少回归参数, Box 和 Jenkins 认为可以将响应序列的自回归结构引入式 (7.1). 引入自回归结构可以有效减少具有长期相关关系的回归模型的阶数, 即式 (7.2) 可以改进为:

$$y_t = \beta_0 + \sum_{i=1}^{k} \frac{\Theta_i(B)}{\Phi_i(B)} B^{l_i} x_{it} + \varepsilon_t \tag{7.3}$$

式中, $\Phi_i(B)$ 第 i 个自变量 $\{x_{it}\}$ 的 p_i 阶自回归系数多项式

$$\Phi_i(B) = 1 - \phi_{i1}B - \phi_{i2}B^2 - \cdots - \phi_{ip_i}B^{p_i}, 1 \leqslant i \leqslant k$$

$\Theta_i(B)$ 第 i 个自变量 $\{x_{it}\}$ 的 q_i 阶移动平均系数多项式

$$\Theta_i(B) = \theta_{i0} - \theta_{i1}B - \theta_{i2}B^2 - \cdots - \theta_{iq_i}B^{q_i}, 1 \leqslant i \leqslant k$$

且 $p_i + q_i$ 将远小于 n_i.

因为响应序列 $\{y_t\}$ 和输入序列 $\{x_{1t}\}, \{x_{2t}\}, \cdots, \{x_{kt}\}$ 均平稳, 平稳序列的线性组合仍然是平稳的, 所以残差序列 $\{\varepsilon_t\}$ 为平稳序列

$$\varepsilon_t = y_t - \beta_0 - \sum_{i=1}^{k} \frac{\Theta_i(B)}{\Phi_i(B)} B^{l_i} x_{it}$$

使用 ARMA 模型继续提取残差序列 $\{\varepsilon_t\}$ 中的相关信息

$$\varepsilon_t = \frac{\Theta(B)}{\Phi(B)} a_t$$

式中, $\Phi(B)$ 为残差序列自回归系数多项式; $\Theta(B)$ 为残差序列移动平均系数多项式; a_t 为零均值白噪声序列.

所以, 响应序列 $\{y_t\}$ 和输入序列 $\{x_{1t}\}, \{x_{2t}\}, \cdots, \{x_{kt}\}$ 最终建立的回归模型为:

$$y_t = \beta_0 + \sum_{i=1}^{k} \frac{\Theta_i(B)}{\Phi_i(B)} B^{l_i} x_{it} + \frac{\Theta(B)}{\Phi(B)} a_t \tag{7.4}$$

模型 (7.4) 称为动态回归模型, 简记为 ARIMAX 模型. 因为它引入了自回归系数多项式和移动平均多项式结构, 所以也称为传递函数模型.

在 R 语言 TSA 包中的 arimax 函数可以拟合 ARIMAX 模型, 所以在使用该函数之前, 请先下载 TSA 包, 并用 library 函数调用 TSA 包.

arimax 函数的命令格式为:

```
arimax(y, order = , xreg =, xtransf=, transfer = )
```
其中:
-y: 要进行模型拟合的响应序列名.
-order =c(p,d,q): 指定 y 序列拟合模型阶数, 其中: p 为自回归阶数, d 为差分阶数,
q 为移动平均阶数.
-xreg: 输入变量名 (不需要做转移函数变换).
-xtransf: 输入变量名 (需要做转移函数变换).
-transfer: 指定转移函数的模型阶数.

(1) 假设输入变量为单变量, 且不需要做转移函数变换, 即拟合如下结构的
ARIMAX 模型

$$\nabla^d y_t = \beta_0 + \beta_1 x_t + \frac{1 + \theta_1 B + \cdots + \theta_q B^q}{1 - \phi_1 B - \cdots - \phi_p B^p} \varepsilon_t$$

命令如下:

```
y.fit<-arimax(y, order =c(p,d,q) , xreg =x )
```

(2) 假设输入变量为多变量 (不妨假设为两变量), 且都不需要做转移函数变换, 即
拟合如下结构的 ARIMAX 模型

$$\nabla^d y_t = \beta_0 + \beta_1 x_{1t} + \beta x_{2t} + \frac{1 + \theta_1 B + \cdots + \theta_q B^q}{1 - \phi_1 B - \cdots - \phi_p B^p} \varepsilon_t$$

这时需要将多个自变量 $x_1, \cdots, x_k$ 组合为一个数据框被读入, 命令如下

```
y.fit<-arimax(y, order =c(p,d,q) , xreg =data.frame(x_1, x_2))
```

(3) 假设输入变量为单变量, 且需要做 ARMA(m, n) 转移函数变换, 即拟合如下结
构的 ARIMAX 模型

$$\nabla^d y_t = \beta_0 + \frac{1 + \lambda_1 B + \cdots + \lambda_n B^n}{1 - \varphi_1 B - \cdots - \varphi_m B^m} x_t + \frac{1 + \theta_1 B + \cdots + \theta_q B^q}{1 - \phi_1 B - \cdots - \phi_p B^p} \varepsilon_t$$

命令如下:

```
>y.fit<-arimax(y, order =c(p,d,q) , xtransf =x,transfer=list(c(m,n)))
```

(4) 假设输入变量为多变量 (不妨假设为两变量), 且分别需要做 ARMA$(m1, n1)$
和 ARMA$(m2, n2)$ 转移函数变换, 即拟合如下结构的 ARIMAX 模型

$$\nabla^d y_t = \beta_0 + \frac{1 + \lambda_1 B + \cdots + \lambda_{n1} B^{n1}}{1 - \varphi_1 B - \cdots - \varphi_{m1} B^{m1}} x_{1t} + \frac{1 + \lambda'_1 B + \cdots + \lambda'_{n2} B^{n2}}{1 - \varphi'_1 B - \cdots - \varphi'_{m2} B^{m2}} x_{2t}$$

$$+ \frac{1 + \theta_1 B + \cdots + \theta_q B^q}{1 - \phi_1 B - \cdots - \phi_p B^p} \varepsilon_t$$

命令如下:

```
y.fit<-arimax(y, order =c(p,d,q) , xtransf =data.frame(x1,x2),
transfer=list(c(m1,n1),c(m2,n2)))
```

(5) 假设输入变量既有不需要做转移函数变换的, 又有需要做转移函数变换的, 即拟合如下结构的 ARIMAX 模型

$$\nabla^d y_t = \beta_0 + \beta_1 x_{1t} + \frac{1 + \lambda_1 B + \cdots + \lambda_n B^n}{1 - \varphi_1 B - \cdots - \varphi_m B^m} x_{2t} + \frac{1 + \theta_1 B + \cdots + \theta_q B^q}{1 - \phi_1 B - \cdots - \phi_p B^p} \varepsilon_t$$

命令如下:

```
y.fit<-arimax(y, order =c(p,d,q) , xreg=x1,xtransf =x2,transfer=list(c(m,n)))
```

(6) 假设输入变量为单变量, 且需要先延迟 k 阶, 再做 $\mathrm{ARMA}(m,n)$ 转移函数变换, 即拟合如下结构的 ARIMAX 模型

$$\nabla^d y_t = \beta_0 + \frac{1 + \lambda_1 B + \cdots + \lambda_n B^n}{1 - \varphi_1 B - \cdots - \varphi_m B^m} B^k x_t + \frac{1 + \theta_1 B + \cdots + \theta_q B^q}{1 - \phi_1 B - \cdots - \phi_p B^p} \varepsilon_t$$

这时需要先对输入序列和输出序列进行简单的数据处理, 首先对输入序列进行 k 阶延迟运算, 于是输入序列前 k 个序列值就是 NA. 接下来为了让序列长度相同且删除 NA 数据, 需要删除输入和输出序列的前 k 个序列值, 对处理后序列拟合 ARIMAX 模型即可. 相关命令如下:

```
x1<-zlag(x,k)
x1<-x1[-c(1:k)]
y1<-y[-c(1:k)]
y.fit<-arimax(y1, order =c(p,d,q) , xtransf =x1,transfer=list(c(m,n)))
```

【例 7-1】 在天然气炉中, 输入的是天然气, 输出的是 CO_2, CO_2 的输出浓度与天然气的输入速率有关. 现在以中心化后的天然气输入速率为输入序列, 建立 CO_2 的输出百分浓度模型 (数据见表 A1-25).

➤ 绘制输入序列和输出序列时序图
```
x<-ts(A1_25$x)
y<-ts(A1_25$y)
plot(x)
plot(y)    #结果如图 7-1 所示
```

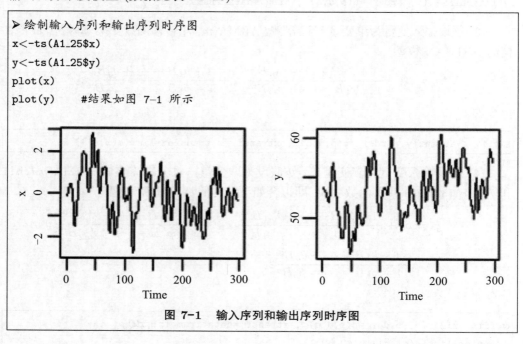

图 7-1　输入序列和输出序列时序图

```
➤ 输出序列单变量建模
adf.test(y,nlag=3)
Box.test(y,lag=6)
acf(y)
pacf(y)
y_fit1<-arima(y,order=c(4,0,0))
y_fit1
y_fit2<-arima(y,order=c(4,0,0),transform.pars = F,fixed=c(NA,NA,0,NA,NA))
y_fit2


Call:
arima(x = y, order = c(4, 0, 0), transform.pars = F, fixed = c(NA, NA, 0, NA,
    NA))
Coefficients:
          ar1       ar2     ar3      ar4     intercept
       2.0998   -1.3308      0   0.2096       53.6789
 s.e.  0.0395    0.0545      0   0.0211        0.8663

sigma^2 estimated as 0.1106:  log likelihood = -97.28, aic = 202.57
```

　　如果不考虑输入序列与输出序列之间的相关性, 将它们作为两个独立的一元时间序列分别分析. 使用上述指令, 容易验证输出的二氧化碳序列为平稳非白噪声序列, 它的波动可以用 AR(1,2,4) 疏系数模型拟合

$$y_t = 53.678\,9 + \frac{\varepsilon_t}{1 - 2.099\,8B + 1.330\,8B^2 - 0.209\,6B^4}$$

式中, $\mathrm{Var}(\varepsilon_t) = 0.110\,6$ 且输出序列拟合模型的 AIC=202.57.

　　考虑到输入天然气速率与输出 CO_2 的浓度之间有逻辑上的因果关系, 将输入天然气速率作为输入变量纳入输出序列的模型. 根据互相关函数或互相关系数的特征, 考察回归模型的结构.

　　延迟 k 阶互相关函数 (cross covariance) 的定义为:

$$\mathrm{Cov}_k = \mathrm{Cov}(y_t, x_{t-k}) = E\left[(y_t - E(y_t))(x_{t-k} - E(x_{t-k}))\right]$$

　　延迟 k 阶互相关系数 (cross correlation coefficient) 的定义为:

$$C\rho_k = \frac{\mathrm{Cov}(y_t, x_{t-k})}{\sqrt{\mathrm{Var}(y_t)}\sqrt{\mathrm{Var}(x_{t-k})}}$$

式中, k 可正可负.

　　如果 $k > 0$, 计算的是序列 $\{y_t\}$ 滞后于序列 $\{x_t\}$ k 期的互相关系数. 在已知序列 $\{y_t\}$ 为因变量, 序列 $\{x_t\}$ 为自变量的情况下, 只需要考察 $k > 0$ 的互相关系数特征.

　　如果 $k < 0$, 计算的是序列 $\{x_t\}$ 滞后于序列 $\{y_t\}$ k 期的互相关系数. 在序列 $\{y_t\}$ 和序列 $\{x_t\}$ 无法确定彼此之间因果关系时, 可以同时考察 $k < 0$ 和 $k > 0$ 时的互相关系数特征, 以确定这两个序列谁是先期序列, 谁是滞后序列. 根据因果关系, 先期序列是因 (自变量), 滞后序列是果 (响应变量).

和自相关系数、偏自相关系数一样, 根据 Bartlett 定理, 互相关系数近似服从零均值正态分布

$$C\rho_k \sim N\left(0, \frac{1}{n-|k|}\right)$$

超过 2 倍标准差的互相关系数可以认为显著非零, 即 $\{y_t\}$ 和 $\{x_{t-k}\}$ 之间具有显著相关性

$$C\rho_k > \frac{2}{\sqrt{n-|k|}}$$

R 语言中使用 ccf 函数绘制互相关图. ccf 函数的命令格式如下:

```
  ccf(y,x)
式中:
-y:  响应序列
-x:  自变量序列
ccf(y,x) 函数衡量的是序列 y 与序列 x 滞后相关的情况.
```

本例中, 考察输出序列与输入序列之间的互相关关系, 相关命令与输出结果如下.

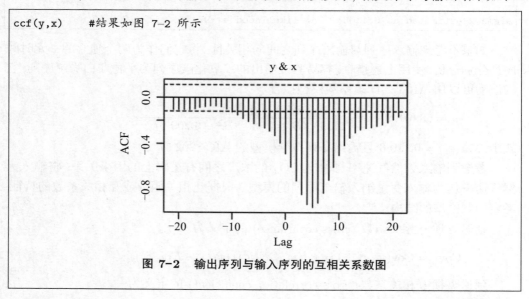

```
ccf(y,x)      #结果如图 7-2 所示
```

图 7-2 输出序列与输入序列的互相关系数图

从互相关图 (见图 7-2) 可以看出, 天然气输入之后就开始逐渐对二氧化碳的输出造成影响. 相关影响从小到大, 滞后 5 期达到最大互相关, 然后影响逐渐衰减. 输入变量对输出变量的影响时期非常长, 从滞后一期到滞后十多期互相关系数都显著大于 2 倍标准差, 这说明输入变量和输出变量之间具有长期相关影响. 这时如果我们建立传统的线性回归模型拟合输入序列与输出序列之间的相关关系

$$y_t = \beta_0 + \beta_1 x_{t-1} + \cdots + \beta_k x_{t-k} + \varepsilon_t$$

容易出现两个问题: 一是自变量显著相关的阶数太多, k 会很大; 二是这些延迟不同阶数的自变量彼此之间具有显著的自相关, 非常容易出现多重共线性问题.

　　所以 Box 和 Jenkins 建议对多元时序建立回归模型时, 采用传递函数模型结构, 可以有效减少待估参数的个数并避免多重共线性问题.

　　回到本例的模型定阶, 互相关图 (见图 7-2) 显示互相关系数最高的几阶是输入序列延迟 3 阶到 7 阶 (互相关系数高达 0.8), 所以我们不妨从滞后 3 阶开始, 采用 ARMA(1,2) 传递函数结构替代传统线性回归结构

$$y_t = \beta_0 + \frac{1 - \theta_1 B - \theta_2 B^2}{1 - \phi_1 B} B^3 x_t + \varepsilon_t$$

　　在 R 语言中, 构建 ARIMAX 模型的相关命令和输出结果如下所示.

```
library(TSA)
x1<-zlag(x,3)
x1<-na.omit(x1)
y1<-y[-c(1:3)]
y_fit3<-arimax(y1,order=c(2,0,0),xtransf =x1, transfer=list(c(1,2)))
y_fit3


Call:
arimax(x = y1, order = c(2, 0, 0), xtransf = x1, transfer = list(c(1, 2)))

Coefficients:
          ar1       ar2    intercept    T1-AR1    T1-MA0    T1-MA1    T1-MA2
       1.5272   -0.6288      53.3618    0.5490   -0.5310   -0.3801   -0.5180
 s.e.  0.0467    0.0495       0.1375    0.0392    0.0738    0.1017    0.1086

sigma^2 estimated as 0.0571:  log likelihood = 2.08, aic = 9.83
```

　　根据系统输出的结果, 我们得到的拟合模型如下:

$$y_t = 53.361\,8 + \frac{-0.531\,0 - 0.380\,1B - 0.518B^2}{1 - 0.549B} B^3 x_t$$
$$+ \frac{1}{1 - 1.527\,2B + 0.628\,8B^2} \varepsilon_t$$

式中, $\varepsilon_t \sim N(0, 0.057\,1)$.

　　该输出序列拟合模型的 AIC $= 9.83$. 显然这个带输入序列的拟合模型比不考虑输入序列的单纯 AR(1,2,4) 疏系数模型优化多了.

　　该模型的拟合效果图如图 7-3 所示. 该图直观显示带输入序列模型的拟合效果很好.

```
plot(y1,type="p",pch="*")
lines(fitted(y_fit3),col=2)
```

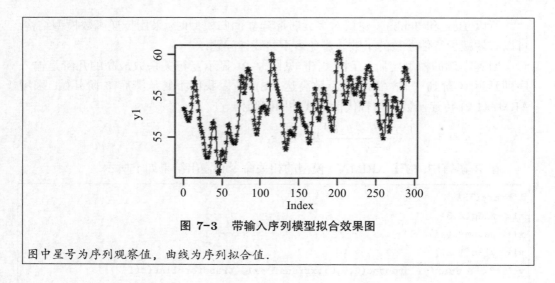

图 7-3   带输入序列模型拟合效果图

图中星号为序列观察值, 曲线为序列拟合值.

7.2   干预分析

时间序列常常受到某些外部事件的影响, 诸如假期、罢工、促销或者政策的改变等. 我们称这些外部事件为 "干预". 评估外部事件对序列产生的影响称为干预分析 (intervention analysis).

最早的干预分析是 1975 年 Box 和刁锦寰 (Tiao) 对加州 63 号法令是否有效抑制了加州空气污染问题的研究. 他们首次将干预事件以虚拟变量的方式进行标注, 然后把虚拟变量作为输入变量引入序列分析, 构建 ARIMAX 模型. 他们把这个带虚拟变量回归的 ARIMAX 模型称为干预模型. 干预模型实质上就是 ARIMAX 模型的一种特例.

下面就以 Box 和 Tiao 的数据为例, 介绍干预分析的思想原理与操作步骤.

【例 7-2】 对 1955 年 1 月至 1972 年 12 月加州臭氧浓度序列进行政策干预和季节干预分析 (数据见表 A1–26).

第二次世界大战之后加利福尼亚州经济高速发展, 蓬勃发展的经济带来了严重的空气污染. 工厂排放的废气、汽车排放的尾气、家庭使用的燃气的排放物中都含有大量的氮氧化物和活性碳氢化物, 它们在阳光的作用下产生化学反应, 这些化学反应物形成严重的雾霾, 造成大量人群流泪、咳嗽、肺部受损等. 经测量, 光化学污染程度的标志是臭氧的含量. 为了解决污染问题, 加州政府在 1959 年颁布了 63 号法令. 该法令要求从 1960 年 1 月起在当地销售的汽油中减少碳氢化物的容许比. Box 和 Tiao 在 1975 年根据他们收集的 1955 年 1 月至 1972 年 12 月的月度臭氧浓度序列, 分析 63 号法令的颁布执行对控制加州的光化学污染有没有起到作用, 如果起了作用, 作用有多大.

在这项研究中, 干预变量是 63 号法令的颁布和执行. 这是一个定性变量, 它没有数值, 只有两个属性: (1) 1960 年之前没有执行; (2) 1960 年之后执行了. 基于这种情况, Box 和 Tiao 对干预变量以虚拟变量的方式进行处理.

记 x_1 是 63 号法令执行变量. 63 号法令如果执行, x_1 取值为 1; 63 号法令如果没有执行, x_1 取值为 0, 即

$$x_{1t} = \begin{cases} 0, \ t < 1960 \text{ 年 1 月} \\ 1, \ t \geqslant 1960 \text{ 年 1 月} \end{cases}$$

在研究中, Box 和 Tiao 发现, 除了政策法规这个干预变量之外, 影响臭氧浓度的还有一个定性变量, 那就是季节. 首先, 冬季有供暖, 废气排放比夏天多; 其次, 冬季温度低, 污染物扩散慢. 因此, 冬季和夏季对臭氧浓度可能有不同的干预力度. 于是他们又构造了两个虚拟变量, 用以描述季节对臭氧序列的影响.

把非供暖季 (6—10 月) 作为夏季, 构建夏季干预变量 x_2. 把供暖季 (当年 11 月至来年 5 月) 作为冬季, 构建冬季干预变量 x_3.

$$x_{2t} = \begin{cases} 1, \ t \text{ 处于 6 月至 10 月} \\ 0, \ t \text{ 处于 11 月至 5 月} \end{cases}, x_{3t} = \begin{cases} 1, \ t \text{ 处于 11 月至 5 月} \\ 0, \ t \text{ 处于 6 月至 10 月} \end{cases}$$

显然, 干预变量 x_2 和 x_3 是互补关系, 只需要选择其一. 不妨将干预变量 x_1, x_2 作为输入变量, 与臭氧浓度序列构建 ARIMAX 模型. 因为这个 ARIMAX 模型中包含干预变量, 所以取名为干预分析模型. 下面是构建干预分析模型的步骤.

(1) 考察序列的时序图 (见图 7–4) 和互相关图 (见图 7–5), 研究干预变量对序列的干预机制.

> 绘制臭氧序列时序图
```
ozone<-ts(A1_26$ozone,start=c(1955,1,1),frequency = 12)
x1<-ts(A1_26$x1,start=c(1955,1,1),frequency = 12)
x2<-ts(A1_26$x2,start=c(1955,1,1),frequency = 12)
plot(ozone)
abline(v=c(1960,1,1),col=2,lty=2)
```

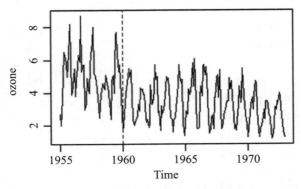

图 7–4　加州臭氧浓度序列时序图

> 绘制互相关图
```
ccf(ozone,x1)
ccf(ozone,x2)
```

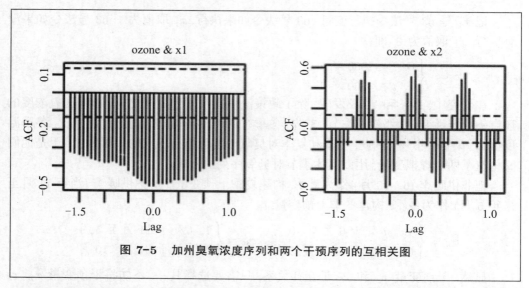

图 7-5　加州臭氧浓度序列和两个干预序列的互相关图

时序图 (见图 7-4) 显示, 序列有明显的季节效应. 63 号法令颁布并执行之后 (1960 年 1 月, 参照线前后), 序列的周期波动特征没有明显改变, 但是序列的波动水平比以前明显降低. 互相关图 (见图 7-5) 显示, 两个干预变量都是 0 阶滞后时互相关系数最大. 基于上述特征, 假定干预变量对序列的干预只是水平影响, 且无延迟. 我们准备拟合的干预模型为:

$$\text{ozone}_t = \beta_0 + \beta_1 x_{1t} + \beta_2 x_{2t} + \frac{\Theta(B)}{\Phi(B)} a_t$$

式中, a_t 为白噪声序列.

(2) 对臭氧浓度序列进行 12 步差分, 实现差分平稳.

```
adf.test(diff(ozone,12),nlag=3)


Augmented Dickey-Fuller Test
alternative:  stationary


Type 1:  no drift no trend
        lag      ADF    p.value
  [1,]    0   -10.39      0.01
  [2,]    1    -8.29      0.01
  [3,]    2    -6.23      0.01
Type 2:  with drift no trend
        lag      ADF    p.value
  [1,]    0   -10.55      0.01
  [2,]    1    -8.50      0.01
  [3,]    2    -6.46      0.01
Type 3:  with drift and trend
```

```
         lag     ADF    p.value
[1,]      0    -10.54    0.01
[2,]      1     -8.53    0.01
[3,]      2     -6.52    0.01
----
Note:  in fact, p.value = 0.01 means p.value <= 0.01
```

(3) 引入两个干预变量, 与差分后臭氧浓度序列建立回归模型

$$\nabla_{12}\text{ozone}_t = \beta_0 + \beta_1 x_{1t} + \beta_2 x_{2t} + \varepsilon_t$$

然后考察残差序列的自相关系数和偏自相关系数的特征.

```
x1_new<-diff(x1,12)
x2_new<-x2[-c(1:12)]
fit1<-arimax(diff(ozone,12),xreg =data.frame(x1_new,x2_new),include.mean = F)
fit1
acf(fit1$residuals,lag=24)
pacf(fit1$residuals,lag=24)      #结果如图 7-6 所示
```

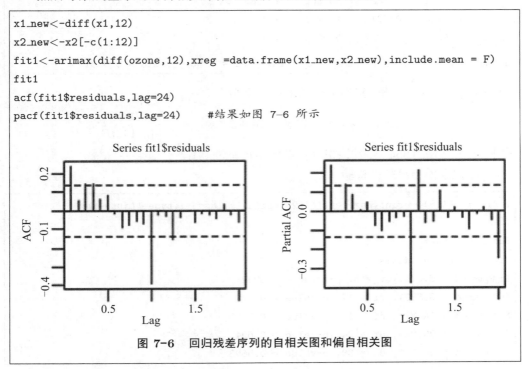

图 7-6　回归残差序列的自相关图和偏自相关图

图 7-6 显示该残差序列的自相关系数和偏自相关系数均不截尾, 而且季节性依然显著存在. 考察前 11 阶的自相关图和偏自相关图, 可以视作自相关拖尾, 偏自相关 1 阶截尾, 所以短期相关拟合 ARIMA(1,0,0). 再考察每隔 12 步延迟 (周期步长) 的相关系数, 我们发现延迟 12 阶的自相关系数显著非零, 延迟 24 阶的相关系数在 2 倍标准差之内, 所以可以视为季节自相关系数 1 阶截尾, 偏自相关延迟 12 阶、24 阶都在 2 倍标准差之外, 可视作拖尾, 所以周期相关拟合 ARIMA(0,1,1)₁₂. 综上所述, 我们为回归残差序列拟合季节乘法模型 ARIMA(1,0,0) × (0,1,1)₁₂. 我们准备拟合的臭氧浓度干预模型结构为:

$$\nabla_{12}\text{ozone}_t = \beta_0 + \beta_1 x_{1t} + \beta_2 x_{2t} + \frac{1-\theta_{12}B^{12}}{1-\phi_1 B}a_t$$

式中, a_t 为零均值白噪声序列.

本例使用极大似然估计方法, 得到干预模型的参数估计结果.

```
fit2<-arimax(diff(ozone,12),xreg =data.frame(x1_new,x2_new),include.mean = F,
          order=c(1,0,0),seasonal = list(order=c(0,0,1),peariod=12),method="ML")
fit2

Call:
arimax(x = diff(ozone, 12), order = c(1, 0, 0),
      seasonal = list(order = c(0, 0, 1), peariod = 12),
      xreg = data.frame(x1_new, x2_new), include.mean = F, method = "ML")
Coefficients:
          ar1       sma1      x1_new    x2_new
        0.3143    -0.7212   -1.2247   -0.0675
  s.e.  0.0679    0.0667     0.2554    0.0412

sigma^2 estimated as 0.6543:  log likelihood = -250.66, aic = 509.31
```

根据系统输出结果, 我们拟合的干预模型为:

$$\text{ozone}_t = \text{ozone}_{t-12} - 1.224\,7x_{1t} - 0.067\,5x_{2t} + \frac{1 - 0.721\,2B^{12}}{1 - 0.314\,3B}a_t$$

式中, $a_t \sim N(0, 0.654\,3)$, 且该拟合模型的 AIC=509.31.

(4) 拟合模型显著性检验.

```
for(i in (1:5)) print(Box.test(fit2$residuals,lag=6*i,type="Ljung-Box"))

Box-Ljung test
data:  fit2$residuals
X-squared = 6.975, df = 6, p-value = 0.3232
X-squared = 9.3821, df = 12, p-value = 0.67
X-squared = 14.276, df = 18, p-value = 0.7109
X-squared = 20.049, df = 24, p-value = 0.694
X-squared = 28.021, df = 30, p-value = 0.5693
```

对干预模型残差序列进行白噪声检验, LB 检验结果显示残差序列为白噪声序列, 所以拟合模型显著成立.

我们进一步分析该模型的干预系数.

1) 根据 $\beta_1 = -1.225$, 而且该系数 t 检验显著非零的特征, 可以认为 63 号法令的颁布和实施有效降低了加州臭氧浓度. 这说明这个法令的颁布和实施对治理加州的空气污染是显著有效的. 又因为 $\text{mean}(\text{ozone}_t | t < 1960$ 年$)$=4.177, 即在 1960 年之前, 臭氧序列的平均浓度等于 4.177, 因为 63 号法令的执行, 臭氧浓度平均降低了 1.225, 所以 63 号法令的执行使得加州臭氧浓度比法令执行之前下降了 30% 左右, 即

$$\frac{1.225}{4.177} \times 100\% = 29.3\%$$

2) 由于 $\beta_2 = -0.067\,5$, 说明夏季比冬季的臭氧浓度低, 但我们的季节性划分太粗

糙, 在 α 取 0.05 时, 这个系数并不显著非零.

3) 消除政策因素和季节因素的干预影响, 臭氧浓度序列自身的波动服从季节乘法模型 $\text{ARIMA}(1,0,0) \times (0,1,1)_{12}$. 干预因素会影响臭氧序列的浓度水平, 但不会改变臭氧序列的波动规律.

(5) 序列预测.

给出未来干预变量的取值, 基于干预模型, 我们可以预测响应变量的发展. 本例中, 假定未来一年政策不变, 季节效应不变, 使用如下指令, 可以预测未来一年臭氧浓度的变化.

```
x1_fore<-x1_new[(length(x1_new)-11):length(x1_new)]
# t+1 年的政策干预值直接使用第 t 年的政策干预值
x2_fore<-x2_new[(length(x2_new)-11):length(x2_new)]
# t+1 年的季节干预值直接使用第 t 年的季节干预值

dif_ozone_fore<-predict(fit2,n.ahead=12,newxreg=data.frame(x1_fore,x2_fore))
# 得到季节差分后序列 (▽¹²ozoneₜ) 未来一年的预测值
fore<-ozone[(length(ozone)-11):length(ozone)]+dif_ozone_fore$pred
# 做一个变换: ozoneₜ = ozoneₜ₋₁₂ + ▽¹²ozoneₜ, 得到臭氧序列未来 1 年的预测值
se<-dif_ozone_fore$se    # 预测值标准差
l95<-fore-1.96*se        # 预测值 95% 置信下限
u95<-fore+1.96*se        # 预测值 95% 置信上限
data.frame(fore,se,l95,u95)
        fore          se           l95          u95
1   1.602322   0.8088985    0.01688059   3.187763
2   2.098295   0.8479228    0.43636586   3.760223
3   2.749385   0.8516820    1.08008822   4.418682
4   3.130335   0.8520526    1.46031156   4.800358
5   3.427863   0.8520892    1.75776840   5.097958
6   3.314740   0.8520928    1.64463854   4.984842
7   3.894101   0.8520931    2.22399868   5.564204
8   4.054559   0.8520932    2.38445638   5.724662
9   3.480813   0.8520932    1.81071048   5.150916
10  2.850807   0.8520932    1.18070434   4.520910
11  2.056018   0.8520932    0.38591511   3.726120
12  1.529694   0.8520931   -0.14040846   3.199796
```

由例 7-2 的分析可以知道, 干预模型是进行政策效果评估或分析特殊事件影响的有用模型. 干预模型的关键是将干预事件以虚拟变量的形式引入响应序列分析. 干预事件根据作用机制可以分为三种类型.

1) 阶梯干预. 干预事件发生后, 它对响应序列一直有影响而且影响力度基本保持不变. 很多政策法规性干预都属于这种情况, 因为政策法规一旦颁布, 就会持续起作用. 比如 20 世纪 60 年代, 全球平均每个季度会发生 20 多起劫机事件. 从 1973 年第 1 季

度开始, 机场陆续安装了金属探测器, 要求乘客登机之前先接受金属探测器检测. 金属探测器检测直到今天仍在使用, 所以可以认为这个检测的影响一直存在. 阶梯干预变量通常设置为:

$$x_t = \begin{cases} 0, & \text{干预事件发生之前 } (x < T) \\ 1, & \text{干预事件发生之后 } (x \geqslant T) \end{cases}$$

2) 脉冲干预. 干预事件发生后, 只有当期影响. 比如, 某地区某一年冬天特别寒冷, 生物学家把这个冬天作为干预变量, 进行动物种群数量研究. 如果认为极端天气只会影响当年的动物种群数量, 这就是一个脉冲干预. 脉冲干预变量通常设置为:

$$x_t = \begin{cases} 1, & \text{干预事件发生时 } (x = T) \\ 0, & \text{其他时刻 } (x \neq T) \end{cases}$$

3) 其他类型的干预. 干预有各种类型, 但基本上其他类型的干预都可以用阶梯干预和脉冲干预的传递函数或组合来生成. 比如, 某产品在媒体上做了为期 1 个月的广告宣传. 广告宣传对销售所起的作用随着时间的推移持续递减. 这时干预变量可以用阶梯干预的传递函数 (AR 结构) 表达:

$$z_t = \frac{1}{\Phi(B)} x_t$$

式中, $x_t = \begin{cases} 0, & \text{干预事件发生之前 } (x < T) \\ 1, & \text{干预事件发生之后 } (x \geqslant T) \end{cases}$

再比如, 上面提到的对动物种群数量的研究, 如果认为极端天气不仅会影响当年的动物种群数量, 对未来 (短期) 几年的动物种群数量也有影响, 这时干预变量可以用脉冲干预的传递函数 (MA 结构) 表达:

$$z_t = \Theta(B) x_t$$

式中, $x_t = \begin{cases} 1, & \text{干预事件发生时 } (x = T) \\ 0, & \text{其他时刻 } (x \neq T) \end{cases}$

7.3　伪回归

当响应序列 $\{y_t\}$ 和输入序列 $\{x_{1t}\}, \{x_{2t}\}, \cdots, \{x_{kt}\}$ 都平稳时, 可以构建带输入变量回归的 ARIMAX 模型来拟合响应序列的变化.

$$y_t = \mu + \sum_{i=1}^{k} \frac{\Theta_i(B)}{\Phi_i(B)} B^{l_i} x_{it} + \frac{\Theta(B)}{\Phi(B)} a_t$$

如果平稳性条件不满足, 我们就不能大胆地构造 ARIMAX 模型, 因为这时容易产生伪回归的问题.

为了正确理解伪回归的含义, 我们考虑最简单的一元线性动态回归模型:

$$y_t = \beta_0 + \beta_1 x_t + \nu_t \tag{7.5}$$

为了检验模型的显著性, 要对拟合模型进行检验:

$$H_0 : \beta_1 = 0 \leftrightarrow H_1 : \beta_1 \neq 0$$

假定响应序列 $\{y_t\}$ 和输入序列 $\{x_t\}$ 相互独立, 就说明响应序列和输入序列之间没有显著的线性相关关系, 理论上, 检验结果应该接受 $\beta_1 = 0$ 的原假设.

如果检验结果恰好和理论结果相反, 支持 β_1 显著非零的备择假设, 那么就会得出响应序列和输入序列之间具有显著线性相关性的错误结论, 拒绝正确的原假设并接受一个本不应该成立的回归模型 (8.5), 这就犯了第一类错误 (拒真错误).

由于样本的随机性, 拒真错误始终都会存在, 我们使用显著性水平 α 控制犯拒真错误的概率:

$$Pr(H_1 | H_0) = \alpha$$

通常采用 t 统计量进行参数显著性检验:

$$t = \frac{\beta_1}{\sigma_\beta}$$

当响应序列和输入序列都平稳时, 该统计量近似服从自由度为样本容量的 t 分布. 当 $|t| \geqslant t_{1-\alpha/2}(n)$ 时, 可以将拒真错误发生的概率准确地控制在显著性水平 α 以内, 即

$$Pr\{|t| \geqslant t_{1-\alpha/2}(n) | 平稳序列\} \leqslant \alpha$$

式中, $t_{1-\alpha/2}$ 为 t 分布的 $1 - \alpha/2$ 分位点.

当响应序列和输入序列不平稳时, 随机模拟的结果显示, 检验统计量 $t = \dfrac{\beta_1}{\sigma_\beta}$ 将不再服从 t 分布, 这时 t 统计量样本分布的方差远远大于 t 分布的方差, 如果仍然采用 t 分布的临界值进行检验, 拒绝原假设的概率就会大大增加, 即

$$Pr\{|t| \geqslant t_{1-\alpha/2}(n) | 非平稳序列\} \geqslant \alpha$$

这将导致我们无法控制拒真错误, 非常容易接受回归模型显著成立的错误结论, 这种现象称为伪回归.

1974 年, Granger 和 Newbold 进行了非平稳序列伪回归的随机模拟试验. 该模拟试验的设计思想是分别拟合两个随机游走序列:

$$y_t = y_{t-1} + \omega_t$$
$$x_t = x_{t-1} + \nu_t$$

式中, $\omega_t \overset{i.i.d}{\sim} N(0, \sigma_\omega^2)$; $\nu_t \overset{i.i.d}{\sim} N(0, \sigma_\nu^2)$; 且 $\mathrm{Cov}(\omega_t, \nu_s) = 0, \forall t, s \in T$.

构建 $\{y_t\}$ 关于 $\{x_t\}$ 的回归模型: $y_t = \beta_0 + \beta_1 x_t + \varepsilon_t$, 并进行参数显著性检验. 由于 $\{y_t\}$ 和 $\{x_t\}$ 是两个独立的随机游走模型, 因此理论上它们应该没有任何相关性, 即模型检验应该显著支持 $\beta_1 = 0$ 的假定. 如果模拟结果显示拒绝原假设的概率远远大于拒真概率 α, 即认为伪回归显著成立.

大量随机拟合的结果显示, 每 100 次回归拟合中, 平均有 75 次拒绝 $\beta_1 = 0$ 的假定, 拒真概率高达 75%. 这说明在非平稳的场合, 参数显著性检验犯拒真错误的概率远

远大于 α, 伪回归显著成立.

产生伪回归的原因是在非平稳场合, 参数的 t 检验统计量不再服从 t 分布. 在样本容量 $n = 100$ 的情况下进行大量的随机拟合, 得到 β_1 的 t 检验统计量的样本分布 $t(\widehat{\beta}_1)$, 如图 7–7 所示. 从图中可以看到, β_1 的样本分布 $t(\widehat{\beta}_1)$ 尾部肥, 方差大, 比 t 分布要扁平很多. t 分布所确定的显著性水平为 5% 的双侧拒绝域记作 $(L_{0.95}, U_{0.95})$, 由于 β_1 的样本分布并不服从 t 分布, 而是服从厚尾扁平的 $t(\widehat{\beta}_1)$ 分布, 因此在 $t(\widehat{\beta}_1)$ 分布场合 $\widehat{\beta}_1$ 落在 $(L_{0.95}, U_{0.95})$ 的概率远远大于 5% (见图 7–7 的阴影部分).

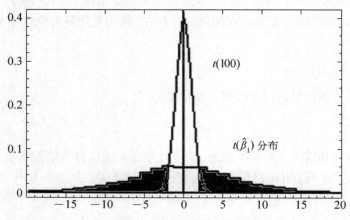

图 7–7　非平稳场合参数检验统计量的样本拟合分布

伪回归现象的存在使多元时间序列的回归分析陷入困境. 因为我们无法判断这个回归模型是不是伪回归, 这个问题直到协整概念被提出后才得以解决.

7.4　协整模型

7.4.1　单整与协整

一、单整的概念

在单位根检验的过程中, 如果检验结果显著拒绝序列非平稳的原假设, 即说明序列 $\{x_t\}$ 显著平稳, 不存在单位根, 这时称序列 $\{x_t\}$ 为零阶单整 (integration) 序列, 简记为 $x_t \sim I(0)$.

假如原假设不能被显著拒绝, 说明序列 $\{x_t\}$ 为非平稳序列, 存在单位根. 这时可以考虑对该序列进行适当阶数的差分, 以消除单位根, 实现平稳.

假如原序列 1 阶差分后平稳, 说明原序列存在一个单位根, 这时称原序列为 1 阶单整序列, 简记为 $x_t \sim I(1)$.

假如原序列至少需要进行 d 阶差分才能实现平稳, 说明原序列存在 d 个单位根, 这时称原序列为 d 阶单整序列, 简记为 $x_t \sim I(d)$.

二、 单整序列的性质

单整衡量的是单个序列的平稳性, 它具有如下重要性质:

(1) 若 $x_t \sim I(0)$, 对于任意非零实数 a, b, 有

$$a + bx_t \sim I(0)$$

(2) 若 $x_t \sim I(d)$, 对于任意非零实数 a, b, 有

$$a + bx_t \sim I(d)$$

(3) 若 $x_t \sim I(0), y_t \sim I(0)$, 对于任意非零实数 a, b, 有

$$z_t = ax_t + by_t \sim I(0)$$

(4) 若 $x_t \sim I(d), y_t \sim I(c)$, 对于任意非零实数 a, b, 有

$$z_t = ax_t + by_t \sim I(k)$$

式中, $k \leqslant \max[d, c]$.

三、 协整的概念

在现实生活中我们会发现, 有些序列自身的变化虽然是非平稳的, 但是序列与序列之间具有非常密切的长期均衡关系.

【例 7-3】　考察 1978—2002 年中国农村居民家庭人均纯收入对数序列 $\{\ln x_t\}$ 和生活消费支出对数序列 $\{\ln y_t\}$ 的相对变化关系 (数据见表 A1-27).

```
x<-ts(A1_27$lnx,start=1978)
y<-ts(A1_27$lny,start=1978)
plot(x,pch=22,type="o")
lines(y,col=2,type="o",pch=8)        #结果如图 7-8 所示
```

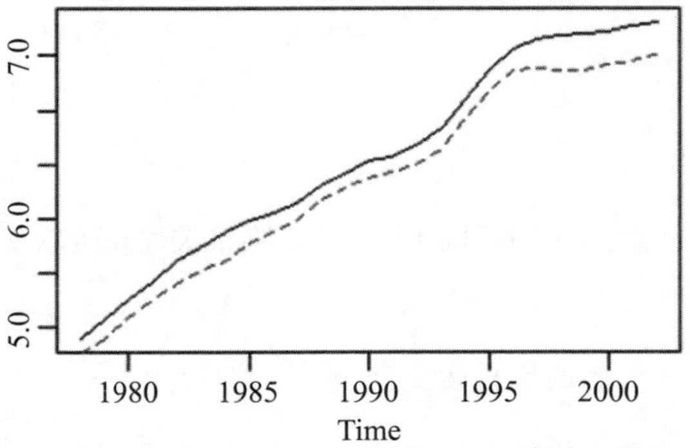

图 7-8　中国农村居民家庭人均纯收入与生活消费支出对数序列时序图

图中: 实线代表中国农村居民家庭人均纯收入对数序列, 虚线代表中国农村居民家庭人均生活消费支出对数序列.

时序图 (见图 7-8) 显示, 这两个序列都具有显著的线性递增趋势, 所以都是非平稳序列. 但是它们之间具有非常稳定的线性相关关系. 当收入增多时, 生活消费支出也增多, 它们的变化速度几乎一致. 这种稳定的同变关系, 让我们怀疑它们之间具有一种内在的平稳机制, 导致它们自身的变化是不平稳的, 但是彼此之间具有长期均衡发展的关系.

为了有效地衡量序列之间是否具有长期均衡关系, Engle 和 Granger 于 1987 年提出了协整的概念.

假定自变量序列为 $\{x_1\}, \cdots, \{x_k\}$, 响应变量序列为 $\{y_t\}$, 构造回归模型

$$y_t = \beta_0 + \sum_{i=1}^{k} \beta_i x_{it} + \varepsilon_t$$

如果回归残差序列 $\{\varepsilon_t\}$ 平稳, 称响应变量序列 $\{y_t\}$ 与自变量序列 $\{x_1\}, \cdots, \{x_k\}$ 之间具有协整关系.

协整概念的提出有非常重要的意义, 我们之前一直不敢大胆地对非平稳序列构建动态回归模型, 是因为担心非平稳序列容易产生伪回归的问题. 伪回归之所以会产生, 是因为残差序列不平稳. 如果非平稳序列之间具有协整关系, 就不会产生伪回归问题了.

这说明要将输入变量引入响应序列建模, 不一定要求所有的序列都平稳, 只需要它们的回归残差序列平稳. 这个限制条件显然比 Box 和 Jenkins 要求所有序列都平稳要宽松许多, 这极大地拓宽了动态回归模型的适用范围.

7.4.2 协整模型

多元非平稳序列之间能否建立动态回归模型, 关键在于它们之间是否具有协整关系, 因此, 要对多元非平稳序列建模必须先进行协整检验, 也称为 Engle-Granger 检验, 简称 EG 检验.

一、假设条件

由于自然界中绝大多数序列之间不具有协整关系, 所以 EG 检验的假设条件确定为:

H_0: 多元序列之间不存在协整关系

H_1: 多元序列之间存在协整关系

由于协整关系主要是通过考察回归残差的平稳性确定的, 所以上述假设条件等价于:

H_0: 回归残差序列 $\{\varepsilon_t\}$ 非平稳

H_1: 回归残差序列 $\{\varepsilon_t\}$ 平稳

二、EG 检验

EG 检验也称为 EG 两步法, 它按照如下两个步骤进行.

步骤一: 建立响应序列与输入序列之间的回归模型:

$$y_t = \widehat{\beta}_0 + \widehat{\beta}_1 x_{1t} + \cdots + \widehat{\beta}_k x_{kt} + \varepsilon_t$$

式中, $\widehat{\beta}_0, \widehat{\beta}_1, \cdots, \widehat{\beta}_k$ 为最小二乘估计值.

步骤二: 对回归残差序列 $\{\varepsilon_t\}$ 进行平稳性检验.

我们主要采用单位根检验的方法来考察回归残差序列的平稳性, 因此, 假设条件等价于:

$$H_0: \varepsilon_t \sim I(k), k \geqslant 1 \leftrightarrow H_1: \varepsilon_t \sim I(0)$$

EG 检验的原理与计算公式和 DF 检验的原理与计算公式相同, 但是蒙特卡洛模拟的结果显示它们的临界值略有不同. EG 检验的临界值不仅与位移项、趋势项等因素有关, 而且与回归模型中非平稳变量的个数相关. Mackinnon 提供了 EG 检验的临界值表, 并将 EG 检验的临界值表与 ADF 检验的临界值表结合在一起. 当非平稳序列的个数为 1 时 ($N=1$), 对应的就是 ADF 检验; 当非平稳序列的个数大于等于 2 时 ($N \geqslant 2$), 对应的就 EG 检验.

三、协整建模

如果回归残差序列 $\{\varepsilon_t\}$ 通过平稳性检验, 即 $\varepsilon_t \sim I(0)$, 就说明响应序列和输入序列之间具有协整关系. 换言之, $\{y_t\}$ 与 $\{x_{1t}\}, \{x_{2t}\}, \cdots, \{x_{kt}\}$ 之间具有长期的均衡关系, 而且这个均衡关系可以用 EG 检验第一步建立的回归模型表达:

$$y_t = \widehat{\beta}_0 + \widehat{\beta}_1 x_{1t} + \widehat{\beta}_2 x_{2t} + \cdots + \widehat{\beta}_k x_{kt}$$

回归残差序列

$$\varepsilon_t = y_t - (\widehat{\beta}_0 + \widehat{\beta}_1 x_{1t} + \widehat{\beta}_2 x_{2t} + \cdots + \widehat{\beta}_k x_{kt})$$

包含响应序列不能由输入序列解释的随机波动. 这个随机波动里面可能还蕴含着历史信息之间的相关性, 所以可以进一步考察 $\{\varepsilon_t\}$ 的自相关和偏自相关信息, 构建 ARMA 模型:

$$\varepsilon_t = \frac{\Theta(B)}{\Phi(B)} a_t$$

式中, $\Theta(B)$ 为 q 阶移动平均系数多项式; $\Phi(B)$ 为 p 阶自回归系数多项式; a_t 为白噪声序列, $a_t \sim N(0, \sigma^2)$.

完成上面三步分析, 最后我们可以得到带输入序列影响的响应序列 y_t 的协整拟合模型:

$$y_t = \widehat{\beta}_0 + \widehat{\beta}_1 x_{1t} + \widehat{\beta}_2 x_{2t} + \cdots + \widehat{\beta}_k x_{kt} + \frac{\Theta(B)}{\varPhi(B)} a_t$$

【**例 7-3 续 (1)**】　对 1978—2002 年中国农村居民家庭人均纯收入对数序列 $\{\ln x_t\}$ 和生活消费支出对数序列 $\{\ln y_t\}$ 进行协整分析 (数据见表 A1–27).

　　1. 协整检验

➤ 绘制支出序列和收入序列的互相关图

```
ccf(y,x)      #结果如图 7-9 所示
```

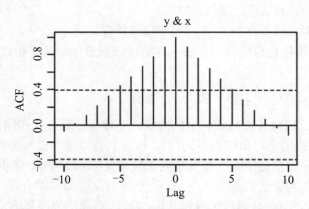

图 7-9　人均纯收入与生活消费支出对数序列互相关图

➤ 拟合回归模型

```
fit1<-arima(y,xreg=x,include.mean = F)
fit1
```

```
Call:
arima(x = y, xreg = x, include.mean = F)

Coefficients:
        xreg
      0.9683
 s.e.  0.0015

sigma^2 estimated as 0.002493:  log likelihood = 39.46, aic = -76.91
```

➤ 对回归残差序列进行平稳性检验

```
library(aTSA)
adf.test(fit1$residuals)
```

```
Augmented Dickey-Fuller Test
alternative:  stationary
```

```
Type 1:  no drift no trend
        lag    ADF   p.value
 [1,]    0    -1.33   0.1945
 [2,]    1    -1.69   0.0868
 [3,]    2    -1.93   0.0532
Type 2:  with drift no trend
        lag    ADF   p.value
 [1,]    0    -1.28   0.587
 [2,]    1    -1.64   0.459
 [3,]    2    -1.85   0.384
Type 3:  with drift and trend
        lag    ADF   p.value
 [1,]    0    -1.35   0.818
 [2,]    1    -1.72   0.667
 [3,]    2    -1.86   0.614
----
Note:  in fact, p.value = 0.01 means p.value <= 0.01
```

收入序列与支出序列的互相关图 (见图 7-9) 显示收入对支出的影响当期达到最大. 我们在构建收入与支出的回归模型时, 自变量使用的是收入的当期序列. 利用最小二乘估计, 得到收入、支出之间的回归关系是

$$\ln y_t = 0.9683 \ln x_t + \varepsilon_t$$

接下来对回归残差序列进行平稳性检验. 根据类型 1 延迟 2 阶的检验结果, 我们有近似 95% ((1-0.0532)×100%) 的把握断定回归残差序列平稳. 也就是说, 我们有 95% 的把握认为中国农村居民家庭人均纯收入对数序列和生活消费支出对数序列之间存在协整关系.

现在有统计学家将 EG 两步法整合为一个检验函数, 我们也可以直接调用 aTSA 包中的 coint.test 函数直接进行协整检验. coint.test 函数的相关命令格式如下.

```
 coint.test(y,x, d =, nlag =)
式中:
-y:  响应变量
-x:  输入变量
-d:  x 变量和 y 变量都要进行的差分阶数
-nlag:  自回归延迟阶数
```

2. 对残差序列进行白噪声检验

```
Box.test(fit1$residuals,lag=6,type="Ljung-Box")

Box-Ljung test
data:  fit1$residuals
X-squared = 31.287, df = 6, p-value = 2.234e-05
```

　　白噪声检验结果显示, 回归残差序列不是白噪声序列, 还需要进一步提取残差序列中蕴含的相关信息.

　　3. 拟合协整动态回归模型

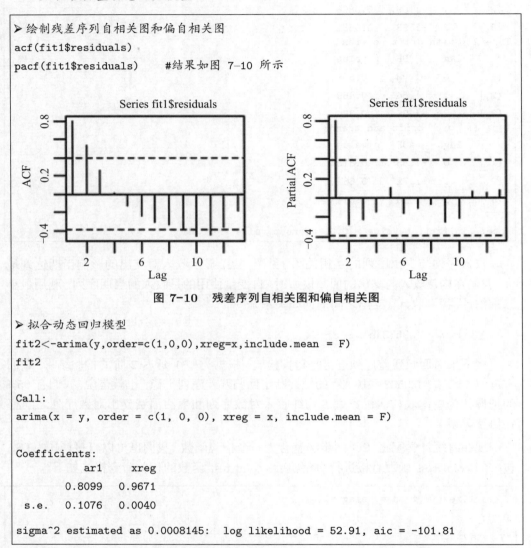

➤ 绘制残差序列自相关图和偏自相关图

```
acf(fit1$residuals)
pacf(fit1$residuals)     #结果如图 7-10 所示
```

图 7-10　残差序列自相关图和偏自相关图

➤ 拟合动态回归模型

```
fit2<-arima(y,order=c(1,0,0),xreg=x,include.mean = F)
fit2

Call:
arima(x = y, order = c(1, 0, 0), xreg = x, include.mean = F)

Coefficients:
          ar1      xreg
       0.8099    0.9671
 s.e.  0.1076    0.0040

sigma^2 estimated as 0.0008145:  log likelihood = 52.91, aic = -101.81
```

　　考察回归残差序列的自相关图和偏自相关图 (见图 7-10) 的性质, 可以判断残差序列自回归系数拖尾, 偏自相关系数 1 阶截尾. 对残差序列拟合 AR(1) 模型. 最后, 我们拟合的协整动态回归模型结构如下:

$$\ln y_t = \beta \ln x_t + \frac{\varepsilon_t}{1 - \phi_1 B} \varepsilon_t \sim N(0, \sigma^2)$$

根据系统输出结果, 得到该模型的口径为:

$$\ln y_t = 0.967\,1 \ln x_t + \frac{\varepsilon_t}{1 - 0.809\,9B} \varepsilon_t \sim N(0, 0.000\,8)$$

且这两个参数的估计值均显著大于 2 倍标准差, 所以两个参数均显著非零.

4. 模型显著性检验

```
ts.diag(fit2)        #结果如图 7-11 所示
```

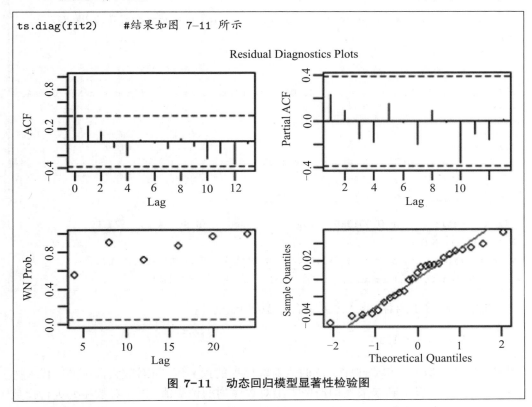

图 7-11　动态回归模型显著性检验图

拟合模型显著性检验图 (见图 7-11) 显示, 残差序列为白噪声序列. 这说明我们拟合的协整动态回归模型显著成立. 我们可以利用这个协整模型进行多变量之间的因果影响分析或者对响应序列进行预测分析.

5. 序列预测

通过上述协整动态回归模型, 我们可以知道中国农村居民家庭人均生活消费支出既会受到家庭传统消费习惯的影响 (1 阶自相关), 也会受到家庭人均纯收入的影响 (收入和消费之间的协整关系), 收入对支出的影响很大. 从回归系数的大小可以看出来, 每增加 1 单位的对数收入, 长期而言会增加 0.967 1 单位的对数生活消费支出. 这说明在 2002 年之前, 中国农村居民的很多基本生活消费没有得到充分满足, 收入的绝大部分都转化为消费支出.

将收入信息纳入对支出序列的分析, 将会使支出序列的分析更加准确. 如果能提前预测未来收入的情况, 我们将会得到更加准确的支出预测. 因此, 对协整模型进行预测, 首先需要获得输入序列的未来预测值. 它可以是主观给定, 也可以基于单变量预测. 然后将输入序列预测值代入协整模型, 就可以得到响应序列的预测值.

本例中, 我们通过单变量拟合的方法获得人均对数收入序列的预测值. 根据人均对数收入序列具有的特征, 我们为它拟合了 AR((1,3),1,0) 疏系数模型, 并可以通过这个拟合模型进行对数收入序列的预测.

```
➤ 拟合对数收入序列
x_fit<-arima(diff(x),order=c(3,0,0),transform.pars = F,fixed=c(NA,0,NA,NA))
x_fit

Call:
arima(x = diff(x), order = c(3, 0, 0), transform.pars = F, fixed = c(NA, 0, NA,
NA))

Coefficients:
          ar1    ar2      ar3    intercept
       0.7771    0    -0.3819     0.1237
  s.e.  0.1337    0     0.1334     0.0155

sigma^2 estimated as 0.001985:  log likelihood = 39.94, aic = -73.89
➤ 预测对数收入序列
x_pred<-predict(x_fit,n.ahead=8)$pred   # 对数收入序列的差分预测值
x_fore=x[length(x)]+cumsum(x_pred)   # 对数收入序列的预测值
```

根据系统输出内容, 收入序列拟合模型如下:

$$\nabla \ln x_t = 0.123\,7 + \frac{\varepsilon_t}{1 - 0.777\,1B + 0.381\,9B^3}$$

利用该拟合模型可以得到未来人均收入对数序列的预测值. 将对数收入预测值代入协整动态模型, 可以得到未来人均消费支出对数序列的预测值. 再对对数序列进行指数运算, 就还原为人均消费支出序列的预测值.

```
➤ 对人均消费支出序列进行预测
y_pred<-predict(fit2,n.ahead=8,newxreg=x_fore)  #人均消费支出对数序列预测值
y_forecast<-exp(y_pred$pred)  #人均消费支出序列预测值
l95<-exp(y_pred$pred-1.96*y_pred$se)  #预测值的 95%置信下限
u95<-exp(y_pred$pred+1.96*y_pred$se)   #预测值的 95%置信上限
data.frame(y_forecast,l95,u95)
    y_forecast          l95         u95
 1    2042.172    1931.078    2159.657
 2    2344.652    2181.814    2519.644
 3    2760.312    2546.070    2992.581
 4    3244.005    2976.429    3535.637
 5    3760.676    3439.110    4112.309
 6    4270.242    3896.909    4679.342
 7    4772.612    4349.473    5236.916
 8    5294.606    4820.960    5814.787
➤ 绘制拟合与预测效果图
y_actual<-exp(y)
```

```
y_estimate<-exp(fitted(fit2))
plot(y_actual,xlim=c(1978,2010),ylim=c(0,6000),type="p",pch=20)
lines(y_estimate,col=2)
lines(y_forecast,col=2)
lines(l95,lty=2,col=3)
lines(u95,lty=2,col=3)        #结果如图 7-12 所示
```

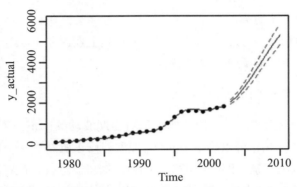

图 7-12　中国农村居民家庭人均生活消费支出序列的拟合与预测效果图

图中:　圆点为中国农村居民家庭人均支出序列观察值, 中间实线为协整动态回归模型拟合与预测值, 虚线为预测值的 95% 置信区间.

7.4.3　误差修正模型

误差修正模型 (error correction model) 简称 ECM 模型, 最初由 Hendry 和 Anderson 于 1977 年提出, 它常常作为协整模型的补充模型出现. 协整模型度量序列之间的长期均衡关系, ECM 模型则解释序列的短期波动关系.

误差修正模型的构造原理如下:

假设非平稳响应序列 $\{y_t\}$ 与非平稳输入序列 $\{x_t\}$ 之间具有协整关系, 即

$$y_t = \beta x_t + \varepsilon_t \tag{7.6}$$

则回归残差序列为平稳序列:

$$\varepsilon_t = y_t - \beta x_t \sim I(0)$$

在式 (7.6) 等号两边同时减去 y_{t-1}, 则有

$$y_t - y_{t-1} = \beta x_t - y_{t-1} + \varepsilon_t \tag{7.7}$$

将 $y_{t-1} = \beta x_{t-1} + \varepsilon_{t-1}$ 代入式 (7.7) 等号右边, 得

$$y_t - y_{t-1} = \beta x_t - \beta x_{t-1} - \varepsilon_{t-1} + \varepsilon_t \tag{7.8}$$

假定 β 的最小二乘估计值为 $\widehat{\beta}$, 则 $\widehat{\varepsilon}_{t-1} = y_{t-1} - \widehat{\beta} x_{t-1}$ 代表的是上一期的误差, 特别

记作 ECM_{t-1}, 则式 (7.8) 可以整理成如下形式:

$$\nabla y_t = \beta \nabla x_t - \mathrm{ECM}_{t-1} + \varepsilon_t \tag{7.9}$$

这说明响应序列的当期波动 (∇y_t) 主要受到三方面的短期波动的影响:

(1) 输入序列的当期波动 ∇x_t;

(2) 上一期的误差 ECM_{t-1};

(3) 当期纯随机波动 ε_t.

为了定量地测定这三方面影响的大小, 尤其是上期误差 ECM_{t-1} 对当期波动 ∇y_t 的影响, 可以构建 ECM 模型, 模型结构如下:

$$\nabla y_t = \beta_0 \nabla x_t + \beta_1 \mathrm{ECM}_{t-1} + \varepsilon_t$$

式中, β_1 为误差修正系数, 表示误差修正项对当期波动的修正力度. 根据误差修正模型的推导原理 (式 (7.9)), 可以确定 $\beta_1 < 0$, 即误差修正机制是一个负反馈机制.

以例 7-3 的应用背景对误差修正模型的负反馈机制进行直观解释, 当 $\mathrm{ECM}_{t-1} > 0$ 时, 等价于 $y_{t-1} > \hat{\beta} x_{t-1}$, 即上期真实支出比估计支出大, 这种信息反馈回来, 上一期超支会导致下期支出适当压缩, 即 $\nabla y_t < 0$.

反之, $\mathrm{ECM}_{t-1} < 0$, 等价于 $y_{t-1} < \hat{\beta} x_{t-1}$, 即上期真实支出比估计支出小, 这种信息反馈回来, 上一期有节余会导致下期支出适当增加, 即 $\nabla y_t > 0$.

在 R 语言中, 调用 aTSA 包中 ecm 函数可以直接拟合误差修正模型, ecm 函数的命令格式如下:

```
ecm(y,x)
式中:
-y:  响应序列名
-x:  输入序列名
```

【例 7-3 续 (2)】 对 1978—2002 年中国农村居民家庭人均纯收入对数序列 $\{\ln x_t\}$ 和生活消费支出对数序列 $\{\ln y_t\}$ 构造 ECM 模型 (数据见表 A1–27).

在 7.4.2 节中, 我们已经通过 EG 检验证明中国农村居民家庭人均纯收入对数序列 $\{\ln x_t\}$ 和生活消费支出对数序列 $\{\ln y_t\}$ 具有协整关系, 即

$$\ln y_t = 0.967\,1 \ln x_t + \varepsilon_t$$

这个协整回归模型揭示了中国农村居民家庭人均生活消费支出与人均纯收入之间的长期均衡关系.

为了研究生活消费支出的短期波动特征, 我们利用差分序列 $\{\nabla \ln y_t\}, \{\nabla \ln x_t\}$ 和前期误差序列 $\{\mathrm{ECM}_{t-1}\}$ 构建 ECM 模型:

$$\nabla \ln y_t = \beta_0 \nabla \ln x_t + \beta_1 \mathrm{ECM}_{t-1} + \varepsilon_t$$

```
ecm(y,x)

Call:
lm(formula = dy ~ dX + ECM - 1)

Residuals:
        Min        1Q      Median        3Q        Max
 -0.044410  -0.014262   0.005786   0.016558   0.054078
Coefficients:
        Estimate   Std. Error   t value   Pr(>|t|)
 dX      0.92475      0.04319    21.414    3.18e-16***
 ECM    -0.22255      0.11952     1.862    0.076.
---
Signif.  codes:  0 '***' 0.001 '**' 0.01 '*' 0.05 '.'  0.1 ' ' 1

Residual standard error:  0.02909 on 22 degrees of freedom
Multiple R-squared:  0.958, Adjusted R-squared:  0.9542
F-statistic:  251.1 on 2 and 22 DF, p-value:  7.115e-16
```

根据系统输出结果, 本例 ECM 模型为:

$$\nabla \ln y_t = 0.924\,75 \nabla \ln x_t - 0.222\,55 \mathrm{ECM}_{t-1} + \varepsilon_t$$

方程检验结果和参数检验结果如表 7–1 所示.

表 7–1

方程检验		参数检验		
F 统计量	P 值	参数	t 统计量	P 值
251.1	7.115e-16	β_0	21.414	3.18e-16
		β_1	1.862	0.076

方程检验结果显示该方程显著线性相关. 参数检验结果显示收入的当期波动对生活消费支出的当期波动有显著影响 (β_0 显著), 但上期误差 (ECM) 对当期波动的影响不显著 (β_1 不显著). 从回归系数的绝对值大小可以看出, 收入的当期波动对生活消费支出当期波动的调整幅度很大, 每增加 1 单位的对数收入, 会增加 0.924 75 单位的对数生活消费支出, 但上期误差 (ECM) 对生活消费支出当期波动具有负反馈机制, 单位调整比例为 −0.222 55.

7.5 Granger 因果检验

对于多元时间序列而言, 如果能找到对响应变量有显著影响的输入序列, 并且能验证它们之间具有协整关系, 就说明响应序列 $\{y_t\}$ 的一部分波动能被输入序列

$\{x_{1t}\},\{x_{2t}\},\cdots,\{x_{kt}\}$ 的线性组合解释. 这对准确预测 y_t 的波动, 或者通过控制输入序列的取值间接控制 $\{y_t\}$ 的发展都是非常有用的. 但前提是输入序列 $\{x_{1t}\},\{x_{2t}\},\cdots,$ $\{x_{kt}\}$ 和响应序列 $\{y_t\}$ 之间具有真正的因果关系, 而且一定是 $\{x_{1t}\},\{x_{2t}\},\cdots,$ $\{x_{kt}\}$ 为因, $\{y_t\}$ 为果.

这种因果关系的认定在某些情况下是清晰明确的. 比如例 7–3, 对于中国农村家庭而言, 一定是量入为出, 收入的多少影响支出的多少, 一定是收入为因, 支出为果. 自变量和因变量比较好确定.

但在有些领域, 变量之间的关系可能比较复杂, 因果关系的识别并不一目了然. 比如说 1983 年 D. A. Nicols 想研究对白领阶层薪水调整有决定性影响的宏观经济因素. 他收集了四个相关变量:

(1) 白领阶层的平均年薪 W;

(2) 当年的通货膨胀率 CPI;

(3) 当年的失业率 U;

(4) 当年的最低工资标准 MW.

他想研究的响应变量是第一个变量——白领阶层的平均年薪 W, 那么剩下的三个变量是不是导致年薪变化的因变量呢? 如果单纯从逻辑上分析, 我们很难直接下结论.

因为既有可能是通货膨胀率上涨, 导致雇主不得不给白领雇员涨薪, 这时确实是 CPI 为因, W 为果, 也有可能是雇主先给白领阶层涨了薪水, 导致商品或服务价格上涨, 继而推高了通货膨胀率, 这时 W 为因, CPI 为果. 因果关系不同, 回归模型自变量和因变量的位置就不同, 因此 CPI 能不能作为年薪 W 的输入变量并不明确.

失业率 U 与年薪 W 的关系也是如此. 既有可能是失业率高导致白领被迫降低年薪以保全工作岗位, 也有可能是雇员工资太高, 雇主为降低成本增加裁员, 导致失业率上升. 这两种情况下, 因果关系正好是反的.

最低工资标准 MW 与年薪 W 的关系也有多种可能. 既有可能是最低工资标准提高, 推高了平均年薪, 也有可能是平均年薪增加, 推高了最低工资标准, 甚至还有第三种可能, 就是它们尽管都是薪资水平, 但领取的人群不同, 有可能它们彼此之间相互独立, 且没有什么相互影响, 那就连回归模型都不必建了.

在经济、金融领域, 这种多个变量都来自相同领域, 甚至是同一个系统, 但彼此之间的因果关系并不明确的现象比比皆是. 那么在协整建模时, 首先需要检验变量之间的因果关系.

Granger 在 1969 年给出了序列因果关系的定义. T.J.Sargent 在 1976 年根据 Granger 对因果性的定义, 给出了因果关系检验方法. 这使得判断多个序列之间的因果关系有了明确的定义和统计检测方法.

7.5.1 Granger 因果关系定义

对于因果关系, 一定是原因导致了结果. 从时间上说, 应该是原因发生在前, 结果产生在后. 就影响效果而言, X 事件发生在前, 而且对 Y 事件的发展结果有影响, X 事件才能称为 Y 事件的因. 如果 X 事件发生在前, 但它发生与否对 Y 事件的结果没有影响, X 事件也不是 Y 事件的因.

基于对这种因果关系的理解, 1969 年 Granger 给出了序列间因果关系的定义, 我们称之为 Granger 因果关系定义.

定义 7.1　假设 $\{x_t\}$ 和 $\{y_t\}$ 是宽平稳序列. 记

(1) I_t 为 t 时刻所有有用信息的集合.

$$I_t = \{x_t, x_{t-1}, x_{t-2}, \cdots, y_t, y_{t-1}, y_{t-2}, \cdots\}$$

(2) X_t 为 t 时刻所有 x 序列信息的集合.

$$X_t = \{x_t, x_{t-1}, x_{t-2}, \cdots\}$$

(3) $\sigma^2(\cdot)$ 为方差函数.

则序列 x 是序列 y 的 Granger 原因, 当且仅当 y 的最优线性预测函数使得下式成立:

$$\sigma^2(y_{t+1}|I_t) < \sigma^2(y_{t+1}|I_t - X_t)$$

式中, $\sigma^2(y_{t+1}|I_t)$ 是使用所有可获得的历史信息 (其中也包含 x 序列的历史信息) 得到的 y 序列一期预测值的方差;

$\sigma^2(y_{t+1}|I_t - X_t)$ 是从所有信息中刻意扣除 x 序列的历史信息得到的 y 序列一期预测值的方差.

如果 $\sigma^2(y_{t+1}|I_t) < \sigma^2(y_{t+1}|I_t - X_t)$, 则说明 x 序列历史信息的加入能提高 y 序列的预测精度, 进而反推出序列 x 是因, 序列 y 是果, 简记为 $x \to y$.

根据 Granger 因果关系定义, 在两个序列之间存在 4 种不同的因果关系 (在此只考虑 x 序列的历史信息对 y_{t+1} 的影响, 不考虑 x_{t+1} 对 y_{t+1} 的当期影响. 如果考虑当期影响, 两序列的因果关系会变成 8 种):

(1) x 和 y 相互独立, 简记为 (x, y);

(2) x 是 y 的 Granger 原因, 简记为 $(x \to y)$;

(3) y 是 x 的 Granger 原因, 简记为 $(x \leftarrow y)$;

(4) x 和 y 互为因果, 这种情况称为 x 和 y 之间存在反馈 (feedback) 关系, 简记为 $(x \leftrightarrow y)$.

7.5.2　Granger 因果检验

统计学家基于 Granger 因果关系定义, 从不同的角度出发构造检验统计量, 至今为止创造了很多种 Granger 因果检验 (Granger Causality Test) 方法. 比如, 1972 年 Sims 提出了简单 Granger 因果检验方法, 1976 年 Sargent 提出了直接 Granger 因果检验方法, 1979 年 Cheng Hsiao 提出了基于预测误差的 Hsiao 检验方法. 其中, 直接 Granger 因果检验方法最容易理解, 使用最广泛, 我们在此介绍的因果检验方法就是直接 Granger 因果检验方法.

一、假设条件

Granger 因果检验认为绝大多数时间序列的生成过程是相互独立的. 因此, 原假设是: 序列 x 不是序列 y 的 Granger 原因; 备择假设是: 序列 x 是序列 y 的 Granger 原因.

$$H_0 : (x, y) \leftrightarrow H_1 : x \to y$$

构造序列 y 的最优线性预测函数, 不妨记作:

$$y_t = \beta_0 + \sum_{k=1}^{p} \beta_k y_{t-k} + \sum_{k=1}^{q} \alpha_k x_{t-k} + \sum_{k=1}^{l} \gamma_k z_{t-k} + \varepsilon_t$$

式中, p 为序列 y 的自回归阶数; q 为引入的 x 序列的历史延迟阶数; $\{z_t\}$ 为其他自变量序列.

原假设成立时, 意味着 $\alpha_1 = \alpha_2 = \cdots = \alpha_q = 0$. 所以假设条件也可以等价表达为:

$$H_0 : \alpha_1 = \alpha_2 = \cdots = \alpha_q = 0 \leftrightarrow H_1 : \alpha_1, \alpha_2, \cdots, \alpha_q 不全为 0$$

二、检验统计量

有多种方法构建 Granger 因果检验的统计量, 在此介绍 F 检验统计量的构造原理. 在该检验方法下, 需要拟合两个回归模型.

(1) 在原假设成立的情况下, 拟合序列 y 的有约束预测模型 (约束条件为 $\alpha_1 = \alpha_2 = \cdots = \alpha_q = 0$):

$$y_t = \beta_0 + \sum_{k=1}^{p} \beta_k y_{t-k} + \sum_{k=1}^{l} \gamma_k z_{t-k} + \varepsilon_{1t}$$

对该模型进行方差分解:

$$SST = SSR_{yz} + SSE_r$$

式中, $SST = \sum_{i=1}^{n} (y_i - \overline{y})^2$, 代表序列 y 的波动平方和, n 为序列长度. SST 可以分解为两部分: 一部分波动可以由 y 和 z 的历史信息 $\{y_{t-1}, y_{t-2}, \cdots, y_{t-p}, z_{t-1}, z_{t-2}, \cdots, z_{t-l}\}$ 解读, 这部分波动记作 SSR_{yz}; 另一部分是不能由历史信息解读的, 归为随机波动, 记作有约束残差平方和 SSE_r:

$$SSE_r = \sum_{t=1}^{n} \varepsilon_{1t}^2 = SST - SSR_{yz}$$

(2) 在备择假设成立的情况下, 拟合序列 y 的无约束预测模型:

$$y_t = \beta_0 + \sum_{k=1}^{p} \beta_k y_{t-k} + \sum_{k=1}^{q} \alpha_k x_{t-k} + \sum_{k=1}^{l} \gamma_k z_{t-k} + \varepsilon_t$$

对该模型进行方差分解:

$$SST = SSR_{xyz} + SSE_u$$

式中, $SST = \sum_{i=1}^{n}(y_i - \bar{y})^2$, 代表序列 y 的波动平方和. SST 可以分解为两部分: 一部分波动可以由 x, y, z 的历史信息 $\{y_{t-1}, y_{t-2}, \cdots, y_{t-p}, x_{t-1}, x_{t-2}, \cdots, x_{t-q}\}$ 解读, 这部分波动记作 SSR_{xyz}. 实际上还可以对 SSR_{xyz} 再进行分解, 分解为 x 的影响和 yz 的影响两部分, $SSR_{xyz} = SSR_x + SSR_{yz}$. 剩下的不能由 x, y, z 的历史信息解读的归为随机波动, 记作无约束残差平方和 SSE_u:

$$SSE_u = \sum_{t=1}^{n} \varepsilon_{2t}^2 = SST - SSR_x - SSR_{yz}$$

基于有约束残差平方和与无约束残差平方和构造 F 统计量:

$$F = \frac{(SSE_r - SSE_u)/q}{SSE_u/n - q - p - 1} \sim F(q, n - q - p - 1)$$

式中, $SSE_r - SSE_u = SSR_x$. 所以分子部分实际是 x 的回归误差平方和比上它的自由度 q, 分母部分是无约束残差平方和除以它的自由度. SSR_x 和 SSE_u 相互独立, 所以它们各自比上自由度服从 F 分布.

若显著性水平取为 α, 当 F 统计量大于 $F_{1-\alpha}(q, n - p - q - 1)$ 时, 拒绝原假设, 认为序列 x 是序列 y 的 Granger 原因.

需要注意的一个问题是, Granger 因果检验的结果严重依赖于解释变量的延迟阶数, 即不同的延迟阶数 p 和 q 可能会得到不同的 Granger 检验结果, 所以通常会借助自相关图和互相关图考察显著非零的延迟阶数, 或者多拟合几个不同延迟的有约束模型和无约束模型, 借助最小信息量准则, 使用 AIC 最小的无约束模型和有约束模型的残差平方和计算 F 统计量.

【例 7-4】 对 1962—1979 年美国白领阶层平均年薪和可能对它有显著影响的宏观经济因素进行 Granger 因果检验 (数据见表 A1–28).

因为 Granger 因果检验要求序列平稳, 所以首先判断这四个序列的平稳性, 对非平稳序列差分平稳.

这四个序列的时序图如图 7–13 所示, 前三个序列 (W, CPI, U) 都显示出显著的趋势特征, 为典型的非平稳序列. 进行 ADF 检验可以验证, 前三个序列 1 阶差分后平稳. 第四个序列 (MW) 没有明显趋势, ADF 检验显示原序列平稳.

```
w<-ts(A1_28$w,start=1962)
cpi<-ts(A1_28$cpi,start=1962)
u<-ts(A1_28$u,start=1962)
mw<-ts(A1_28$mw,start=1962)
plot(w)
plot(cpi)
plot(u)
plot(mw)
```

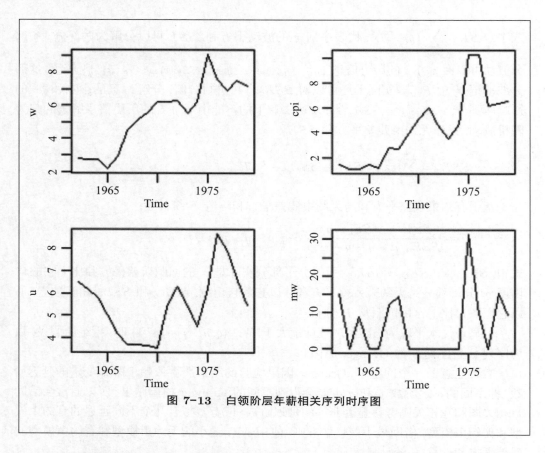

图 7-13　白领阶层年薪相关序列时序图

　　考察年薪变量的自相关图和三个宏观经济变量与年薪变量的互相关系数图 (见图 7-14), 确定输入变量的延迟阶数.

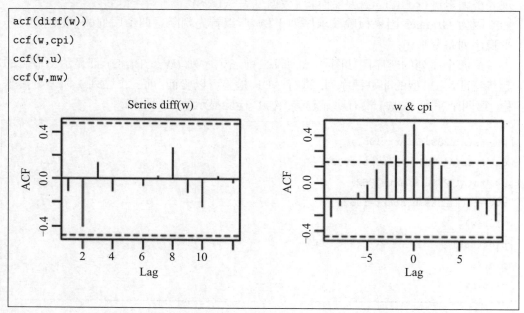

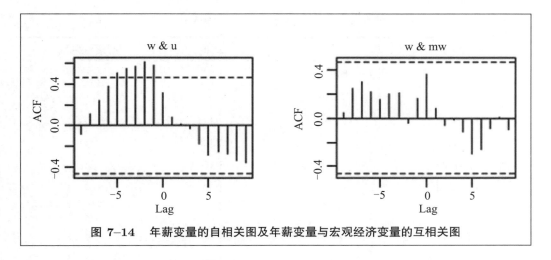

图 7–14　年薪变量的自相关图及年薪变量与宏观经济变量的互相关图

从图 7–14 中可以看出:

(1) 左上图显示, 年薪变量 1 阶差分后, 所有自相关系数均在 2 倍标准差范围内, 典型的平稳序列特征. 所以年薪变量引入 1 阶延迟 (差分).

(2) 右上图显示, CPI 与年薪变量在 0 阶延迟达到互相关系数最大.

(3) 左下图显示, 失业率与年薪变量的互相关系数, 随延迟期数递增. 这时, 可以选择 1 个或多个失业率的延迟序列. 在此, 为简化模型, 我们选择失业率的延迟 1 阶序列.

(4) 右下图显示, 最低工资与年薪变量在 0 阶延迟达到互相关系数最大.

综上所述, 考虑到非平稳序列 1 阶差分平稳, 以及互相关系数 0 阶或 1 阶互相关系数达到最大. 我们引入各变量的 1 阶延迟进入 Granger 因果检验.

R 语言中有很多函数可以进行 Granger 因果检验, 本例选择 MSBVAR 包中的 granger.test 函数进行 Granger 因果检验. 相关命令和输出结果如下 (参见表 7–2).

```
library(MSBVAR)
granger.test(data.frame(w,cpi,u,mw),p=1)
            F-statistic        p-value
 cpi -> w   2.28727834     0.152680641
 u -> w     2.98005121     0.106286699
 mw -> w    4.55496675     0.050990827
 w -> cpi   7.56182585     0.015648749
 u -> cpi   4.83357396     0.045223958
 mw -> cpi  0.06154260     0.807675940
 w -> u     6.58923266     0.022369364
 cpi -> u  11.30810193     0.004644617
 mw -> u    2.76393239     0.118628313
 w -> mw    0.48661818     0.496862218
 cpi -> mw  0.11599095     0.738480548
 u -> mw    0.03621507     0.851803867
```

表 7-2

检验关系	F 统计量	P 值	显著性判别
cpi→w	2.29	0.15	-
u→w	2.98	0.11	-
mw→w	4.55	0.05	√
w→cpi	7.56	0.02	√
u→cpi	4.83	0.05	√
mw→cpi	0.06	0.81	-
w→u	6.59	0.02	√
cpi→u	11.31	0.00	√
mw→u	2.76	0.12	-
w→mw	0.49	0.50	-
cpi→mw	0.12	0.74	-
u→mw	0.04	0.85	-

如果显著性水平 $\alpha = 0.05$, 那么根据这个样本数据, 我们可以得出如下结论:

(1) 三个宏观经济变量 (通货膨胀率, 失业率和最低工资标准) 中只有最低工资标准可以认为是白领年薪波动的 Granger 原因.

(2) 白领年薪的波动是通货膨胀率和失业率波动的 Granger 原因.

(3) 通货膨胀率和失业率互为因果.

如果响应变量是白领年薪的话, 理论上只需要将最低工资标准作为输入序列引入年薪序列的分析与预测中.

如果要分析通货膨胀率或失业率的话, 因为这两个变量互为因果, 所以都可以作为对方的输入序列, 而且白领年薪序列也可以作为输入序列加入对这两个变量的分析.

如果要分析最低工资标准的话, 剩下三个宏观变量都不能作为输入序列引入分析, 因为最低工资标准只会影响其他三个变量, 它自身不会受到另外三个变量的显著影响.

7.5.3 Granger 因果检验的问题

在做 Granger 因果检验时, 要注意如下几个问题.

(1) 检验结果只说明样本数据特征. 例 7-4 的 Granger 因果检验得出结论: 白领年薪的波动受最低工资的影响, 但不受通货膨胀率和失业率的显著影响. 这个因果结论是基于这批样本数据得出的. 如果换一批数据, 或增加样本数据量, 得出的因果判别可能会完全不一样. 也就是说, Granger 因果检验的结果会受到样本随机性的影响. 样本容量越小, 样本随机性的影响就越大. 因此, 最好在样本容量比较大时进行 Granger 因果检验, 以保证检验结果相对稳健.

(2) Granger 因果检验即使显著拒绝原假设, 也不能说明两个序列间具有真正的因果关系. Granger 因果检验的构造思想是: 使响应变量预测精度有显著提高的自变量可以视作响应变量的因.

这里面存在一个逻辑漏洞: 如果变量 x 是变量 y 的因, 那么知道 x 的信息对预测 y 是有帮助的, 这个结论是对的. 也就是说, 因果性包含了预测精度的提高. 但反过来认为, 有助于预测精度提高的变量都是响应变量的因, 就不一定正确了. 比如说每天太阳快要升起的时候, 公鸡都会打鸣, 因此根据每天公鸡打鸣的时间, 可以准确预测今天太阳升起的时间. 根据 Granger 因果关系定义, 公鸡打鸣可以认为是太阳升起的原因. 显然这个因果结论是错误的. 把公鸡杀了, 太阳依然会升起. 公鸡打鸣绝不是太阳升起的原因. 这就说明由预测精度的提高反推因果性是不严谨的.

也就是说, 因果性可以推出预测精度提高, 但预测精度提高不能等价推出因果性. 这就意味着, 在进行 Granger 因果检验时, 即使得出因果关系显著成立的结论, 也仅仅是预测精度提高的统计显著性判断, 并不意味着两个变量之间一定存在真正的因果关系.

Granger 因果检验是我们在处理复杂变量关系时使用的一个工具, Granger 因果检验的信息可以帮助我们思考模型的结构. 它不一定百分之百准确, 但有它提供的信息比完全没有信息要强.

7.6 习题

1. 某地区过去 38 年谷物产量序列如表 7-3 所示.

表 7-3 单位: 万吨

24.5	33.7	27.9	27.5	21.7	31.9	36.8	29.9	30.2	32.0	34.0
19.4	36.0	30.2	32.4	36.4	36.9	31.5	30.5	32.3	34.9	30.1
36.9	26.8	30.5	33.3	29.7	35.0	29.9	35.2	38.3	35.2	35.5
36.7	26.8	38.0	31.7	32.6						

这些年该地区相应的降雨量序列如表 7-4 所示.

表 7-4 单位: 100mm

9.6	12.9	9.9	8.7	6.8	12.5	13.0	10.1	10.1	10.1	10.8
7.8	16.2	14.1	10.6	10.0	11.5	13.6	12.1	12.0	9.3	7.7
11.0	6.9	9.5	16.5	9.3	9.4	8.7	9.5	11.6	12.1	8.0
10.7	13.9	11.3	11.6	10.4						

(1) 使用单位根检验分别考察这两个模型的平稳性.

(2) 选择适当模型分别拟合这两个序列的发展.

(3) 确定这两个序列之间是否具有协整关系.

(4) 如果这两个序列之间具有协整关系, 请建立适当的模型拟合谷物产量序列的发展.

2. 在一定浓度的溶液中 (CC = 0.5), 考察草履虫和某种草履虫掠食动物之间的动态数量变化, 相关数据如表 7–5 所示.

表 7-5

时间 (day)	被掠食者 (ind/ml)	掠食者 (ind/ml)	时间 (day)	被掠食者 (ind/ml)	掠食者 (ind/ml)	时间 (day)	被掠食者 (ind/ml)	掠食者 (ind/ml)
0.00	15.65	5.76	12.00	27.46	65.40	24.00	121.70	17.82
0.50	53.57	9.05	12.50	41.46	51.35	24.50	185.20	26.04
1.00	73.34	17.26	13.00	44.73	28.24	25.00	175.30	65.61
1.50	93.93	41.97	13.50	88.42	23.27	25.50	139.00	76.30
2.00	115.40	55.97	14.00	105.70	38.09	26.00	77.11	96.07
2.50	76.57	74.91	14.50	155.20	14.97	26.50	57.29	68.84
3.00	32.83	62.52	15.00	205.50	24.84	27.00	54.79	54.79
3.50	23.74	27.04	15.50	312.70	49.56	27.50	75.38	35.80
4.00	56.70	18.77	16.00	213.70	75.93	28.00	87.73	32.48
4.50	86.37	31.11	16.50	163.40	104.00	28.50	136.40	24.21
5.00	121.00	58.31	17.00	85.78	106.40	29.00	290.60	35.73
5.50	71.48	73.13	17.50	48.64	100.60	29.50	345.80	55.50
6.00	55.78	63.21	18.00	44.49	84.08	30.00	271.60	93.41
6.50	31.84	52.46	18.50	63.44	45.30	30.50	156.10	117.30
7.00	26.87	40.07	19.00	71.66	35.37	31.00	71.10	95.02
7.50	53.24	27.67	19.50	127.70	35.35	31.50	43.86	85.92
8.00	65.59	26.00	20.00	206.90	41.10	32.00	30.64	82.60
8.50	81.23	24.32	20.50	309.90	52.62	32.50	35.56	66.08
9.00	143.90	21.00	21.00	156.50	120.20	33.00	52.03	63.58
9.50	237.90	33.35	21.50	63.30	112.80	33.50	37.99	37.99
10.00	276.60	64.67	22.00	77.29	92.14	34.00	62.71	25.60
10.50	222.20	94.34	22.50	45.11	65.72	34.50	103.90	23.10
11.00	137.20	103.40	23.00	57.45	33.54	35.00	187.20	37.09
11.50	46.45	82.74	23.50	69.80	21.14			

(1) 考察这两种生物之间的动态关系, 检验它们是否具有协整关系.

(2) 选择适当的模型拟合这两种生物之间的动态互动关系, 并预测未来一周这两种生物的浓度.

3. 我国 1950—2008 年进出口总额数据如表 7–6 所示.

表 7-6　　　　　　　　　　　　　　　　　　　　　单位: 亿元

年份	出口	进口	年份	出口	进口	年份	出口	进口
1950	20.0	21.3	1970	56.8	56.1	1990	2 985.8	2 574.3
1951	24.2	35.3	1971	68.5	52.4	1991	3 827.1	3 398.7
1952	27.1	37.5	1972	82.9	64.0	1992	4 676.3	4 443.3
1953	34.8	46.1	1973	116.9	103.6	1993	5 284.8	5 986.2
1954	40.0	44.7	1974	139.4	152.8	1994	10 421.8	9 960.1
1955	48.7	61.1	1975	143.0	147.4	1995	12 451.8	11 048.1
1956	55.7	53.0	1976	134.8	129.3	1996	12 576.4	11 557.4
1957	54.5	50.0	1977	139.7	132.8	1997	15 160.7	11 806.5
1958	67.0	61.7	1978	167.6	187.4	1998	15 223.6	11 626.1
1959	78.1	71.2	1979	211.7	242.9	1999	16 159.8	13 736.5
1960	63.3	65.1	1980	271.2	298.8	2000	20 634.4	18 638.8
1961	47.7	43.0	1981	367.6	367.7	2001	22 024.4	20 159.2
1962	47.1	33.8	1982	413.8	357.5	2002	26 947.9	24 430.3
1963	50.0	35.7	1983	438.3	421.8	2003	36 287.9	34 195.6
1964	55.4	42.1	1984	580.5	620.5	2004	49 103.3	46 435.8
1965	63.1	55.3	1985	808.9	1 257.8	2005	62 648.1	54 273.7
1966	66.0	61.1	1986	1 082.1	1 498.3	2006	77 594.6	63 376.9
1967	58.8	53.4	1987	1 470.0	1 614.2	2007	93 455.6	73 284.6
1968	57.6	50.9	1988	1 766.7	2 055.1	2008	100 394.9	79 526.5
1969	59.8	47.2	1989	1 956.0	2 199.9			

(1) 使用单位根检验分别考察进口总额和出口总额序列的平稳性.

(2) 分别对进口总额序列和出口总额序列拟合模型.

(3) 考察这两个序列是否具有协整关系.

(4) 如果这两个序列具有协整关系, 请建立适当的模型拟合它们之间的相关关系.

(5) 构造该协整模型的误差修正模型.

4. 我国 1979—2014 年社会消费品零售总额序列和国内生产总值序列数据如表 7-7 所示.

表 7-7　　　　　　　　　　　　　　　　　　　　　单位: 亿元

年份	社会消费品 零售总额	国内生产总值	年份	社会消费品 零售总额	国内生产总值
1979	1 800	4 067.7	1983	2 849.4	5 975.6
1980	2 140	4 551.6	1984	3 376.4	7 226.3
1981	2 350	4 898.1	1985	4 305	9 039.9
1982	2 570	5 333	1986	4 950	10 308.8

续表

年份	社会消费品 零售总额	国内生产总值	年份	社会消费品 零售总额	国内生产总值
1987	5 820	12 102.2	2001	43 055.4	110 270.4
1988	7 440	15 101.1	2002	48 135.9	121 002
1989	8 101.4	17 090.3	2003	52 516.3	136 564.6
1990	8 300.1	18 774.3	2004	59 501	160 714.4
1991	9 415.6	21 895.5	2005	68 352.6	185 895.8
1992	10 993.7	27 068.3	2006	79 145.2	217 656.6
1993	14 270.4	35 524.3	2007	93 571.6	268 019.4
1994	18 622.9	48 459.6	2008	114 830.1	316 751.7
1995	23 613.8	61 129.8	2009	132 678.4	345 629.2
1996	28 360.2	71 572.3	2010	156 998.4	408 903
1997	31 252.9	79 429.5	2011	183 918.6	484 123.5
1998	33 378.1	84 883.7	2012	210 307	534 123
1999	35 647.9	90 187.7	2013	242 842.8	588 018.8
2000	39 105.7	99 776.3	2014	271 896.1	636 138.7

(1) 分别对这两个序列拟合 ARIMA 模型, 并预测未来 5 年的序列发展.

(2) 考察这两个序列之间是否存在协整关系.

(3) 如果存在协整关系, 请思考这两个序列之间的因果关系 (哪个是自变量, 哪个是因变量), 并构造协整模型, 预测未来 5 年的序列发展.

(4) 分析如果中国国内社会消费品零售总额增长 1%, 对国内生产总值有什么影响.

5. 为了降低车祸死亡人数和严重伤害程度, 英国从 1983 年 1 月 31 日起执行强制使用安全带的法律. 现在收集了 1969 年 1 月至 1984 年 12 月英国每月车祸数据, 含每月车祸死亡或重伤的司机人数, 前座乘客人数, 后座乘客人数, 行驶里程数, 汽油价格及安全带强制法律是否生效等数据, 详细数据如表 7-8 所示.

表 7-8

时间	司机	前座乘客	后座乘客	行驶里程 (公里)	汽油价格 (英镑/升)	法律干预
1969 年 1 月	1 687	867	269	9 059	0.102 971 812	0
1969 年 2 月	1 508	825	265	7 685	0.102 362 996	0
1969 年 3 月	1 507	806	319	9 963	0.102 062 491	0
1969 年 4 月	1 385	814	407	10 955	0.100 873 301	0
1969 年 5 月	1 632	991	454	11 823	0.101 019 673	0
1969 年 6 月	1 511	945	427	12 391	0.100 581 192	0

续表

时间	司机	前座乘客	后座乘客	行驶里程 (公里)	汽油价格 (英镑/升)	法律干预
1969 年 7 月	1 559	1 004	522	13 460	0.103 773 981	0
1969 年 8 月	1 630	1 091	536	14 055	0.104 076 404	0
1969 年 9 月	1 579	958	405	12 106	0.103 773 981	0
1969 年 10 月	1 653	850	437	11 372	0.103 026 401	0
1969 年 11 月	2 152	1 109	434	9 834	0.102 730 112	0
1969 年 12 月	2 148	1 113	437	9 267	0.101 997 192	0
1970 年 1 月	1 752	925	316	9 130	0.101 274 563	0
1970 年 2 月	1 765	903	311	8 933	0.100 703 976	0
1970 年 3 月	1 717	1 006	351	11 000	0.100 139 607	0
1970 年 4 月	1 558	892	362	10 733	0.098 621 104	0
1970 年 5 月	1 575	990	486	12 912	0.098 349 285	0
1970 年 6 月	1 520	866	429	12 926	0.098 080 177	0
1970 年 7 月	1 805	1 095	551	13 990	0.097 279 208	0
1970 年 8 月	1 800	1 204	646	14 926	0.097 410 624	0
1970 年 9 月	1 719	1 029	456	12 900	0.097 425 237	0
1970 年 10 月	2 008	1 147	475	12 034	0.096 380 633	0
1970 年 11 月	2 242	1 171	456	10 643	0.095 738 956	0
1970 年 12 月	2 478	1 299	468	10 742	0.095 106 306	0
1971 年 1 月	2 030	944	356	10 266	0.096 735 967	0
1971 年 2 月	1 655	874	271	10 281	0.096 109 222	0
1971 年 3 月	1 693	840	354	11 527	0.095 367 255	0
1971 年 4 月	1 623	893	427	12 281	0.094 709 592	0
1971 年 5 月	1 805	1 007	465	13 587	0.094 117 62	0
1971 年 6 月	1 746	973	440	13 049	0.093 532 155	0
1971 年 7 月	1 795	1 097	539	16 055	0.092 954 049	0
1971 年 8 月	1 926	1 194	646	15 220	0.092 839 786	0
1971 年 9 月	1 619	988	457	13 824	0.092 724 736	0
1971 年 10 月	1 992	1 077	446	12 729	0.092 269 651	0
1971 年 11 月	2 233	1 045	402	11 467	0.091 706 685	0
1971 年 12 月	2 192	1 115	441	11 351	0.091 262 072	0
1972 年 1 月	2 080	1 005	359	10 803	0.090 711 603	0
1972 年 2 月	1 768	857	334	10 548	0.090 276 328	0
1972 年 3 月	1 835	879	312	12 368	0.089 951 918	0
1972 年 4 月	1 569	887	427	13 311	0.089 099 639	0

续表

时间	司机	前座乘客	后座乘客	行驶里程 (公里)	汽油价格 (英镑/升)	法律干预
1972 年 5 月	1 976	1 075	434	13 885	0.088 679 193	0
1972 年 6 月	1 853	1 121	486	14 088	0.088 159 289	0
1972 年 7 月	1 965	1 190	569	16 932	0.088 902 057	0
1972 年 8 月	1 689	1 058	523	16 164	0.088 181 331	0
1972 年 9 月	1 778	939	418	14 883	0.088 940 293	0
1972 年 10 月	1 976	1 074	452	13 532	0.087 726 61	0
1972 年 11 月	2 397	1 089	462	12 220	0.087 428 846	0
1972 年 12 月	2 654	1 208	497	12 025	0.087 035 43	0
1973 年 1 月	2 097	903	354	11 692	0.086 449 919	0
1973 年 2 月	1 963	916	347	11 081	0.085 872 641	0
1973 年 3 月	1 677	787	276	13 745	0.085 398 222	0
1973 年 4 月	1 941	1 114	472	14 382	0.083 821 981	0
1973 年 5 月	2 003	1 014	487	14 391	0.084 590 78	0
1973 年 6 月	1 813	1 022	505	15 597	0.084 136 904	0
1973 年 7 月	2 012	1 114	619	16 834	0.083 778 405	0
1973 年 8 月	1 912	1 132	640	17 282	0.083 510 743	0
1973 年 9 月	2 084	1 111	559	15 779	0.082 806 394	0
1973 年 10 月	2 080	1 008	453	13 946	0.081 178 893	0
1973 年 11 月	2 118	916	418	12 701	0.082 853 607	0
1973 年 12 月	2 150	992	419	10 431	0.094 190 119	0
1974 年 1 月	1 608	731	262	11 616	0.092 399 843	0
1974 年 2 月	1 503	665	299	10 808	0.108 161 478	0
1974 年 3 月	1 548	724	303	12 421	0.107 211 689	0
1974 年 4 月	1 382	744	401	13 605	0.114 042 967	0
1974 年 5 月	1 731	910	413	14 455	0.112 454 116	0
1974 年 6 月	1 798	883	426	15 019	0.111 316 253	0
1974 年 7 月	1 779	900	516	15 662	0.110 301 252	0
1974 年 8 月	1 887	1 057	600	16 745	0.108 197 177	0
1974 年 9 月	2 004	1 076	459	14 717	0.107 027 443	0
1974 年 10 月	2 077	919	443	13 756	0.104 946 981	0
1974 年 11 月	2 092	920	412	12 531	0.119 357 749	0
1974 年 12 月	2 051	953	400	12 568	0.117 621 904	0
1975 年 1 月	1 577	664	278	11 249	0.133 027 421	0
1975 年 2 月	1 356	607	302	11 096	0.130 845 244	0

续表

时间	司机	前座乘客	后座乘客	行驶里程 (公里)	汽油价格 (英镑/升)	法律干预
1975 年 3 月	1 652	777	381	12 637	0.128 318 477	0
1975 年 4 月	1 382	633	279	13 018	0.123 547 448	0
1975 年 5 月	1 519	791	442	15 005	0.118 586 812	0
1975 年 6 月	1 421	790	409	15 235	0.116 337 48	0
1975 年 7 月	1 442	803	416	15 552	0.115 161 476	0
1975 年 8 月	1 543	884	511	16 905	0.114 501 197	0
1975 年 9 月	1 656	769	393	14 776	0.113 522 979	0
1975 年 10 月	1 561	732	345	14 104	0.111 930 179	0
1975 年 11 月	1 905	859	391	12 854	0.110 610 529	0
1975 年 12 月	2 199	994	470	12 956	0.115 274 389	0
1976 年 1 月	1 473	704	266	12 177	0.113 793 486	0
1976 年 2 月	1 655	684	312	11 918	0.112 349 582	0
1976 年 3 月	1 407	671	300	13 517	0.111 753 469	0
1976 年 4 月	1 395	643	373	14 417	0.109 642 523	0
1976 年 5 月	1 530	771	412	15 911	0.108 440 895	0
1976 年 6 月	1 309	644	322	15 589	0.107 884 939	0
1976 年 7 月	1 526	828	458	16 543	0.109 084 769	0
1976 年 8 月	1 327	748	427	17 925	0.107 571 45	0
1976 年 9 月	1 627	767	346	15 406	0.106 164 022	0
1976 年 10 月	1 748	825	421	14 601	0.106 299 999	0
1976 年 11 月	1 958	810	344	13 107	0.104 825 313	0
1976 年 12 月	2 274	986	370	12 268	0.103 451 746	0
1977 年 1 月	1 648	714	291	11 972	0.101 449 92	0
1977 年 2 月	1 401	567	224	12 028	0.100 402 316	0
1977 年 3 月	1 411	616	266	14 033	0.098 862 034	0
1977 年 4 月	1 403	678	338	14 244	0.102 496 154	0
1977 年 5 月	1 394	742	298	15 287	0.103 027 432	0
1977 年 6 月	1 520	840	386	16 954	0.102 178 908	0
1977 年 7 月	1 528	888	479	17 361	0.099 836 643	0
1977 年 8 月	1 643	852	473	17 694	0.092 636 69	0
1977 年 9 月	1 515	774	332	16 222	0.091 814 963	0
1977 年 10 月	1 685	831	391	14 969	0.090 724 304	0
1977 年 11 月	2 000	889	370	13 624	0.090 021 207	0
1977 年 12 月	2 215	1 046	431	13 842	0.089 330 706	0

续表

时间	司机	前座乘客	后座乘客	行驶里程 (公里)	汽油价格 (英镑/升)	法律干预
1978 年 1 月	1 956	889	366	12 387	0.088 442 735	0
1978 年 2 月	1 462	626	250	11 608	0.088 352 569	0
1978 年 3 月	1 563	808	355	15 021	0.086 757 362	0
1978 年 4 月	1 459	746	304	14 834	0.084 995 242	0
1978 年 5 月	1 446	754	379	16 565	0.084 567 944	0
1978 年 6 月	1 622	865	440	16 882	0.084 431 899	0
1978 年 7 月	1 657	980	500	18 012	0.084 350 883	0
1978 年 8 月	1 638	959	511	18 855	0.083 600 983	0
1978 年 9 月	1 643	856	384	17 243	0.083 417 263	0
1978 年 10 月	1 683	798	366	16 045	0.082 745 14	0
1978 年 11 月	2 050	942	432	14 745	0.085 235 267	0
1978 年 12 月	2 262	1 010	390	13 726	0.084 770 303	0
1979 年 1 月	1 813	796	306	11 196	0.084 458 921	0
1979 年 2 月	1 445	643	232	12 105	0.085 352 119	0
1979 年 3 月	1 762	794	342	14 723	0.087 559 213	0
1979 年 4 月	1 461	750	329	15 582	0.090 382 917	0
1979 年 5 月	1 556	809	394	16 863	0.090 783 294	0
1979 年 6 月	1 431	716	355	16 758	0.108 742 78	0
1979 年 7 月	1 427	851	385	17 434	0.114 142 227	0
1979 年 8 月	1 554	931	463	18 359	0.112 992 933	0
1979 年 9 月	1 645	834	453	17 189	0.111 320 706	0
1979 年 10 月	1 653	762	373	16 909	0.109 126 229	0
1979 年 11 月	2 016	880	401	15 380	0.107 698 459	0
1979 年 12 月	2 207	1 077	466	15 161	0.107 601 574	0
1980 年 1 月	1 665	748	306	14 027	0.103 775 019	0
1980 年 2 月	1 361	593	263	14 478	0.107 114 17	0
1980 年 3 月	1 506	720	323	16 155	0.107 374 774	0
1980 年 4 月	1 360	646	310	16 585	0.111 695 373	0
1980 年 5 月	1 453	765	424	18 117	0.110 638 185	0
1980 年 6 月	1 522	820	403	17 552	0.111 855 211	0
1980 年 7 月	1 460	807	406	18 299	0.109 742 343	0
1980 年 8 月	1 552	885	466	19 361	0.108 193 932	0
1980 年 9 月	1 548	803	381	17 924	0.106 255 363	0
1980 年 10 月	1 827	860	369	17 872	0.104 193 034	0

续表

时间	司机	前座乘客	后座乘客	行驶里程 (公里)	汽油价格 (英镑/升)	法律干预
1980 年 11 月	1 737	825	378	16 058	0.101 933 973	0
1980 年 12 月	1 941	911	392	15 746	0.102 793 825	0
1981 年 1 月	1 474	704	284	15 226	0.104 760 341	0
1981 年 2 月	1 458	691	316	14 932	0.104 002 536	0
1981 年 3 月	1 542	688	321	16 846	0.116 655 515	0
1981 年 4 月	1 404	714	358	16 854	0.115 161 476	0
1981 年 5 月	1 522	814	378	18 146	0.112 989 543	0
1981 年 6 月	1 385	736	382	17 559	0.113 860 644	0
1981 年 7 月	1 641	876	433	18 655	0.119 118 081	0
1981 年 8 月	1 510	829	506	19 453	0.124 489 986	0
1981 年 9 月	1 681	818	428	17 923	0.123 222 945	0
1981 年 10 月	1 938	942	479	17 915	0.120 677 932	0
1981 年 11 月	1 868	782	370	16 496	0.121 048 983	0
1981 年 12 月	1 726	823	349	13 544	0.116 968 571	0
1982 年 1 月	1 456	595	238	13 601	0.112 750 259	0
1982 年 2 月	1 445	673	285	15 667	0.108 079 307	0
1982 年 3 月	1 456	660	324	17 358	0.108 838 516	0
1982 年 4 月	1 365	676	346	18 112	0.111 291 766	0
1982 年 5 月	1 487	755	410	18 581	0.111 304 009	0
1982 年 6 月	1 558	815	411	18 759	0.115 454 358	0
1982 年 7 月	1 488	867	496	20 668	0.114 768 296	0
1982 年 8 月	1 684	933	534	21 040	0.117 207 431	0
1982 年 9 月	1 594	798	396	18 993	0.119 076 397	0
1982 年 10 月	1 850	950	470	18 668	0.117 965 862	0
1982 年 11 月	1 998	825	385	16 768	0.117 449 127	0
1982 年 12 月	2 079	911	411	16 551	0.116 988 458	0
1983 年 1 月	1 494	619	281	16 231	0.112 610 536	0
1983 年 2 月	1 057	426	300	15 511	0.113 657 016	1
1983 年 3 月	1 218	475	318	18 308	0.113 144 445	1
1983 年 4 月	1 168	556	391	17 793	0.118 495 535	1
1983 年 5 月	1 236	559	398	19 205	0.117 969 401	1
1983 年 6 月	1 076	483	337	19 162	0.117 686 614	1
1983 年 7 月	1 174	587	477	20 997	0.120 059 239	1
1983 年 8 月	1 139	615	422	20 705	0.119 437 746	1

续表

时间	司机	前座乘客	后座乘客	行驶里程 (公里)	汽油价格 (英镑/升)	法律干预
1983 年 9 月	1 427	618	495	18 759	0.118 881 272	1
1983 年 10 月	1 487	662	471	19 240	0.118 462 361	1
1983 年 11 月	1 483	519	368	17 504	0.118 016 598	1
1983 年 12 月	1 513	585	345	16 591	0.117 706 623	1
1984 年 1 月	1 357	483	296	16 224	0.117 776 09	1
1984 年 2 月	1 165	434	319	16 670	0.114 796 992	1
1984 年 3 月	1 282	513	349	18 539	0.115 735 253	1
1984 年 4 月	1 110	548	375	19 759	0.115 356 263	1
1984 年 5 月	1 297	586	441	19 584	0.114 815 361	1
1984 年 6 月	1 185	522	465	19 976	0.114 777 478	1
1984 年 7 月	1 222	601	472	21 486	0.114 935 98	1
1984 年 8 月	1 284	644	521	21 626	0.114 796 992	1
1984 年 9 月	1 444	643	429	20 195	0.114 093 157	1
1984 年 10 月	1 575	641	408	19 928	0.116 465 522	1
1984 年 11 月	1 737	711	490	18 564	0.116 026 113	1
1984 年 12 月	1 763	721	491	18 149	0.116 066 729	1

(1) 研究安全带强制法律的执行是否对司机伤亡数据有显著的干预作用.

(2) 研究司机伤亡数据与行驶里程、汽油价格及安全带强制法律的执行之间是否具有协整关系.

(3) 研究安全带强制法律的执行是否对前座乘客伤亡数据有显著的干预作用.

(4) 研究前座乘客伤亡数据与行驶里程、汽油价格及安全带强制法律的执行之间是否具有协整关系.

(5) 研究安全带强制法律的执行是否对后座乘客伤亡数据有显著的干预作用.

(6) 研究后座乘客伤亡数据与行驶里程、汽油价格及安全带强制法律的执行之间是否具有协整关系.

(7) 研究司机伤亡数据、前座乘客伤亡数据和后座乘客伤亡数据之间是否具有协整关系.

6. 我们想要研究农场工人工资、农场作物的价格、家畜的价格与供应量之间的关系. 现在收集到 1867—1947 年玉米价格、玉米产量、生猪价格、生猪产量以及农场工人平均工资的数据, 如表 5-6 所示.

(1) 分析这五个变量的单整情况.

(2) 分析这五个变量的 Granger 因果关系.

(3) 分析农场工人平均工资、农场作物的价格、家畜的价格与供应量之间是否具有协整关系. 如果有, 拟合协整模型与误差修正模型, 并解释这两个模型中各参数的意义.

7. 我们想研究国民生产总值与货币供应量及利率的关系. 现在收集到 1954 年 1 月至 1987 年 10 月 M1 货币量对数序列 log(M1), 美国月度国民生产总值对数序列 log(GNP), 以及短期利率和长期利率序列, 如表 7-9 所示.

表 7-9

时间	log(M1)	log(GNP)	短期利率	长期利率
Jan–54		7.249 1	0.010 8	0.026 1
Apr–54	6.115 9	7.245 1	0.008 1	0.025 2
Jul–54	6.129 3	7.257 0	0.008 7	0.024 9
Oct–54	6.141 2	7.271 6	0.010 4	0.025 7
Jan–55	6.151 9	7.292 7	0.012 6	0.027 5
Apr–55	6.159 3	7.303 6	0.015 1	0.028 2
Jul–55	6.162 5	7.316 9	0.018 6	0.029 3
Oct–55	6.161 8	7.325 6	0.023 5	0.028 9
Jan–56	6.164 2	7.323 6	0.023 8	0.028 9
Apr–56	6.158 9	7.328 2	0.026 0	0.029 9
Jul–56	6.150 0	7.328 9	0.026 0	0.031 3
Oct–56	6.147 4	7.339 9	0.030 6	0.033 0
Jan–57	6.141 4	7.348 1	0.031 7	0.032 7
Apr–57	6.133 8	7.347 6	0.031 6	0.034 3
Jul–57	6.124 9	7.353 4	0.033 8	0.036 3
Oct–57	6.115 9	7.337 8	0.033 4	0.035 3
Jan–58	6.103 7	7.317 3	0.018 4	0.032 6
Apr–58	6.108 4	7.322 6	0.010 2	0.031 5
Jul–58	6.118 5	7.346 0	0.017 1	0.035 7
Oct–58	6.128 0	7.369 4	0.027 9	0.037 5
Jan–59	6.140 1	7.381 8	0.028 0	0.039 2
Apr–59	6.144 8	7.400 6	0.030 2	0.040 6
Jul–59	6.148 7	7.396 0	0.035 3	0.041 6
Oct–59	6.131 2	7.404 5	0.043 0	0.041 7
Jan–60	6.129 5	7.421 5	0.039 4	0.042 2
Apr–60	6.121 8	7.418 7	0.030 9	0.041 1
Jul–60	6.130 1	7.419 6	0.023 9	0.038 3
Oct–60	6.122 3	7.411 0	0.023 6	0.039 1
Jan–61	6.126 9	7.421 4	0.023 8	0.038 3
Apr–61	6.134 5	7.433 7	0.023 3	0.038 0

续表

时间	log(M1)	log(GNP)	短期利率	长期利率
Jul–61	6.136 0	7.447 9	0.023 2	0.039 7
Oct–61	6.142 9	7.470 2	0.024 8	0.040 1
Jan–62	6.147 2	7.483 2	0.027 4	0.040 6
Apr–62	6.149 5	7.493 5	0.027 2	0.038 9
Jul–62	6.145 3	7.502 8	0.028 6	0.039 8
Oct–62	6.147 8	7.501 1	0.028 0	0.038 8
Jan–63	6.156 8	7.514 6	0.029 1	0.039 1
Apr–63	6.162 9	7.528 3	0.029 4	0.039 8
Jul–63	6.169 0	7.545 7	0.032 8	0.040 1
Oct–63	6.173 6	7.552 8	0.035 0	0.041 1
Jan–64	6.177 7	7.574 9	0.035 4	0.041 6
Apr–64	6.183 7	7.583 5	0.034 8	0.041 6
Jul–64	6.197 1	7.593 5	0.035 1	0.041 4
Oct–64	6.205 8	7.597 7	0.036 9	0.041 4
Jan–65	6.211 2	7.619 2	0.039 0	0.041 5
Apr–65	6.209 8	7.633 6	0.038 8	0.041 4
Jul–65	6.218 0	7.649 4	0.038 6	0.042 0
Oct–65	6.230 1	7.672 1	0.041 6	0.043 5
Jan–66	6.237 9	7.691 7	0.046 3	0.045 6
Apr–66	6.237 9	7.694 3	0.046 0	0.045 8
Jul–66	6.226 9	7.704 5	0.050 5	0.047 8
Oct–66	6.220 8	7.709 4	0.045 8	0.047 0
Jan–67	6.228 7	7.715 0	0.045 3	0.044 4
Apr–67	6.236 0	7.721 0	0.036 6	0.047 1
Jul–67	6.250 0	7.735 3	0.043 5	0.049 3
Oct–67	6.256 3	7.740 9	0.047 9	0.053 3
Jan–68	6.257 5	7.752 5	0.050 6	0.052 4
Apr–68	6.264 2	7.769 3	0.055 1	0.053 0
Jul–68	6.269 7	7.777 1	0.052 3	0.050 7
Oct–68	6.280 0	7.776 1	0.055 8	0.054 2
Jan–69	6.285 1	7.790 1	0.061 4	0.058 8
Apr–69	6.278 1	7.791 4	0.062 4	0.059 1
Jul–69	6.268 3	7.797 0	0.070 5	0.061 4
Oct–69	6.260 0	7.793 0	0.073 2	0.065 3
Jan–70	6.256 5	7.786 8	0.072 6	0.065 6
Apr–70	6.250 2	7.785 9	0.067 5	0.068 2

续表

时间	log(M1)	log(GNP)	短期利率	长期利率
Jul–70	6.252 7	7.798 0	0.063 8	0.066 5
Oct–70	6.256 1	7.789 0	0.053 6	0.062 7
Jan–71	6.262 8	7.815 4	0.038 6	0.058 2
Apr–71	6.274 4	7.815 4	0.042 1	0.058 8
Jul–71	6.280 6	7.820 5	0.050 5	0.057 5
Oct–71	6.285 1	7.820 4	0.042 3	0.055 2
Jan–72	6.296 4	7.842 1	0.034 3	0.056 5
Apr–72	6.305 9	7.861 4	0.037 5	0.056 6
Jul–72	6.317 9	7.871 7	0.042 4	0.056 3
Oct–72	6.332 4	7.890 3	0.048 5	0.056 1
Jan–73	6.337 2	7.913 5	0.056 4	0.061 0
Apr–73	6.328 1	7.916 1	0.066 1	0.062 3
Jul–73	6.320 9	7.915 1	0.083 9	0.066 0
Oct–73	6.307 2	7.924 0	0.074 6	0.063 0
Jan–74	6.295 5	7.918 4	0.076 0	0.066 4
Apr–74	6.278 1	7.921 2	0.082 7	0.070 5
Jul–74	6.259 2	7.908 1	0.082 8	0.072 7
Oct–74	6.238 1	7.899 3	0.073 3	0.069 7
Jan–75	6.225 2	7.879 6	0.058 7	0.067 0
Apr–75	6.228 1	7.889 7	0.054 0	0.069 7
Jul–75	6.225 5	7.906 5	0.063 3	0.070 9
Oct–75	6.216 6	7.920 3	0.056 8	0.072 2
Jan–76	6.219 0	7.938 9	0.049 45	0.069 1
Apr–76	6.225 5	7.943 4	0.051 7	0.068 9
Jul–76	6.219 8	7.947 5	0.051 7	0.067 9
Oct–76	6.225 2	7.957 5	0.047 0	0.065 5
Jan–77	6.230 7	7.971 1	0.046 2	0.070 1
Apr–77	6.229 9	7.987 1	0.048 3	0.071 0
Jul–77	6.233 2	8.007 0	0.054 7	0.069 8
Oct–77	6.240 3	8.004 4	0.061 4	0.071 6
Jan–78	6.241 6	8.013 2	0.064 1	0.075 8
Apr–78	6.242 4	8.044 3	0.064 8	0.078 5
Jul–78	6.239 3	8.052 8	0.073 2	0.079 3
Oct–78	6.233 8	8.065 1	0.086 8	0.082 0
Jan–79	6.221 2	8.065 2	0.093 6	0.084 4
Apr–79	6.206 8	8.064 3	0.093 7	0.084 4

续表

时间	log(M1)	log(GNP)	短期利率	长期利率
Jul–79	6.209 0	8.073 2	0.096 3	0.084 8
Oct–79	6.189 5	8.071 3	0.118 0	0.096 1
Jan–80	6.161 2	8.081 3	0.134 6	0.111 5
Apr–80	6.111 9	8.057 4	0.100 5	0.100 2
Jul–80	6.141 8	8.058 0	0.092 4	0.104 3
Oct–80	6.142 7	8.070 7	0.137 1	0.116 4
Jan–81	6.121 0	8.089 8	0.143 7	0.120 1
Apr–81	6.117 4	8.086 5	0.148 3	0.126 6
Jul–81	6.106 8	8.090 9	0.150 9	0.136 0
Oct–81	6.102 8	8.076 9	0.120 2	0.132 3
Jan–82	6.111 9	8.061 6	0.128 9	0.134 5
Apr–82	6.102 8	8.064 6	0.123 6	0.129 4
Jul–82	6.107 2	8.056 6	0.097 1	0.122 0
Oct–82	6.141 8	8.058 1	0.079 3	0.103 4
Jan–83	6.165 0	8.066 7	0.080 8	0.104 4
Apr–83	6.182 7	8.089 0	0.084 2	0.103 5
Jul–83	6.201 7	8.103 6	0.091 9	0.112 6
Oct–83	6.207 4	8.121 2	0.087 9	0.113 2
Jan–84	6.209 6	8.146 6	0.091 3	0.115 4
Apr–84	6.215 4	8.159 9	0.098 4	0.126 9
Jul–84	6.217 6	8.166 4	0.103 4	0.123 4
Oct–84	6.219 0	8.170 5	0.089 7	0.113 7
Jan–85	6.236 4	8.182 4	0.081 8	0.114 3
Apr–85	6.250 4	8.188 5	0.075 2	0.109 1
Jul–85	6.280 2	8.198 6	0.071 0	0.105 9
Oct–85	6.297 5	8.205 9	0.071 5	0.100 8
Jan–86	6.316 1	8.221 3	0.068 9	0.089 0
Apr–86	6.357 5	8.219 2	0.061 3	0.079 5
Jul–86	6.393 6	8.221 8	0.055 3	0.078 9
Oct–86	6.429 7	8.225 4	0.053 4	0.078 4
Jan–87	6.448 7	8.236 6	0.055 3	0.076 4
Apr–87	6.453 3	8.248 8	0.057 3	0.085 8
Jul–87	6.445 9	8.259 8	0.060 3	0.090 8
Oct–87	6.446 5	8.274 6	0.060 0	0.092 4

　　(1) 分别绘制这四个序列的时序图, 考察这四个序列各自的波动特征, 研究它们的单整性, 并分别拟合单变量 ARIMA 模型.

　　(2) 考察这四个变量的 Granger 因果关系.

　　(3) 以 GNP 为响应序列, 根据因果检验结果选择适当的自变量, 考察自变量与响应变量之间是否具有协整关系.

　　(4) 如果这些宏观经济变量之间具有协整关系, 则拟合协整模型与误差修正模型, 并解释这两个模型的系数意义.

附录 1

表 A1-1 至表 A1-28 是前面各章提到的一些统计数据列表.

表 A1-1　1884—1939 年英格兰和威尔士地区小麦的平均亩产量

年份	产量	年份	产量	年份	产量	年份	产量
1884	15.2	1898	16.9	1912	14.2	1926	16
1885	16.9	1899	16.4	1913	15.8	1927	16.4
1886	15.3	1900	14.9	1914	15.7	1928	17.2
1887	14.9	1901	14.5	1915	14.1	1929	17.8
1888	15.7	1902	16.6	1916	14.8	1930	14.4
1889	15.1	1903	15.1	1917	14.4	1931	15
1890	16.7	1904	14.6	1918	15.6	1932	16
1891	16.3	1905	16	1919	13.9	1933	16.8
1892	16.5	1906	16.8	1920	14.7	1934	16.9
1893	13.3	1907	16.8	1921	14.3	1935	16.6
1894	16.5	1908	15.5	1922	14	1936	16.2
1895	15	1909	17.3	1923	14.5	1937	14
1896	15.9	1910	15.5	1924	15.4	1938	18.1
1897	15.5	1911	15.5	1925	15.3	1939	17.5

资料来源: Time Series Data Library (citing: Kendall & Ord (1990)).

表 A1-2　1500—1869 年 Beveridge 小麦价格指数序列 (行数据)

17	19	20	15	13	14	14	14	14	11
16	19	23	18	17	20	20	18	14	16
21	24	15	16	20	14	16	25.5	25.8	26
29	20	18	16	22	22	16	19	17	17
17	19	20	24	28	36	20	14	18	27

29	36	29	27	30	38	50	24	25	30
31	37	41	36	32	47	42	37	34	36
43	55	64	79	59	47	48	49	45	53
55	55	54	56	52	76	113	68	59	74
78	69	78	73	88	98	109	106	87	77
77	63	70	70	63	61	66	78	93	97
77	83	81	82	78	75	80	87	72	65
74	91	115	99	99	115	101	90	95	108
147	112	108	99	96	102	105	114	103	98
103	101	110	109	98	84	90	120	124	136
120	135	100	70	60	72	70	71	94	95
110	154	116	99	82	76	64	63	68	64
67	71	72	89	114	102	85	88	97	94
88	79	74	79	95	70	72	63	60	74
75	91	126	161	109	108	110	130	166	143
103	89	76	93	82	71	69	75	134	183
113	108	121	139	109	90	88	88	93	106
89	79	91	96	111	112	104	94	98	88
94	81	77	84	92	96	102	95	98	125
162	113	94	85	89	109	110	109	120	116
101	113	109	105	94	102	141	135	118	115
111	127	124	113	122	130	137	148	142	143
176	184	164	146	147	124	119	135	125	116
132	133	144	145	146	138	139	154	181	185
151	139	157	155	191	248	185	168	176	243
289	251	232	207	276	250	216	205	206	208
226	302	261	207	209	280	381	266	197	177
170	152	156	141	142	137	161	189	226	194
217	199	151	144	138	145	156	184	216	204
186	197	183	175	183	230	278	179	161	150
159	180	223	294	300	297	232	179	180	215
258	236	202	174	179	210	268	267	208	224

资料来源: Time Series Data Library (citing: Newton (1988)).

表 A1-3 1820—1869 年太阳黑子年度数据

年份	黑子数	年份	黑子数	年份	黑子数	年份	黑子数
1820	16	1824	8	1828	62	1832	28
1821	7	1825	17	1829	67	1833	8
1822	4	1826	36	1830	71	1834	13
1823	2	1827	50	1831	48	1835	57

续表

年份	黑子数	年份	黑子数	年份	黑子数	年份	黑子数
1836	122	1845	40	1854	21	1863	44
1837	138	1846	62	1855	7	1864	47
1838	103	1847	98	1856	4	1865	30
1839	86	1848	124	1857	23	1866	16
1840	63	1849	96	1858	55	1867	7
1841	37	1850	66	1859	94	1868	37
1842	24	1851	64	1860	96	1869	74
1843	11	1852	54	1861	77		
1844	15	1853	39	1862	59		

资料来源: George E.P.Box, Gwilym M.Jenkins, Gregory C.Reinsel.Time Series Analysis: Forecasting and Control.Third Edition, 1994.

表 A1-4　1978—2012 年我国第三产业占国内生产总值的比例序列 (%) (行数据)

23.9	21.6	21.6	22	21.8	22.4	24.8	28.7	29.1	29.6
30.5	32.1	31.5	33.7	34.8	33.7	33.6	32.9	32.8	34.2
36.2	37.8	39	40.5	41.5	41.2	40.4	40.5	40.9	41.9
41.8	43.4	43.2	43.4	44.6					

资料来源: 中国国家统计局. 各年统计年鉴.

表 A1-5　1970—1976 年加拿大 Coppermine 地区月度降雨量序列 (列数据)　单位: mm

0	0	0	0	0	0	0
0	0	0	0	0	0	0
0	0	0	0	0	0	0
0	0	0	0	0	0	0
0	4	1	12	0	8	27
11	31	7	66	22	12	19
22	31	1	7	34	10	32
48	25	39	73	16	7	54
45	20	7	14	6	13	0
0	5	0	4	0	0	0
0	0	0	0	0	0	0
0	0	0	0	0	0	0

资料来源: Hipel and McLeod(1994), in file: baracos/cminer, Description: Monthly rain, coppermine, mm., 1933–1976.

表 A1-6　1915—2004 年澳大利亚自杀率序列 (行数据)　　　单位: 每 10 万人

4.031 636	3.702 076	3.056 176	3.280 707	2.984 728	3.693 712	3.226 317	2.190 349
2.599 515	3.080 288	2.929 672	2.922 548	3.234 943	2.983 081	3.284 389	3.806 511
3.784 579	2.645 654	3.092 081	3.204 859	3.107 225	3.466 909	2.984 404	3.218 072
2.827 31	3.182 049	2.236 319	2.033 218	1.644 804	1.627 971	1.677 559	2.330 828
2.493 615	2.257 172	2.655 517	2.298 655	2.600 402	3.045 23	2.790 583	3.227 052
2.967 479	2.938 817	3.277 961	3.423 985	3.072 646	2.754 253	2.910 431	3.174 369
3.068 387	3.089 543	2.906 654	2.931 161	3.025 66	2.939 551	2.691 019	3.198 12
3.076 39	2.863 873	3.013 802	3.053 364	2.864 753	3.057 062	2.959 365	3.252 258
3.602 988	3.497 704	3.296 867	3.602 417	3.300 1	3.401 93	3.502 591	3.402 348
3.498 551	3.199 823	2.700 064	2.801 034	2.898 628	2.800 854	2.399 942	2.402 724
2.202 331	2.102 594	1.798 293	1.202 484	1.400 201	1.200 832	1.298 083	1.099 742
1.001 377	0.836 174 3						

资料来源: Neill and Leigh.Do gun buy-backs save lives? Evidence from time series variation.Current issues in criminal justice, vol.20, no.2, 2008: 145–162.

表 A1-7　1900—1998 年全球 7 级以上地震发生次数序列 (行数据)

13	14	8	10	16	26	32	27	18	32	36	24
22	23	22	18	25	21	21	14	8	11	14	23
18	17	19	20	22	19	13	26	13	14	22	24
21	22	26	21	23	24	27	41	31	27	35	26
28	36	39	21	17	22	17	19	15	34	10	15
22	18	15	20	15	22	19	16	30	27	29	23
20	16	21	21	25	16	18	15	18	14	10	15
8	15	6	11	8	7	13	10	23	16	15	25
22	20	16									

资料来源: National Earthquake Information Center. Different lists will give different numbers depending on the formula used for calculating the magnitude, 2015.

表 A1-8　某加油站连续 57 天的盈亏 (overshort) 序列

78	−58	53	−63	13	−6	−16	−14
3	−74	89	−48	−14	32	56	−86
−66	50	26	59	−47	−83	2	−1
124	−106	113	−76	−47	−32	39	−30
6	−73	18	2	−24	23	−38	91
−56	−58	1	14	−4	77	−127	97
10	−28	−17	23	−2	48	−131	65
−17							

资料来源: Brockwell and Davis(1996).

表 A1-9　　1880—1985 年全球气表平均温度改变值序列　　单位: 摄氏度

−0.40	−0.37	−0.43	−0.47	−0.72	−0.54	−0.47	−0.54	−0.39	−0.19
−0.40	−0.44	−0.44	−0.49	−0.38	−0.41	−0.27	−0.18	−0.38	−0.22
−0.03	−0.09	−0.28	−0.36	−0.49	−0.25	−0.17	−0.45	−0.32	−0.33
−0.32	−0.29	−0.32	−0.25	−0.05	−0.01	−0.26	−0.48	−0.37	−0.20
−0.15	−0.08	−0.14	−0.13	−0.12	−0.10	0.13	−0.01	0.06	−0.17
−0.01	0.09	0.05	−0.16	0.05	−0.02	0.04	0.17	0.19	0.05
0.15	0.13	0.09	0.04	0.11	−0.03	0.03	0.15	0.04	−0.02
−0.13	0.02	0.07	0.20	−0.03	−0.07	−0.19	0.09	0.11	0.06
0.01	0.08	0.02	0.02	−0.27	−0.18	−0.09	−0.02	−0.13	0.02
0.03	−0.12	−0.08	0.17	−0.09	−0.04	−0.24	−0.16	−0.09	0.12
0.27	0.42	0.02	0.30	0.09	0.05				

说明: 平均温度为零点.

资料来源: James Hansen and Sergej Lebedeff(1987).

表 A1-10　　连续读取 70 个某次化学反应数据

47	64	23	71	38	64	55	41	59	48	71	35	57	40
58	44	80	55	37	74	51	57	50	60	45	57	50	45
25	59	50	71	56	74	50	58	45	54	36	54	48	55
45	57	50	62	44	64	43	52	38	59	55	41	53	49
34	35	54	45	68	38	50	60	39	59	40	57	54	23

资料来源: Box and Jenkins(1976).

表 A1-11　　1964—1999 年中国纱年产量序列　　单位: 万吨

年份	纱产量	年份	纱产量
1964	97.0	1982	335.4
1965	130.0	1983	327.0
1966	156.5	1984	321.9
1967	135.2	1985	353.5
1968	137.7	1986	397.8
1969	180.5	1987	436.8
1970	205.2	1988	465.7
1971	190.0	1989	476.7
1972	188.6	1990	462.6
1973	196.7	1991	460.8
1974	180.3	1992	501.8
1975	210.8	1993	501.5
1976	196.0	1994	489.5
1977	223.0	1995	542.3
1978	238.2	1996	512.2
1979	263.5	1997	559.8
1980	292.6	1998	542.0
1981	317.0	1999	567.0

资料来源: 北京市统计局计算中心. 北京五十年. 北京: 中国统计出版社, 1999.

表 A1-12　1950—1999 年北京市民用车辆拥有量序列　　　　单位: 万辆

年份	车辆拥有量	年份	车辆拥有量
1950	5.43	1975	91.71
1951	6.19	1976	106.70
1952	6.63	1977	119.93
1953	7.18	1978	135.84
1954	8.95	1979	155.49
1955	10.14	1980	178.29
1956	11.74	1981	199.14
1957	12.60	1982	215.75
1958	17.26	1983	232.63
1959	21.07	1984	260.41
1960	22.38	1985	321.12
1961	24.00	1986	361.95
1962	24.80	1987	408.07
1963	26.13	1988	464.38
1964	27.61	1989	511.32
1965	29.95	1990	551.36
1966	33.92	1991	606.11
1967	33.21	1992	691.74
1968	34.80	1993	817.58
1969	37.16	1994	941.95
1970	42.41	1995	1 040.00
1971	49.44	1996	1 100.08
1972	57.74	1997	1 219.09
1973	67.27	1998	1 319.30
1974	78.57	1999	1 452.94

资料来源: 北京市统计局计算中心. 北京五十年. 北京: 中国统计出版社, 1999.

表 A1-13　1962 年 1 月至 1975 年 12 月平均每头奶牛月产奶量序列　　　　单位: 磅

589	561	640	656	727	697	640	599
568	577	553	582	600	566	653	673
742	716	660	617	583	587	565	598
628	618	688	705	770	736	678	639
604	611	594	634	658	622	709	722
782	756	702	653	615	621	602	635
677	635	736	755	811	798	735	697
661	667	645	688	713	667	762	784
837	817	767	722	681	687	660	698

717	696	775	796	858	826	783	740
701	706	677	711	734	690	785	805
871	845	801	764	725	723	690	734
750	707	807	824	886	859	819	783
740	747	711	751	804	756	860	878
942	913	869	834	790	800	763	800
826	799	890	900	961	935	894	855
809	810	766	805	821	773	883	898
957	924	881	837	784	791	760	802
828	778	889	902	969	947	908	867
815	812	773	813	834	782	892	903
966	937	896	858	817	827	797	843

资料来源: Cryer (1986).

表 A1-14　1889—1970 年美国国民生产总值平减指数序列 (行数据)

25.9	25.4	24.9	24	24.5	23	22.7	22.1	22.2	22.9
23.6	24.7	24.5	25.4	25.7	26	26.5	27.2	28.3	28.1
29.1	29.9	29.7	30.9	31.1	31.4	32.5	36.5	45	52.6
53.8	61.3	52.2	49.5	50.7	50.1	51	51.2	50	50.4
50.6	49.3	44.8	40.2	39.3	42.2	42.6	42.7	44.5	43.9
43.2	43.9	47.2	53	56.8	58.2	59.7	66.7	74.6	79.6
79.1	80.2	85.6	87.5	88.3	89.6	90.9	94	97.5	100
101.6	103.3	104.6	105.8	107.2	108.8	110.9	113.9	117.6	122.3
128.2	135.3								

资料来源: Nelson and Plosser (1982), in file: cnelson/prgnp, Description: Annual GNP deflator, U.S., 1889 to 1970.

表 A1-15　1917—1975 年美国 23 岁妇女每万人生育率序列

年份	每万人生育率	年份	每万人生育率
1917	183.1	1929	145.4
1918	183.9	1930	145.0
1919	163.1	1931	138.9
1920	179.5	1932	131.5
1921	181.4	1933	125.7
1922	173.4	1934	129.5
1923	167.6	1935	129.6
1924	177.4	1936	129.5
1925	171.7	1937	132.2
1926	170.1	1938	134.1
1927	163.7	1939	132.1
1928	151.9	1940	137.4

续表

年份	每万人生育率	年份	每万人生育率
1941	148.1	1959	264.5
1942	174.1	1960	268.1
1943	174.7	1961	264.0
1944	156.7	1962	252.8
1945	143.3	1963	240.0
1946	189.7	1964	229.1
1947	212.0	1965	204.8
1948	200.4	1966	193.3
1949	201.8	1967	179.0
1950	200.7	1968	178.1
1951	215.6	1969	181.1
1952	222.5	1970	165.6
1953	231.5	1971	159.8
1954	237.9	1972	136.1
1955	244.0	1973	126.3
1956	259.4	1974	123.3
1957	268.8	1975	118.5
1958	264.3		

资料来源: Hipel and Mcleod (1994).

表 A1-16　1981—1990 年澳大利亚政府季度消费支出数据　　　　单位: 百万澳元

8 444	9 215	8 879	8 990	8 115	9 457	8 590	9 294	8 997	9 574
9 051	9 724	9 120	10 143	9 746	10 074	9 578	10 817	10 116	10 779
9 901	11 266	10 686	10 961	10 121	11 333	10 677	11 325	10 698	11 624
11 052	11 393	10 609	12 077	11 376	11 777	11 225	12 231	11 884	12 109

资料来源: 澳大利亚政府统计局.

表 A1-17　1993—2000 年中国社会消费品零售总额序列　　　　单位: 亿元

月份	1993 年	1994 年	1995年	1996 年	1997 年	1998 年	1999 年	2000 年
1	977.5	1 192.2	1 602.2	1 909.1	2 288.5	2 549.5	2 662.1	2 774.7
2	892.5	1 162.7	1 491.5	1 911.2	2 213.5	2 306.4	2 538.4	2 805.0
3	942.3	1 167.5	1 533.3	1 860.1	2 130.9	2 279.7	2 403.1	2 627.0
4	941.3	1 170.4	1 548.7	1 854.8	2 100.5	2 252.7	2 356.8	2 572.0
5	962.2	1 213.7	1 585.4	1 898.3	2 108.2	2 265.2	2 364.0	2 637.0
6	1 005.7	1 281.1	1 639.7	1 966.0	2 164.7	2 326.0	2 428.8	2 645.0

续表

月份	1993 年	1994 年	1995年	1996 年	1997 年	1998 年	1999 年	2000 年
7	963.8	1 251.5	1 623.6	1 888.7	2 102.5	2 286.1	2 380.3	2 597.0
8	959.8	1 286.0	1 637.1	1 916.4	2 104.4	2 314.6	2 410.9	2 636.0
9	1 023.3	1 396.2	1 756.0	2 083.5	2 239.6	2 443.1	2 604.3	2 854.0
10	1 051.1	1 444.1	1 818.0	2 148.3	2 348.0	2 536.0	2 743.9	3 029.0
11	1 102.0	1 553.8	1 935.2	2 290.1	2 454.9	2 652.2	2 781.5	3 108.0
12	1 415.5	1 932.2	2 389.5	2 848.6	2 881.7	3 131.4	3 405.7	3 680.0

资料来源: 中国经济信息网.

表 A1-18　　1949—1998 年北京市每年最高气温序列　　　单位: 摄氏度

年份	温度	年份	温度
1949	38.8	1974	35.8
1950	35.6	1975	38.4
1951	38.3	1976	35.0
1952	39.6	1977	34.1
1953	37.0	1978	37.5
1954	33.4	1979	35.9
1955	39.6	1980	35.1
1956	34.6	1981	38.1
1957	36.2	1982	37.3
1958	37.6	1983	37.2
1959	36.8	1984	36.1
1960	38.1	1985	35.1
1961	40.6	1986	38.5
1962	37.1	1987	36.1
1963	39.0	1988	38.1
1964	37.5	1989	35.8
1965	38.5	1990	37.5
1966	37.5	1991	35.7
1967	35.8	1992	37.5
1968	40.1	1993	35.8
1969	35.9	1994	37.2
1970	35.3	1995	35.0
1971	35.2	1996	36.0
1972	39.5	1997	38.2
1973	37.5	1998	37.2

资料来源: 北京市统计局计算中心. 北京五十年. 北京: 中国统计出版社, 1999.

表 A1-19　1898—1968 年纽约市人均日用水量序列 (行数据)　　　单位: 升

402.8	421.3	431.2	426.2	425.5	423.6	435.7	445.2	450.1	450.1	439.1
419	417.9	384.2	385.4	374.4	401.3	382.7	403.5	410	454.6	448.2
489.5	476.2	473.2	475.1	476.6	502.7	506.5	499.7	495.5	522.8	537.1
509.1	502.7	500.4	508.4	498.9	507.2	505	503.8	511.4	467.9	493.6
470.5	503.5	544.3	553	551.9	564.4	567.8	562.1	457.3	500.1	522
525.4	511	533.4	534.1	562.9	557.2	584.1	582.6	590.5	581.1	583
567.1	499.3	493.6	533.7	581.1						

资料来源: Hipel and McLeod(1994), in file: annual/nywater, Description: Annual water use in New York city, litres per capita per day, 1898–1968.

表 A1-20　1962—1991 年德国工人季度失业率序列 (%) (行数据)

1.1	0.5	0.4	0.7	1.6	0.6	0.5	0.7
1.3	0.6	0.5	0.7	1.2	0.5	0.4	0.6
0.9	0.5	0.5	1.1	2.9	2.1	1.7	2.0
2.7	1.3	0.9	1.0	1.6	0.6	0.5	0.7
1.1	0.5	0.5	0.6	1.2	0.7	0.7	1.0
1.5	1.0	0.9	1.1	1.5	1.0	1.0	1.6
2.6	2.1	2.3	3.6	5.0	4.5	4.5	4.9
5.7	4.3	4.0	4.4	5.2	4.3	4.2	4.5
5.2	4.1	3.9	4.1	4.8	3.5	3.4	3.5
4.2	3.4	3.6	4.3	5.5	4.8	5.4	6.5
8.0	7.0	7.4	8.5	10.1	8.9	8.8	9.0
10.0	8.7	8.8	8.9	10.4	8.9	8.9	9.0
10.2	8.6	8.4	8.4	9.9	8.5	8.6	8.7
9.8	8.6	8.4	8.2	8.8	7.6	7.5	7.6
8.1	7.1	6.9	6.6	6.8	6.0	6.2	6.2

资料来源: Time Series Models for Business and Economic Forecasting. Cambridge University, 1998.

表 A1-21　1948—1981 年美国女性 (20 岁以上) 月度失业率序列　　单位: 每万人

446	650	592	561	491	592	604	635	580	510
553	554	628	708	629	724	820	865	1 007	1 025
955	889	965	878	1 103	1 092	978	823	827	928
838	720	756	658	838	684	779	754	794	681
658	644	622	588	720	670	746	616	646	678
552	560	578	514	541	576	522	530	564	442
520	484	538	454	404	424	432	458	556	506

633	708	1 013	1 031	1 101	1 061	1 048	1 005	987	1 006
1 075	854	1 008	777	982	894	795	799	781	776
761	839	842	811	843	753	848	756	848	828
857	838	986	847	801	739	865	767	941	846
768	709	798	831	833	798	806	771	951	799
1 156	1 332	1 276	1 373	1 325	1 326	1 314	1 343	1 225	1 133
1 075	1 023	1 266	1 237	1 180	1 046	1 010	1 010	1 046	985
971	1 037	1 026	947	1 097	1 018	1 054	978	955	1 067
1 132	1 092	1 019	1 110	1 262	1 174	1 391	1 533	1 479	1 411
1 370	1 486	1 451	1 309	1 316	1 319	1 233	1 113	1 363	1 245
1 205	1 084	1 048	1 131	1 138	1 271	1 244	1 139	1 205	1 030
1 300	1 319	1 198	1 147	1 140	1 216	1 200	1 271	1 254	1 203
1 272	1 073	1 375	1 400	1 322	1 214	1 096	1 198	1 132	1 193
1 163	1 120	1 164	966	1 154	1 306	1 123	1 033	940	1 151
1 013	1 105	1 011	963	1 040	838	1 012	963	888	840
880	939	868	1 001	956	966	896	843	1 180	1 103
1 044	972	897	1 103	1 056	1 055	1 287	1 231	1 076	929
1 105	1 127	988	903	845	1 020	994	1 036	1 050	977
956	818	1 031	1 061	964	967	867	1 058	987	1 119
1 202	1 097	994	840	1 086	1 238	1 264	1 171	1 206	1 303
1 393	1 463	1 601	1 495	1 561	1 404	1 705	1 739	1 667	1 599
1 516	1 625	1 629	1 809	1 831	1 665	1 659	1 457	1 707	1 607
1 616	1 522	1 585	1 657	1 717	1 789	1 814	1 698	1 481	1 330
1 646	1 596	1 496	1 386	1 302	1 524	1 547	1 632	1 668	1 421
1 475	1 396	1 706	1 715	1 586	1 477	1 500	1 648	1 745	1 856
2 067	1 856	2 104	2 061	2 809	2 783	2 748	2 642	2 628	2 714
2 699	2 776	2 795	2 673	2 558	2 394	2 784	2 751	2 521	2 372
2 202	2 469	2 686	2 815	2 831	2 661	2 590	2 383	2 670	2 771
2 628	2 381	2 224	2 556	2 512	2 690	2 726	2 493	2 544	2 232
2 494	2 315	2 217	2 100	2 116	2 319	2 491	2 432	2 470	2 191
2 241	2 117	2 370	2 392	2 255	2 077	2 047	2 255	2 233	2 539
2 394	2 341	2 231	2 171	2 487	2 449	2 300	2 387	2 474	2 667
2 791	2 904	2 737	2 849	2 723	2 613	2 950	2 825	2 717	2 593
2 703	2 836	2 938	2 975	3 064	3 092	3 063	2 991		

资料来源: Andrews & Herzberg (1985).

表 A1-22　1963 年 4 月至 1971 年 7 月美国短期国库券的月度收益率序列

0.002 38	0.002 38	0.002 36	0.002 5	0.002 54	0.002 6	0.002 85	0.002 81
0.002 41	0.002 88	0.002 87	0.002 92	0.002 94	0.002 73	0.002 71	0.002 82
0.002 67	0.002 73	0.002 93	0.002 85	0.002 96	0.002 81	0.003 26	0.003 21
0.003 15	0.003 19	0.003 13	0.003 13	0.003 19	0.003 13	0.003 30	0.003 19
0.003 15	0.003 55	0.003 70	0.003 71	0.003 64	0.003 81	0.003 72	0.003 68
0.003 74	0.003 89	0.004 15	0.003 89	0.003 43	0.003 77	0.003 68	0.003 64
0.003 38	0.002 83	0.002 71	0.003 00	0.003 09	0.003 17	0.003 43	0.003 47
0.003 55	0.003 60	0.003 98	0.003 85	0.003 89	0.004 44	0.004 53	0.004 44
0.004 32	0.004 06	0.004 32	0.004 61	0.003 98	0.005 00	0.004 87	0.004 70
0.004 32	0.005 08	0.004 78	0.005 08	0.005 93	0.005 50	0.005 93	0.005 42
0.005 40	0.005 40	0.006 31	0.005 34	0.005 46	0.005 42	0.005 46	0.004 95
0.005 00	0.005 08	0.004 83	0.004 44	0.003 77	0.003 55	0.003 38	0.002 64
0.002 83	0.003 05	0.003 38	0.004 06				

资料来源: Hipel and Mcleod (1994).

表 A1-23　2013 年 1 月 4 日至 2017 年 8 月 25 日上证指数每日收盘价序列 (列数据)

2 277	2 156	2 197	2 066	2 308	3 298	4 071	3 628	2 822	3 103	3 281
2 285	2 159	2 193	2 073	2 316	3 310	3 726	3 534	2 917	3 129	3 287
2 276	2 143	2 207	2 067	2 329	3 336	3 663	3 564	2 914	3 125	3 269
2 275	2 084	2 206	2 057	2 290	3 263	3 789	3 573	2 925	3 133	3 289
2 284	2 073	2 196	2 037	2 310	3 280	3 706	3 539	2 939	3 148	3 274
2 243	1 963	2 186	2 003	2 344	3 248	3 664	3 296	2 934	3 128	3 276
2 312	1 960	2 183	2 020	2 345	3 241	3 623	3 288	2 936	3 171	3 244
2 326	1 951	2 201	2 026	2 348	3 302	3 757	3 362	2 927	3 196	3 222
2 309	1 950	2 219	2 027	2 358	3 286	3 695	3 125	2 833	3 210	3 197
2 285	1 979	2 221	2 028	2 364	3 291	3 662	3 186	2 842	3 207	3 171
2 317	1 995	2 207	2 010	2 383	3 349	3 744	3 017	2 887	3 205	3 172
2 328	2 007	2 223	2 015	2 389	3 373	3 928	3 023	2 873	3 208	3 173
2 315	1 994	2 252	2 011	2 375	3 449	3 928	2 950	2 885	3 193	3 130
2 321	2 006	2 247	2 053	2 366	3 503	3 886	3 008	2 889	3 218	3 135
2 303	2 007	2 237	2 051	2 359	3 577	3 955	2 901	2 879	3 248	3 141
2 291	1 958	2 238	2 048	2 374	3 582	3 965	2 914	2 906	3 241	3 152
2 347	1 965	2 237	2 025	2 356	3 617	3 994	3 008	2 892	3 242	3 155
2 359	2 008	2 204	2 027	2 341	3 688	3 748	2 977	2 854	3 262	3 144
2 382	2 073	2 203	2 005	2 357	3 691	3 794	2 880	2 896	3 277	3 135

2 385	2 039	2 196	2 008	2 340	3 661	3 664	2 917	2 913	3 283	3 127
2 419	2 059	2 161	2 025	2 327	3 682	3 508	2 939	2 932	3 250	3 103
2 428	2 066	2 151	2 021	2 302	3 691	3 210	2 750	2 930	3 273	3 079
2 433	2 045	2 148	2 035	2 302	3 787	2 965	2 736	2 932	3 244	3 081
2 434	2 023	2 128	2 041	2 290	3 748	2 927	2 656	2 989	3 205	3 053
2 419	1 993	2 085	2 035	2 338	3 810	3 084	2 738	3 006	3 200	3 062
2 432	2 005	2 090	2 050	2 373	3 826	3 232	2 689	3 017	3 222	3 084
2 422	2 044	2 093	2 041	2 391	3 864	3 206	2 750	3 017	3 215	3 090
2 383	2 033	2 106	2 039	2 420	3 961	3 167	2 739	2 988	3 233	3 113
2 397	2 021	2 073	2 038	2 431	3 995	3 160	2 781	2 995	3 153	3 104
2 326	2 011	2 101	2 025	2 431	3 958	3 080	2 763	3 049	3 155	3 090
2 314	1 976	2 098	2 041	2 420	4 034	3 170	2 746	3 061	3 141	3 091
2 326	1 990	2 116	2 030	2 426	4 122	3 243	2 837	3 054	3 118	3 076
2 293	1 994	2 109	2 031	2 419	4 136	3 198	2 867	3 054	3 123	3 062
2 313	2 029	2 083	2 053	2 473	4 084	3 200	2 863	3 044	3 118	3 064
2 366	2 029	2 046	2 055	2 471	4 195	3 115	2 860	3 037	3 103	3 108
2 360	2 050	2 047	2 052	2 494	4 287	3 005	2 927	3 028	3 137	3 110
2 273	2 061	2 044	2 071	2 487	4 217	3 152	2 903	3 039	3 140	3 117
2 326	2 047	2 028	2 086	2 479	4 294	3 086	2 929	3 013	3 110	3 103
2 347	2 045	2 013	2 067	2 475	4 398	3 098	2 741	3 016	3 123	3 106
2 324	2 052	2 010	2 056	2 458	4 415	3 157	2 767	3 050	3 115	3 092
2 319	2 101	2 027	2 024	2 451	4 394	3 186	2 688	2 992	3 102	3 102
2 311	2 106	2 023	2 027	2 453	4 527	3 116	2 733	2 994	3 096	3 140
2 287	2 100	2 024	2 024	2 487	4 476	3 143	2 850	2 979	3 104	3 150
2 264	2 082	2 005	2 034	2 534	4 477	3 092	2 860	2 953	3 136	3 158
2 270	2 068	1 991	2 026	2 568	4 442	3 101	2 874	2 971	3 159	3 140
2 278	2 086	2 008	2 039	2 605	4 480	3 038	2 897	2 978	3 165	3 154
2 240	2 073	2 052	2 037	2 630	4 299	3 053	2 901	2 982	3 154	3 131
2 257	2 073	2 042	2 048	2 683	4 229	3 143	2 863	2 977	3 171	3 132
2 317	2 067	2 054	2 050	2 681	4 112	3 183	2 805	3 004	3 162	3 123
2 324	2 057	2 033	2 059	2 763	4 206	3 288	2 810	3 026	3 137	3 144
2 328	2 096	2 039	2 063	2 780	4 334	3 293	2 859	3 019	3 119	3 140
2 327	2 104	2 050	2 059	2 900	4 401	3 262	2 864	3 003	3 113	3 156
2 298	2 101	2 033	2 060	2 939	4 376	3 338	2 870	3 051	3 103	3 147
2 301	2 097	2 044	2 064	3 022	4 378	3 391	2 905	3 125	3 109	3 158

2 236	2 098	2 086	2 039	2 860	4 309	3 387	2 955	3 110	3 113	3 185
2 237	2 098	2 104	2 038	2 941	4 283	3 425	3 019	3 110	3 101	3 191
2 234	2 123	2 110	2 047	2 926	4 418	3 321	2 999	3 104	3 123	3 173
2 228	2 128	2 098	2 067	2 938	4 446	3 369	3 010	3 108	3 137	3 188
2 225	2 122	2 116	2 070	2 953	4 529	3 412	2 961	3 085	3 143	3 192
2 212	2 140	2 135	2 067	3 022	4 658	3 430	2 979	3 090	3 150	3 196
2 226	2 213	2 119	2 056	3 061	4 814	3 434	2 958	3 086	3 159	3 183
2 226	2 238	2 143	2 059	3 058	4 911	3 375	2 920	3 068	3 140	3 207
2 220	2 241	2 139	2 054	3 109	4 942	3 387	3 001	3 070	3 157	3 212
2 207	2 256	2 114	2 075	3 127	4 620	3 383	3 004	3 070	3 153	3 218
2 182	2 236	2 077	2 078	3 033	4 612	3 325	3 010	3 075	3 167	3 213
2 195	2 231	2 034	2 105	2 973	4 829	3 317	3 053	3 085	3 183	3 203
2 194	2 186	2 041	2 127	3 158	4 911	3 460	3 051	3 063	3 197	3 198
2 198	2 192	2 047	2 178	3 168	4 910	3 523	3 008	3 067	3 217	3 218
2 245	2 221	2 056	2 183	3 166	4 947	3 590	2 985	3 072	3 218	3 222
2 242	2 208	2 075	2 181	3 235	5 023	3 647	3 034	3 091	3 213	3 176
2 185	2 199	2 071	2 202	3 351	5 132	3 640	3 024	3 092	3 230	3 188
2 218	2 156	2 053	2 185	3 351	5 114	3 650	3 067	3 096	3 202	3 231
2 199	2 160	2 060	2 223	3 374	5 106	3 633	3 082	3 079	3 240	3 245
2 178	2 175	2 058	2 220	3 293	5 122	3 581	3 078	3 022	3 253	3 238
2 174	2 198	1 999	2 217	3 285	5 166	3 607	3 034	3 024	3 261	3 251
2 205	2 212	2 001	2 188	3 229	5 063	3 605	3 043	3 003	3 251	3 244
2 231	2 191	1 998	2 194	3 235	4 887	3 568	2 973	3 026	3 253	3 248
2 236	2 228	2 019	2 225	3 222	4 968	3 617	2 953	3 023	3 229	3 250
2 246	2 238	2 004	2 222	3 336	4 785	3 631	2 959	3 026	3 242	3 253
2 233	2 233	2 024	2 223	3 376	4 478	3 610	2 947	3 042	3 247	3 273
2 247	2 193	2 025	2 206	3 116	4 576	3 616	2 965	3 034	3 230	3 293
2 242	2 189	2 022	2 227	3 173	4 690	3 648	2 954	2 980	3 218	3 285
2 217	2 194	1 993	2 239	3 324	4 528	3 636	2 946	2 998	3 234	3 273
2 225	2 229	2 048	2 245	3 343	4 193	3 436	2 938	2 988	3 242	3 262
2 252	2 211	2 066	2 240	3 352	4 053	3 445	2 993	2 998	3 241	3 279
2 283	2 183	2 067	2 230	3 383	4 277	3 456	2 991	3 005	3 217	3 282
2 300	2 164	2 064	2 241	3 353	4 054	3 537	2 998	3 048	3 213	3 276
2 305	2 133	2 047	2 229	3 306	3 913	3 585	2 913	3 065	3 237	3 262
2 302	2 134	2 042	2 207	3 262	3 687	3 525	2 832	3 058	3 239	3 209

2 276	2 129	2 033	2 209	3 210	3 776	3 537	2 833	3 061	3 242	3 237
2 289	2 160	2 047	2 196	3 128	3 727	3 470	2 837	3 064	3 269	3 251
2 293	2 142	2 059	2 217	3 205	3 507	3 472	2 836	3 041	3 237	3 246
2 321	2 150	2 044	2 236	3 174	3 709	3 455	2 827	3 084	3 251	3 268
2 324	2 150	2 059	2 266	3 137	3 878	3 435	2 851	3 085	3 262	3 269
2 318	2 157	2 098	2 289	3 076	3 970	3 521	2 844	3 084	3 245	3 287
2 301	2 140	2 105	2 307	3 095	3 924	3 510	2 808	3 091	3 249	3 290
2 299	2 129	2 134	2 326	3 142	3 806	3 516	2 807	3 128	3 269	3 288
2 272	2 106	2 131	2 327	3 158	3 823	3 580	2 825	3 132	3 267	3 272
2 271	2 109	2 132	2 318	3 173	3 957	3 579	2 844	3 116	3 253	3 332
2 242	2 127	2 102	2 312	3 204	3 992	3 642	2 822	3 112	3 241	
2 211	2 088	2 105	2 332	3 222	4 018	3 652	2 815	3 104	3 210	
2 148	2 101	2 099	2 339	3 247	4 026	3 636	2 822	3 100	3 223	
2 162	2 136	2 098	2 297	3 229	4 124	3 612	2 821	3 122	3 270	

资料来源: 雅虎财经数据库.

表 A1-24　1961 年 5 月 17 日至 1962 年 11 月 2 日 IBM 股票每日收盘价序列 (列数据)

460	477	511	557	578	567	548	519	370	371	382	360
457	476	514	557	589	561	546	519	374	369	383	366
452	475	510	560	585	559	547	519	359	376	383	359
459	475	509	571	580	553	548	518	335	387	388	356
462	473	515	571	579	553	549	513	323	387	395	355
459	474	519	569	584	553	553	499	306	376	392	367
463	474	523	575	581	547	553	485	333	385	386	357
479	474	519	580	581	550	552	454	330	385	383	361
493	465	523	584	577	544	551	462	336	380	377	355
490	466	531	585	577	541	550	473	328	373	364	348
492	467	547	590	578	532	553	482	316	382	369	343
498	471	551	599	580	525	554	486	320	377	355	330
499	471	547	603	586	542	551	475	332	376	350	340
497	467	541	599	583	555	551	459	320	379	353	339
496	473	545	596	581	558	545	451	333	386	340	331
490	481	549	585	576	551	547	453	344	387	350	345
489	488	545	587	571	551	547	446	339	386	349	352
478	490	549	585	575	552	537	455	350	389	358	346
487	489	547	581	575	553	539	452	351	394	360	352

491	489	543	583	573	557	538	457	350	393	357
487	485	540	592	577	557	533	449	345	409	
482	491	539	592	582	548	525	450	350	411	
479	492	532	596	584	547	513	435	359	409	
478	494	517	596	579	545	510	415	375	408	
479	499	527	595	572	545	521	398	379	393	
477	498	540	598	577	539	521	399	376	391	
479	500	542	598	571	539	521	361	382	388	
475	497	538	595	560	535	523	383	370	396	
479	494	541	595	549	537	516	393	365	387	
476	495	541	592	556	535	511	385	367	383	
476	500	547	588	557	536	518	360	372	388	
478	504	553	582	563	537	517	364	373	382	
479	513	559	576	564	543	520	365	363	384	

资料来源: Box & Jenkins (1976), in file: data/boxjenk2, Description: IBM common stock closing prices: daily, 17th May 1961–2nd November 1962 (Trading Days Calendar Approximate).

表 A1-25 天然气炉输入-输出数据

输出序列 (在输出气体中 CO_2 的百分比浓度)

53.8	53.6	53.5	53.5	53.4	53.1	52.7	52.4
52.2	52.0	52.0	52.4	53.0	54.0	54.9	56.0
56.8	56.8	56.4	55.7	55.0	54.3	53.2	52.3
51.6	51.2	50.8	50.5	50.0	49.2	48.4	47.9
47.6	47.5	47.5	47.6	48.1	49.0	50.0	51.1
51.8	51.9	51.7	51.2	50.0	48.3	47.0	45.8
45.6	46.0	46.9	47.8	48.2	48.3	47.9	47.2
47.2	48.1	49.4	50.6	51.5	51.6	51.2	50.5
50.1	49.8	49.6	49.4	49.3	49.2	49.3	49.7
50.3	51.3	52.8	54.4	56.0	56.9	57.5	57.3
56.6	56.0	55.4	55.4	56.4	57.2	58.0	58.4
58.4	58.1	57.7	57.0	56.0	54.7	53.2	52.1
51.6	51.0	50.5	50.4	51.0	51.8	52.4	53.0
53.4	53.6	53.7	53.8	53.8	53.8	53.3	53.0
52.9	53.4	54.6	56.4	58.0	59.4	60.2	60.0
59.4	58.4	57.6	56.9	56.4	56.0	55.7	55.3
55.0	54.4	53.7	52.8	51.6	50.6	49.4	48.8
48.5	48.7	49.2	49.8	50.4	50.7	50.9	50.7

50.5	50.4	50.2	50.4	51.2	52.3	53.2	53.9
54.1	54.0	53.6	53.2	53.0	52.8	52.3	51.9
51.6	51.6	51.4	51.2	50.7	50.0	49.4	49.3
49.7	50.6	51.8	53.0	54.0	55.3	55.9	55.9
54.6	53.5	52.4	52.1	52.3	53.0	53.8	54.6
55.4	55.9	55.9	55.2	54.4	53.7	53.6	53.6
53.2	52.5	52.0	51.4	51.0	50.9	52.4	53.5
55.6	58.0	59.5	60.0	60.4	60.5	60.2	59.7
59.0	57.6	56.4	55.2	54.5	54.1	54.1	54.4
55.5	56.2	57.0	57.3	57.4	57.0	56.4	55.9
55.5	55.3	55.2	55.4	56.0	56.5	57.1	57.3
56.8	55.6	55.0	54.1	54.3	55.3	56.4	57.2
57.8	58.3	58.6	58.8	58.8	58.6	58.0	57.4
57.0	56.4	56.3	56.4	56.4	56.0	55.2	54.0
53.0	52.0	51.6	51.6	51.1	50.4	50.0	50.0
52.0	54.0	55.1	54.5	52.8	51.4	50.8	51.2
52.0	52.8	53.8	54.5	54.9	54.9	54.8	54.4
53.7	53.3	52.8	52.6	52.6	53.0	54.3	56.0
57.0	58.0	58.6	58.5	58.3	57.8	57.3	57.0

输入序列 (输入天然气速率 (ft./min.))

−0.109	0	0.178	0.339	0.373	0.441	0.461	0.348
0.127	−0.180	−0.588	−1.055	−1.421	−1.520	−1.302	−0.814
−0.475	-0.193	0.088	0.435	0.771	0.866	0.875	0.891
0.987	1.263	1.775	1.976	1.934	1.866	1.832	1.767
1.608	1.265	0.790	0.360	0.115	0.088	0.331	0.645
0.960	1.409	2.670	2.834	2.812	2.483	1.929	1.485
1.214	1.239	1.608	1.905	2.023	1.815	0.535	0.122
0.009	0.164	0.671	1.019	1.146	1.155	1.112	1.121
1.223	1.257	1.157	0.913	0.620	0.255	−0.280	−1.080
−1.551	−1.799	−1.825	−1.456	−0.944	−0.570	−0.431	−0.577
−0.960	−1.616	−1.875	−1.891	−1.746	−1.474	−1.201	−0.927
−0.524	0.040	0.788	0.943	0.930	1.006	1.137	1.198
1.054	0.595	−0.080	−0.314	−0.288	−0.153	−0.109	−0.187
−0.255	−0.229	−0.007	0.254	0.330	0.102	−0.423	−1.139
−2.275	−2.594	−2.716	−2.510	−1.790	−1.346	−1.081	−0.910

−0.876	−0.885	−0.800	−0.544	−0.416	−0.271	0	0.403
0.841	1.285	1.607	1.746	1.683	1.485	0.993	0.648
0.577	0.577	0.632	0.747	0.900	0.993	0.968	0.790
0.399	−0.161	−0.553	−0.603	−0.424	−0.194	−0.049	0.060
0.161	0.301	0.517	0.566	0.560	0.573	0.592	0.671
0.933	1.337	1.460	1.353	0.772	0.218	−0.237	−0.714
−1.099	−1.269	−1.175	−0.676	0.033	0.556	0.643	0.484
0.109	−0.310	−0.697	−1.047	−1.218	−1.183	−0.873	−0.336
0.063	0.084	0	0.001	0.209	0.556	0.782	0.858
0.918	0.862	0.416	−0.336	−0.959	−1.813	−2.378	−2.499
−2.473	−2.330	−2.053	−1.739	−1.261	−0.569	−0.137	−0.024
−0.050	−0.135	−0.276	−0.534	−0.871	−1.243	−1.439	−1.422
−1.175	−0.813	−0.634	−0.582	−0.625	−0.713	−0.848	−1.039
−1.346	−1.628	−1.619	−1.149	−0.488	−0.160	−0.007	−0.092
−0.620	−1.086	−1.525	−1.858	−2.029	−2.024	−1.961	−1.952
−1.794	−1.302	−1.030	−0.918	−0.798	−0.867	−1.047	−1.123
−0.876	−0.395	0.185	0.662	0.709	0.605	0.501	0.603
0.943	1.223	1.249	0.824	0.102	0.025	0.382	0.922
1.032	0.866	0.527	0.093	−0.458	−0.748	−0.947	−1.029
−0.928	−0.645	−0.424	−0.276	−0.158	−0.033	0.102	0.251
0.280	0	−0.493	−0.759	−0.824	−0.740	−0.528	−0.204
0.034	0.204	0.253	0.195	0.131	0.017	−0.182	−0.262

资料来源: Box & Jenkins.Time Series Analysis: Forecasting and Control.2nd edition, 1976.

表 A1-26   1955 年 1 月至 1972 年 12 月加州臭氧浓度序列 (列数据)

2.7	8.7	4.1	1.7	3.9	3.4	2.1	5.6	3.5	1.3	2.7
2	5.3	4.6	2	3.9	3.8	2.9	4.8	3.5	2.3	2.5
3.6	5.7	4.4	3.4	2.5	5	2.7	2.5	4.9	2.7	1.6
5	5.7	4.2	4	2.2	4.8	4.2	1.5	4.2	3.3	1.2
6.5	3	5.1	4.3	2.4	4.9	3.9	1.8	4.7	3.7	1.5
6.1	3.4	4.6	5	1.9	3.5	4.1	2.5	3.7	3	2
5.9	4.9	4.4	5.5	2.1	2.5	4.6	2.6	3.2	3.8	3.1
5	4.5	4	5	4.5	2.4	5.8	1.8	1.8	4.7	3
6.4	4	2.9	5.4	3.3	1.6	4.4	3.7	2	4.6	3.5
7.4	5.7	2.4	3.8	3.4	2.3	6.1	3.7	1.7	2.9	3.4
8.2	6.3	4.7	2.4	4.1	2.5	3.5	4.9	2.8	1.7	4
3.9	7.1	5.1	2	5.7	3.1	1.9	5.1	3.2	1.3	3.8

4.1	8	4	2.2	4.8	3.5	1.8	3.7	4.4	1.8	3.1
4.5	5.2	7.5	2.5	5	4.5	1.9	5.4	3.4	2	2.1
5.5	5	7.7	2.6	2.8	5.7	3.7	3	3.9	2.2	1.6
3.8	4.7	6.3	3.3	2.9	5	4.4	1.8	5.5	3	1.3
4.8	3.7	5.3	2.9	1.7	4.6	3.8	2.1	3.8	2.4	
5.6	3.1	5.7	4.3	3.2	4.8	5.6	2.6	3.2	3.5	
6.3	2.5	4.8	4.2	2.7	2.1	5.7	2.8	2.3	3.5	
5.9	4	2.7	4.2	3	1.4	5.1	3.2	2.2	3.3	

资料来源: Hipel and McLeod (1994), in file: monthly/ozone, Description: Ozone concentration, downtown L.A., 1955–1972.

表 A1-27　1978 —— 2002 年中国农村居民家庭人均纯收入序列 $\{x_t\}$,
生活消费支出序列 $\{y_t\}$ 及纯收入对数序列 $\{\ln x_t\}$, 生活消费支出对数序列 $\{\ln y_t\}$

年份	纯收入		生活消费支出	
	x_t	$\ln x_t$	y_t	$\ln y_t$
1978	133.6	4.894 85	116.1	4.754 45
1979	160.7	5.079 54	134.5	4.901 56
1980	191.3	5.253 84	162.2	5.088 83
1981	223.4	5.408 96	190.8	5.251 23
1982	270.1	5.598 79	220.2	5.394 54
1983	309.8	5.735 93	248.3	5.514 64
1984	355.3	5.872 96	273.8	5.612 40
1985	397.6	5.985 45	317.4	5.760 16
1986	423.8	6.049 26	357.0	5.877 74
1987	462.6	6.136 86	398.3	5.987 21
1988	544.9	6.300 60	476.7	6.166 89
1989	601.5	6.399 43	535.4	6.283 01
1990	686.3	6.531 31	584.6	6.370 93
1991	708.6	6.563 29	619.8	6.429 40
1992	784.0	6.664 41	659.8	6.491 94
1993	921.6	6.826 11	769.7	6.646 00
1994	1 221.0	7.107 43	1 016.8	6.924 42
1995	1 577.7	7.363 72	1 310.4	7.178 09
1996	1 926.1	7.563 25	1 572.1	7.360 17
1997	2 090.1	7.644 97	1 617.2	7.388 45
1998	2 162.0	7.678 79	1 590.3	7.371 68
1999	2 210.3	7.700 88	1 577.4	7.363 53
2000	2 253.4	7.720 20	1 670.1	7.420 64
2001	2 366.4	7.769 13	1 741.0	7.462 21
2002	2 476.0	7.814 40	1 834.0	7.514 25

表 A1-28　1962—1979 年美国四个宏观经济变量序列

年份	年薪	通货膨胀率	失业率	最低工资标准
1962	2.8	1.477	6.457	15
1963	2.7	1.12	6.192	0
1964	2.7	1.107	5.763	8.696
1965	2.2	1.424	5.018	0
1966	2.9	1.188	4.17	0
1967	4.5	2.775	3.725	12
1968	5.1	2.7	3.723	14.286
1969	5.5	3.943	3.686	0
1970	6.2	5.058	3.556	0
1971	6.2	6.019	5.395	0
1972	6.3	4.629	6.272	0
1973	5.5	3.506	5.433	0
1974	6.2	4.677	4.522	0
1975	9.1	10.247	6.163	31.25
1976	7.6	10.273	8.625	9.524
1977	6.9	6.147	7.877	0
1978	7.5	6.388	6.679	15.217
1979	7.2	6.51	5.494	9.434

资料来源: D.A.Nicols.Macroeconomic Determinants of Wage Adjustments in White Collar Occupations.Review of Economics and Statistics 65, 1983: 203–213.

附录 2

表 A2–1 至表 A2–6 是几种数据常用的输入、输出格式.

表 A2–1　字符型数据的常用输入格式

输入格式	描述	w 的范围	w 的缺省值
$w.	输入标准字符数据	1～200	—
$CHAR$w.	输入含有空格的字符数据	1～200	1或变量长度
$QUOTE$w.	从数据值中移走引号	1～200	8
$UPCASE$w.	将所有的字符转换为大写读入	1～200	8 或变量长度

表 A2–2　字符型数据的常用输出格式

输出格式	描述	w 的范围	w 的缺省值
$w.	输出标准字符数据	1～200	1 或变量长度
$CHAR$w.	输出标准字符数据	1～200	1或变量长度
$QUOTE$w.	输出包含引号的数据值	1～200	8或变量长度
$UPCASE$w.	将所有的字符转换为大写输出	1～200	8 或变量长度

表 A2–3　数值型数据的常用输入格式

输入格式	描述	w 的范围	w 的缺省值
$w.d$	输入总长度为 w, 有 d 位小数的标准数值数据	1～32	—
COMMA$w.d$	移走数值中嵌入的逗号、小数点和括号	1～32	1
E$w.d$	读取用科学计数法表示的数据	7～32	12
PERCENT$w.$	转换百分位数为数值	1～32	1

表 A2-4 数值型数据的常用输出格式

输出格式	描述	w 的范围	w 的缺省值
$w.d$	输出总长度为 w, 有 d 位小数的标准数值数据	1~32	—
BEST$w.$	选择最好的表示法	1~32	1
COMMA$w.d$	用含有逗号、小数点的格式输出数据	2~32	6
DOLLAR$w.d$	用含有美元符号、逗号及小数点的格式输出数据	1~32	1
E$w.d$	用科学记数法输出数据	7~32	12
PERCENT$w.$	以百分位数的形式输出数据	4~32	6

表 A2-5 时间数据的常用输入格式

输入格式	描述	可读形式举例	w 的范围	w 的缺省值
DATE$w.$	以日–月–年的顺序输入日期值 (ddmmyy)	08jan05 8jan2005 8–jan–2005	7~32	7
DDMMYY$w.$	以日–月–年的顺序输入日期值 (ddmmyy)	080105 08/01/05 08–01–05	6~32	6
MMDDYY$w.$	以月–日–年的顺序输入日期值 (mmddyy)	010805 01/08/05 01–08–05	6~32	6
YYMMDD$w.$	以年–月–日的顺序输入日期值 (yymmdd)	050108 05/01/08 05–01–08	6~32	6
MONYY$w.$	以月–年的顺序输入月份值 (mmyy)	Jan05 Jan2005	5~32	5
YYQ$w.$	以年–季度的顺序输入季度值	05q1 2005q1	4~32	4
TIME$w.$	以小时–分–秒形式输入时间值	5: 3: 2 23: 42: 12	5~32	8
DATETIME$w.$	以日–月–年–小时–分–秒形式输入日期与时间值	08jan2005/5: 3: 2 08jan05/23: 42: 12	13~32	18

表 A2-6　时间数据的常用输出格式

输出格式	描述	可读形式举例	w 的范围	w 的缺省值
DATEw.	以日–月–年的顺序输出日期值 (ddmmyy)	08jan05 8jan2005	5~9	7
DDMMYYw.	以日–月–年的顺序输出日期值 (ddmmyy)	08/01/05	2~10	8
MMDDYYw.	以月–日–年的顺序输出日期值 (mmddyy)	01/08/05	2~10	8
YYMMDDw.	以年–月–日的顺序输出日期值 (yymmdd)	05–01–08	2~10	8
WEEKDATEw.	输出星期与日期值	Sat, jan08, 2005	3~37	29
DAYw.	只输出日期值	08	2~32	2
MONYYw.	以月–年的顺序输出月份值	Jan05 Jan2005	5~7	7
YYMONw.	以年–月的顺序输出月份值	05Jan 2005Jan	5~7	7
MONTHw.	只输出月份值	01 jan	2~32	2
YYQw.	以年–季度的顺序输出季度值	2005q1	4~32	6
QTRw.	只输出季度值	1	1~32	1
TIMEw.	以小时–分–秒形式输出时间值	5: 3: 2 23: 42: 12	2~20	8
DATETIMEw.	以日–月–年–小时–分–秒形式输出日期与时间值	08jan2005/5: 3: 2 08jan05/23: 42: 12	7~40	16

附录 3

表 A3–1 是 X11 过程输出表格说明.

表 **A3-1** **X11** 过程输出表格说明

表格	说明
A1	原始序列
A2	先验月度调整因子
A3	做完先验月度因子调整的序列
A4	先验交易日调整
A5	先验调整过的或原始的序列
A13	ARIMA 预报
A14	ARIMA 向后外推
A15	先验调整过的或原始的序列被 ARIMA 预报、反向外推的结果
B1	先验调整过的或原始的序列
B2	趋势起伏
B3	未改动的季节、不规则 (S-I) 比
B4	极端 S-I 比的替换值
B5	季节因子
B6	季节调整后的序列
B7	趋势起伏
B8	未改动的 S-I 比
B9	极端 S-I 比的替换值
B10	季节因子
B11	季节调整后的序列
B13	不规则序列
B14	从交易日回归中排除的极端不规则值
B15	初始交易日回归
B16	交易日调整因子
B17	不规则成分的初始权重

续表

表格	说明
B18	由合并星期权重导出的交易日因子
B19	经过交易日和先验变化调整的序列
C1	用最初的权重进行修改并进行了交易日和先验变化调整的序列
C2	趋势起伏
C4	修改后的 S-I 比
C5	季节因子
C6	季节调整后的序列
C7	趋势起伏
C9	修改后的 S-I 比
C10	季节因子
C11	季节调整后的序列
C13	不规则序列
C14	从交易日回归中排除的极端不规则值
C15	最终的交易日回归
C16	由回归系数导出的最终的交易日调整因子
C17	不规则成分的最终权重
C18	由合并星期权重导出的最终交易日因子
C19	经过交易日和先验变化调整的序列
D1	用最终的权重进行修改并进行了交易日和先验变化调整的序列
D2	趋势起伏
D4	修改后的 S-I 比
D5	季节因子
D6	季节调整后的序列
D7	趋势起伏
D8	最终的未修改 S-I 比
D9	最终的极端 S-I 比的替换值
D10	最终的季节因子
D11	最终的季节调整后的序列
D12	最终的趋势起伏
D13	最终的不规则序列
E1	替换了异常值的原始序列
E2	修改了的季节调整后的序列
E3	修改了的不规则序列
E4	年度总计的比例
E5	原始序列的修改百分比
E6	最终的季节调整后序列的改变百分比
F1	MCD 滑动平均
F2	概况性度量
G1	最终的季节调整后的序列和趋势
G2	带极端值的 S-I 比图表、无极端值的 S-I 比图表及最终的季节因子图表
G3	按日历次序的带极端值的 S-I 比、无极端值的 S-I 比及最终的季节因子图表
G4	最终的不规则列和最终修改的不规则列的图表

参考文献

1. George E.P.Box, 等. 时间序列分析: 预测与控制: 3 版. 北京: 中国统计出版社, 1997.

2. C. 查特菲尔德. 时间序列分析引论: 第 2 版. 厦门: 厦门大学出版社, 1987.

3. 特伦斯 ·C. 米尔斯. 金融时间序列的经济计量学模型: 第 2 版. 北京: 经济科学出版社, 2002.

4. 高惠璇, 等. SAS 系统: SAS/ETS 软件使用手册. 北京: 中国统计出版社, 1998.

5. Dickey, D.A., Fuller.W.A.Distribution of the Estimators for Autoregressive Time Series with a Unit Root.Journal of the American Statistical Association, 1979, 74(366): 427–431.

6. Engle, R.F.Autoregressive Conditional Heteroskedasticity with Estimates of the Variance of U.K.Inflation.Econometrica, 1982, 54(4): 987–1008.

7. Granger, C.W.J., Joyeux, R.An Introduction to Long Memory Time Series Models and Fractional Differencing. Journal of Time Series Analysis, 1980, 1(1): 15–29.

8. Granger, C.W.J., Swanson, N.Future Development in the Study of Cointegrated Variables. Oxford Bulletin of Economics and Statistics, 1996, 58(3).

9. 中国人民银行调查统计司. 时间序列 X-12-ARIMA 季节调整 —— 原理与方法. 北京: 中国金融出版社, 2006.

图书在版编目（CIP）数据

时间序列分析：基于 R / 王燕编著. —2 版. — 北京：中国人民大学出版社，2020.6
（基于 R 应用的统计学丛书）
ISBN 978-7-300-27898-8

Ⅰ.①时… Ⅱ.①王… Ⅲ.①时间序列分析–高等学校–教材 Ⅳ.①O211.61

中国版本图书馆 CIP 数据核字（2020）第 024782 号

基于 R 应用的统计学丛书
时间序列分析——基于 R（第 2 版）
王　燕　编著
Shijianxulie Fenxi——Jiyu R

出版发行	中国人民大学出版社			
社　　址	北京中关村大街 31 号		邮政编码	100080
电　　话	010 － 62511242（总编室）		010 － 62511770（质管部）	
	010 － 82501766（邮购部）		010 － 62514148（门市部）	
	010 － 62515195（发行公司）		010 － 62515275（盗版举报）	
网　　址	http://www.crup.com.cn			
经　　销	新华书店			
印　　刷	北京七色印务有限公司		版　次	2015 年 9 月第 1 版
开　　本	787 mm×1092 mm　1/16			2020 年 6 月第 2 版
印　　张	18.75　插页　1		印　次	2024 年 1 月第 9 次印刷
字　　数	423 000		定　价	39.00 元

中国人民大学出版社　理工出版分社

教师教学服务说明

中国人民大学出版社理工出版分社以出版经典、高品质的统计学、数学、心理学、物理学、化学、计算机、电子信息、人工智能、环境科学与工程、生物工程、智能制造等领域的各层次教材为宗旨。

为了更好地为一线教师服务，理工出版分社着力建设了一批数字化、立体化的网络教学资源。教师可以通过以下方式获得免费下载教学资源的权限：

★　在中国人民大学出版社网站 www.crup.com.cn 进行注册，注册后进入"会员中心"，在左侧点击"我的教师认证"，填写相关信息，提交后等待审核。我们将在一个工作日内为您开通相关资源的下载权限。

★　如您急需教学资源或需要其他帮助，请加入教师 QQ 群或在工作时间与我们联络。

中国人民大学出版社　理工出版分社

🔔 **教师 QQ 群**：229223561(统计2组) 982483700(数据科学) 361267775(统计1组)
　　教师群仅限教师加入，入群请备注 (学校＋姓名)

☎ **联系电话**：010-62511967，62511076

✉ **电子邮箱**：lgcbfs@crup.com.cn

📍 **通讯地址**：北京市海淀区中关村大街 31 号中国人民大学出版社 507 室（100080）